新 能 源 系 列

风光互补发电应用技术

FENGGUANG
HUBU
FADIAN
YINGYONG JISHU

陈惠俊 主编　　钱勇 陈波 副主编　　梁栋 主审

U0359597

化学工业出版社

·北京·

《风光互补发电应用技术》由 4 个模块 17 个项目组成，每个项目都由任务导入、相关知识、项目实施、知识拓展和思考与练习五部分组成，以离网风光互补发电技术为核心内容，全面系统地阐述了离网风光互补发电技术基础知识和最新应用技术，深入浅出地阐述了风力发电系统的设计、安装与调试，光伏发电系统的设计、安装与调试，风光互补发电系统的工程设计、安装与调试、运行与维护等内容。

《风光互补发电应用技术》可作为高等院校和职业院校新能源类相关专业的教材，也是从事风光互补发电技术研发、应用和维护的工程技术人员的参考读物，可作为相关技术培训的教材及参考书。

图书在版编目（CIP）数据

风光互补发电应用技术/陈惠俊主编 . —北京：化学工业出版社，2016.3（2025.7重印）
（新能源系列）
ISBN 978-7-122-26147-2

Ⅰ．①风…　Ⅱ．①陈…　Ⅲ．①风力发电系统②太阳能发电　Ⅳ．①TM614②TM615

中国版本图书馆 CIP 数据核字（2016）第 014900 号

责任编辑：刘　哲　　　　　　　装帧设计：韩　飞
责任校对：战河红

出版发行：化学工业出版社（北京市东城区青年湖南街 13 号　邮政编码 100011）
印　　装：北京科印技术咨询服务有限公司数码印刷分部
787mm×1092mm　1/16　印张 15¼　字数 396 千字　　2025 年 7 月北京第 1 版第 8 次印刷

购书咨询：010-64518888　　　　　　售后服务：010-64518899
网　　址：http://www.cip.com.cn
凡购买本书，如有缺损质量问题，本社销售中心负责调换。

定　价：48.00 元

前　言

环境的恶化和资源的日益匮乏，已经严重制约了人类的生存发展，以科学发展观为指引，大力开发风能、太阳能等清洁能源，已经成为未来能源使用的必然趋势。但风能、太阳能各自存在诸如不稳定、成本高等劣势，而两者也有着较强的互补性，如何将两者进行有效的结合，以此达到资源最优化配置，是时下科技应用领域的热门话题，而风光互补发电系统正是两者的完美结合体。所谓风光互补发电系统，是指将太阳能和风能联合起来，使两者优劣互补进行发电的发电系统。目前，利用太阳能和风能在不同的季节和时间上互补特点发展起来的风光互补发电照明技术已日臻完善，且正以前所未有的速度和力度迅速在全国推广。风光互补发电系统，必将成为未来电力世界大规模应用的发电模式之一。

本书遵循"教、学、做"一体化的编写思路，全书采用"整、分、合"的系统方法，以风光互补系统的主要技术为项目中心，本着"易学、易教、易用"的原则，由离网风力发电系统的设计、安装与调试，离网式光伏发电系统的设计、安装与调试，风光互补发电系统的应用设计，风光互补LED道路照明设计、安装与调试，共4个模块17个项目组成。本书所有项目均结合实际案例来设计教学内容，在每个项目中讲述知识点，知识点以完成项目够用为原则，然后讲述实施设计方法和步骤，避免枯燥的理论讲解。在知识拓展部分介绍一些相关的新技术、典型配置和应用设计方案，以提高教材的实用性。

本书由海南职业技术学院陈惠俊任主编，钱勇、陈波任副主编，周亚东、严春景参加了部分章节的编写。本书由梁栋主审。

由于新能源技术涉及面广、发展迅速，书中难免存在不足之处，恳请读者批评指正。

编著者
2015 年 11 月

目　录

离网风力发电系统的应用设计、安装与调试

项目一　风的测量

【任务导入】

　　风很早就被人们利用——主要是通过风车来抽水、磨面……现在，人们感兴趣的，首先是如何利用风来发电。

　　风是一种潜力很大的新能源，地球上可用来发电的风力资源约有100亿千瓦，几乎是现在全世界水力发电量的10倍。目前全世界每年燃烧煤所获得的能量，只有风力在一年内所提供能量的1/3。因此，国内外都很重视利用风力来发电，开发新能源。

　　风能作为一种无污染和可再生的新能源，有着巨大的发展潜力，特别是对沿海岛屿、交通不便的边远山区、地广人稀的草原牧场，以及远离电网和近期内电网还难以达到的农村边疆，作为解决生产和生活能源的一种可靠途径，有着十分重要的意义。

【相关知识】

一、风力资源的基本知识

1. 风的形成

　　风是一种自然现象，地球表面的空气水平运动称之为风。风是地球外表大气层由于太阳的热辐射而引起的空气流动。简单地说，太阳的辐射造成地球表面受热不均，引起大气层中压力分布不均，空气沿水平方向运动形成风。风的形成就是空气流动的结果。

　　大气压差是风产生的根本原因，空气流动所形成的动能称为风能。据估计到达地球的太阳能中虽然只有大约2%转化为风能，但其总量仍是十分可观的。地球上全部风能估计约为$2 \times 10^{17} \, \mathrm{kW}$，其中，可利用的约为$2 \times 10^{10} \, \mathrm{kW}$，这个能量是相当大的，是地球水能的10倍。因此可以说风能是一种取之不尽、用之不竭的可再生能源。

2. 风的种类

① 贸易风　在地球赤道上，热空气向空间上升，分为流向地球南北两极的两股强力气流，在纬度 30°附近，这股气流下降，并分别流向赤道与两极。在接近赤道地区，由于大气层中大量的空气环流，形成了固定方向的风。自古以来，人们利用这种定向风，开展海上远洋贸易，所以称为贸易风。由于地球自西向东旋转的结果，贸易风向西倾斜，此时北半球便产生了东北风，而南半球则产生了东南风。

② 旋风和反旋风　在地球南北两极流向赤道的冷空气气流与赤道流向两极的热空气气流相遇处（在纬度 50°～60°附近），构成了涡流运动，形成旋风和反旋风。

③ 地区性风　由于地形的差异（如陆地、海洋、山岳、森林、沙漠），使同一纬度上受到程度不同的加热，因而产生了地区性风。白天山坡受热快，温度高于山谷上方同高度的空气温度，坡地上的暖空气从山坡流向谷地上方，谷地的空气则沿着山坡向上补充流失的空气，这时由山谷吹向山坡的风，称为谷风。夜间，山坡因冷却降温速度比同高度的空气快，冷空气沿坡地向下流入山谷，称为山风。如图 1-1 所示。山谷能改变气流运动的方向，还能使风速增大，而丘陵、山地会因为摩擦而使风速减小，孤立的山峰会因海拔高而使风速增大。

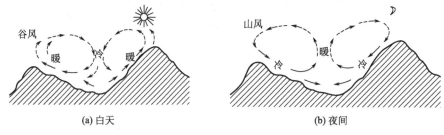

图 1-1　山、谷风形成示意图

④ 轻风　由于昼夜之间的温度变化而产生的沿海岸风，称为轻风。有太阳时，陆地所接受的热量较海洋强烈，因而陆地上空的空气较轻，于是陆地上空的空气向上升，冷空气力图自海洋流向沿岸陆地，于是产生了海风。陆地上的热空气则流向海洋，到离海岸某一距离处下降。而在夜间，陆地上的空气比海洋上的空气冷却较快，因此陆地上的下层空气流向海洋，而上层空气则由海洋流向陆地，形成了与白昼相反的风向，称为陆地风。轻风方向的更换决定于地形条件。海风通常自上午 9～10 时开始，陆地风则在日落以后开始。轻风仅在沿海岸才遇到，流动的距离约为在海洋和陆地两方各 40km 之间，如图 1-2 所示。

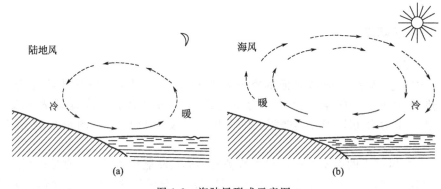

图 1-2　海陆风形成示意图

⑤ 季节风　陆地上每年的温度变化较海洋大，同样也引起与轻风相似但具有季节性的

气流循环，它的强度大于轻风的气流循环强度，这种风称为季节风。

⑥ 平原和山岳风　山岳地区在一昼夜间有周期性的风向变换，与轻风相似，平原风每日上午自 9～10 时至日落沿山岳的坡度向高处流动，在夜间则与此相反，气流自山岳流向平原，形成了山岳风。如果平原处于海岸处，则会引起特别强劲的风，因在夜间，山岳风被陆地风增强了，而在日间，平原风被海风增强。夜间的山岳风的产生，则是由于山顶的冷空气具有较大密度，流向平原，形成夜间山岳风。平原风的产生，则是由于日照山岳斜面上的空气较平原上的空气热，因此地势低处的空气膨胀，引起空气流动。

3. 风的特点

(1) 风随时间变化

在一天内，风的强弱是随机变化的。在地面上，白天风大，而夜间风小；相反，在高空中却是夜间风大，白天风小。在沿海地区，由于陆地和海洋热容量不同，白天产生海风（从海洋吹向陆地），夜间产生陆地风（从陆地吹向海洋）。在不同的季节，太阳和地球的相对位置也发生变化，使地球上存在季节性温差，因此，风向和风的强度也会发生季节性变化。在我国，大部分地区风的季节性变化规律是：春季最强，冬季次强，秋季第三，夏季最弱。

(2) 风随高度变化

由于空气的黏性和地面摩擦的影响，风速随高度变化还因地面的平坦度、地表粗糙度以及风通道上的气温变化不同而异。特别是受地表粗糙度的影响程度最大。从地球表面到 10000m 高空层内，空气的流动受到涡流、黏滞和地面摩擦等因素的影响，风速随着高度的增加而增大。通过实验，常用计算风速随高度的变化的公式有：

指数公式

$$v = v_1 \left(\frac{h}{h_1} \right)^n \tag{1-1}$$

对数公式

$$v = v_1 \times \frac{\lg \dfrac{h}{h_0}}{\lg \dfrac{h_1}{h_0}} \tag{1-2}$$

式中，v_1 为高度为 h_1 的风速；h_1 为高度（一般为 10m）；v 为待测高度 h 处的速度；h 为待测点离地高度；h_0 为风速为零的高度；n 为指数，取决于地面的平整度（粗糙度）和大气的稳定度，取值范围为 1/8～1/2。在开阔、平坦、稳定度正常的地区，n 值取 1/7。粗糙度大的大城市常取 1/3。一般上下风速差较小，n 较小，反之 n 值取大。

(3) 风变化的随机性

自然风是一种平均风速与激烈变动的瞬间紊乱气流相重合的风。气流紊乱主要与地面的摩擦有关，除此之外，当风速与稳定层是垂直分布时会产生重力波，在山风下侧也会产生山岳波。这种紊乱气流不仅影响风速，也明显影响风向。如果按时间区分，可将风向的变化区分为：

① 一年或一个月内风向的趋势；

② 短时间内变动的紊乱气流；

③ 介于两者之间的平均风向。

总之，风的特点为：

① 风的变化性和不稳定性；

② 风力大小从地球表面，随海拔的升高而增大；

③ 空气的密度随海拔的升高而减小。

4. 风的基本特征

风作为一种自然现象，有它本身的特性。通常采用风速、风频等基本指标来表述。

（1）风速

风的大小常用风的速度来衡量，风速是单位时间内空气在水平方向上移动的距离。风速的单位常以 m/s、km/h 等来表示。专门测量风速的仪器有旋转式风速计、散热式风速计和声学风速计等。风速仪安装高度不同，所得到的风速结构也不同，它随高度升高而增强，通常测风高度为 $10m$。

① 瞬时风速 因为风是不恒定的，所以风速经常变化，在某一瞬间测得的风速为瞬时风速。

② 平均风速 在某一段时间内，瞬时风速的算术平均值称为平均风速。风速仪测得的风速是平均风速。

将年平均风速作为评价一个风场开发利用价值的重要指标。当年平均风速大于 $5m/s$ 时，风能的开发才有经济价值。

（2）风频

风频分为风速频率和风向频率。

① 风速频率 各种速度的风出现的频繁程度。对于风力发电的风能利用而言，为了有利于风力发电机平稳运行，便于控制，希望平均风速高，风速变化小。

② 风向频率 各种风向出现的频繁程度，对于风力发电的风能利用而言，总是希望某一风向的频率尽可能的大。

（3）风向

风向是指风吹来的方向。如果风从东面吹来，则称为东风。观测陆地上的风向一般采用 16 个方位（海上的风向通常采用 32 个方位），即以正北为零，顺时针每转过 22.5°为一个方位，如图 1-3 所示。

各种风向出现的频率常用风向玫瑰图来表示。风向玫瑰图是在极坐标图上点出某年或某月各种风向出现的频率。如图 1-4 所示。同理，统计各种风向上的平均速度和风能的图，分别称为风速玫瑰图和风能玫瑰图。

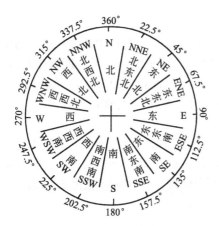

图 1-3　风向 16 方位图

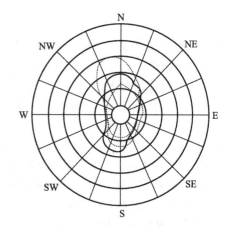

图 1-4　风向玫瑰图

5. 风能、风能密度

（1）风能就是空气的动能

是指风所负载的能量。风能的大小决定于风速和空气的密度。风的能量是由太阳辐射能转化来的，太阳每小时辐射到地球的能量是 1.74×10^{17} W。风能占太阳提供总能量的 1%～

2%，太阳辐射能量中的一部分被地球上的植物转换成生物能，而被转化的风能总量大约是生物能的 50～100 倍。著名的风能公式如下：

$$E = \frac{1}{2}(\rho t S v^3) \tag{1-3}$$

式中　ρ——空气密度，kg/m^2；

　　　v——风速，m/s；

　　　t——时间，s；

　　　S——截面面积，m^2。

由风能公式可以看出，风能主要与风速、风所流经的面积、空气密度 3 个因素有关，其关系如下。

① 风能（E）的大小与风速的立方（v^3）成正比。也就是说，影响风能的最大因素是风速。

② 风能（E）的大小与风所流经的面积（S）成正比。对于风力发电机来说，风能与风力发电机的风轮旋转时扫过的面积成正比。由于通常用风轮直径作为风力发电机的主要参数，所以风能大小与风轮直径的平方成正比。

③ 风能（E）的大小与空气密度（ρ）成正比。空气密度是指单位体积（m^3）所容纳空气的质量（kg）。因此，计算风能时，必须要知道空气密度 ρ 值。空气密度 ρ 值与空气的湿度、温度和海拔高度有关，可以从相关的资料中查到。

（2）风能密度

表征一个地点的风能资源，要视该地区风况和常年平均风能密度的大小。风能密度是单位面积上的风能。对于风力机来说，风能密度是指风轮扫过单位面积的风能，即空气 1s 时间内以速度 v 流过单位截面积的动能，常以 W/m^2 来表示。风能密度是决定风能潜力大小的重要因素：

$$W_\rho = \frac{1}{2}\rho v^3 \tag{1-4}$$

式中，ρ 为空气密度，kg/m^2；v 为平均风速，m/s。

风能密度与平均速度 v 的三次方成正比，与空气密度成正比，而空气密度取决于气压、气温和湿度。因此，不同地方和条件下的风能密度不同。一般来说，海边地势低，气压高，空气密度大，风能密度高；高山地区气压低，空气稀薄，风能密度小。

风力机要根据当地的风况确定一个风速来设计，该风速称为设计风速或额定风速，它与额定功率相对应。由于风的随机性，风力机不可能始终在额定风速下运行，因此风力机就有一个工作风速范围，即从切入风速到切出速度，称为工作风速，即有效风速。依此计算的风能密度称为有效风能密度。全年平均风速在 3～20m/s，平均有效风能密度在 100W/m² 以上、风力资源较丰富的地区，才能进行风力发电。

6. 风力等级

风力等级简称风级，是风速的数值等级表示，是根据风对地面或海面物体影响而引起的各种现象，来来估计风力的大小，风越强，数值越大。

根据理论计算和实践结果，把具有一定风速的风，通常是指 3～20m/s 的风作为一种能量资源加以开发，用来做功（如发电），把这一范围的风称为有效风能或风能资源。因为风速低于 3m/s 时，它的能量太小，没有利用的价值，而风速大于 20m/s 时，它对风力发电机的破坏性很大，很难利用。世界气象组织将风力分为 17 个等级，在没有风速计的时候，可以根据它来粗略估计风速。

风力等级见表 1-1 和表 1-2。

表 1-1　风力等级 0~12 级

风级	名称	风速/(m/s)	风速/(km/h)	陆地地面物象	海面波浪	浪高/m	浪最高/m
0	无风	0.0~0.2	<1	静,烟直上	平静	0.0	0.0
1	软风	0.3~1.5	1~5	烟示风向	微波峰无飞沫	0.1	0.1
2	轻风	1.6~3.3	6~11	感觉有风	小波峰未破碎	0.2	0.3
3	微风	3.4~5.4	12~19	旌旗展开	小波峰未破碎	0.6	1.0
4	和风	5.5~7.9	20~28	吹起尘土	小浪白沫波峰	1.0	1.5
5	劲风	8.0~10.7	29~38	小树摇摆	中浪折沫峰群	2.0	2.5
6	强风	10.8~13.8	39~49	电线有声	大浪白沫离峰	3.0	4.0
7	疾风	13.9~17.1	50~61	步行困难	破峰白沫成条	4.0	5.5
8	大风	17.2~20.7	62~74	折毁树枝	浪长高有浪花	5.5	7.5
9	烈风	20.8~24.4	75~88	小损房屋	浪峰倒卷	7.0	10.0
10	狂风	24.5~28.4	89~102	拔起树木	海浪翻滚咆哮	9.0	12.5
11	暴风	28.5~32.6	103~117	损毁重大	波峰全呈飞沫	11.5	16.0
12	飓风	>32.6	>117	摧毁极大	海浪滔天	14.0	—

表 1-2　风力等级 13~17 级

风级	风速/(m/s)	风速/(km/h)	风级	风速/(m/s)	风速/(km/h)
13	37.0~41.4	134~149	16	51.0~56.0	184~201
14	41.5~46.1	150~166	17	56.1~61.2	202~220
15	46.2~50.9	167~183			

风所具有的能量是很大的,风速为 9~10m/s 的 5 级风,吹到物体表面上的力约为 10kg/m²;风速为 20m/s 的 9 级风,吹到物体表面上的力约为 50kg/m²。风所含的能量比人类迄今为止所能控制的能量要大得多。

7. 风能的优点和局限性

风能是非常重要并储量巨大的能源,它安全、清洁、充裕。目前,利用风力发电已成为风能利用的主要形式,受到世界各国的高度重视,而且发展速度最快。风能与其他能源相比,有明显的优点,但也有其突出的局限性。

(1) 风能的优点

① 蕴藏量大　风能是太阳能的一种转换形式,是取之不尽、用之不竭的可再生能源。根据计算,太阳至少还可以像现在一样照射地球 60 亿年左右。

② 无污染　在风能转换为电能的过程中,不产生任何有害气体和废料,不污染环境。

③ 可再生　风能是靠空气的流动而产生的,这种能源依赖于太阳的存在。只要太阳存在,就可不断地、有规律地形成气流,周而复始地产生风能,可永久持续利用。

④ 分布广泛、就地取材、无需运输　在边远地区如高原、山区、岛屿、草原等地区,由于缺乏煤、石油和天然气等资源,给生活在这一地区的人民群众带来诸多不便,而且由于地处偏远、交通不便,即使从外界运输燃料也十分困难。因此,利用风能发电可就地取材、无需运输,具有很大的优越性。

⑤ 适应性强、发展潜力大　我国可利用的风力资源区域占全国国土面积的 76%,在我国发展小型风力发电,潜力巨大,前景广阔。

(2) 风能的限制性

① 能量密度低　由于风能来源于空气的流动,而空气的密度很小,因此风力的能量密度很小,只有水力的 1/816。

② 不稳定性　由于气流瞬息万变,风时有时无、时大时小,日、月、季、年的变化都

十分明显。

③ 地区差异大 由于地形变化，地理纬度不同，因此风力的地区差异很大。两个近邻区域，由于地形的不同，其风力可能相差几倍甚至几十倍。

二、 我国风能资源分布

我国的风力资源十分丰富，仅次于俄罗斯和美国，居世界第三位，根据国家气象局气象研究院的估算，我国 10m 高度层的风能资源总储量为 32.26 亿千瓦，其中实际可开发利用的风能资源储量为 2.53 亿千瓦。而据估计，我国近海风能资源约为陆地的 3 倍，所以我国可开发风能资源总量约为 10 亿千瓦，其中，陆地上风能储量约 2.53 亿千瓦（陆地上离地10m 高度资料计算），海上可开发和利用的风能储量约 7.5 亿千瓦。

1. 我国风能资源划分

在我国的不同地区，风能资源是不同的，除少数省份年平均风速比较小以外，大部分省、市、自治区，尤其是西南边疆、沿海和三北（东北、西北、华北）地区，都有着极有利用价值的风能资源。风能分布具有明显的地域性规律，这种规律反映了大型天气系统的活动和地形作用的综合影响。而划分风能区划的目的是为了了解各地风能资源的差异，以便合理地开发利用。根据全国有效风能密度、有效风力出现时间百分率，以及大于等于 3m/s 和 6m/s 风速的全年累积小时数，将全国风能资源划分为 4 个大区（30 个小区），见表 1-3。

表 1-3 风能区划标准

区 指标	丰富区	较丰富区	可利用区	贫乏区
年有效风能密度 /（W/m）	≥200	200～150	150～50	≤50
风速≥3m/s 的 年小时数/h	≥5000	5000～4000	4000～2000	≤2000
占全国面积	8%	18%	50%	24%
包括的小区	A34a—东南沿海及台湾岛屿和南海群岛秋冬特强压型；A21b—海南岛南部夏春压型；A14b—山东、辽东沿海春冬压型；B12b—内蒙古北部西端和锡林郭勒盟春夏强压型；B14b—内蒙古阴山到大兴安岭北冬春强压型；C13b-c—松花江下游春秋强中压型；东南沿海及其岛屿，为我国最大风能资源区	D34b—东南沿海（离海岸 20～50km）秋冬强压型；D14a—海南岛东部春冬特强压型；D14b—渤海沿海春冬强压型；D34a—台湾东部秋冬特强压型；E13b—东北平原春秋强压型；E14b—内蒙古南部春冬强压型；E12b—河西走廊及其邻近春夏强压型；E21b—新疆北部夏春强压型；F12b—青藏高原春夏强压型；内蒙古和甘肃北部，为我国次大风能资源区；黑龙江和吉林东部及辽东半岛沿海，风能也较大	G43b—福建沿海（离海岸 50～100km）和广东沿海冬秋强压型；G14a—广西沿海及雷州半岛春冬特强压型；H13b—大小兴安岭山地春秋强压型；I12c—辽河流域和苏北春夏中压型；I14c—黄河、长江中下游春冬中压型；I31c—湖南、湖北和江西秋春中压型；I12c—西北五省的一部分及青藏的东部和南部春夏中压型；I14c—川西南和云贵的北部春冬中压型；青藏高原、三北地区的北部和沿海，为风能较大区	J12d—四川、甘南、陕西、鄂西、湘西和贵北春夏弱压型；J14d—南岭山地以北冬春弱压型；J43d—南岭山地以南冬秋弱压型；J14d—云贵南部春冬弱压型；K14d—雅鲁藏布江河谷春冬弱压型；K12c—昌都地区春夏中压型；L12c—塔里木盆地西部春夏中压型；云贵川、甘肃、陕西南部、河南、湖南西部、福建、广东、广西的山区

2. 可利用的风能

风虽然随处可见，但是也有可利用和不可利用之分，这与风速有直接关系。根据上面风能资源区划，年平均风速小于 2m/s 的地区，目前是没有利用价值区。年平均风速在 2～4m/s 的地区，是风能可利用区，在这一区域内，年平均风速在 3～4m/s 的地区，利用价值较高，有一定的利用前景，但从总体考虑，该地区的风力资源仍是不高。年平均风速在 4～4.5m/s 的地区基本相当于风能较丰富区。年平均风速大于 4.5m/s 的地区，属于风能丰富区。

由此可见，除去一些破坏性极大的风（如台风、龙卷风等），绝大多数风速在 2m/s 以上的风能都是对人类有用的风能。目前，国内外一般选择年平均风速为 6m/s 或以上的高风速区（即风能资源丰富区）安装并网型风力发电机组，即大型风力发电机组。我国一般选用单机容量 600kW 以上的机组建设风电场，保证机组多发电，经济效益才能显著。独立运行的小型风力发电机组启动风速较低，一般风速为 3m/s 以上就能发电，分布区域广，我国有相当部分农耕区、山区和牧区属于这种地区。

3. 风能资源开发判断依据

从式（1-3）可以看到，影响风能资源的主要因素是风速，风能欠缺区由于平均风速很低，没有开发价值。另一方面因功率不同的风力发电机对风速的要求是不同的，因此判断某一地区的风能资源是否值得开发，还要考虑采用的风力发电机的功率大小和机型。

① 大型风力发电机（100kW 以上）可能发展的地区，其年平均风速大约为 6m/s 以上。在全国范围内，仅局限于几个地带，就陆地而言，大约占全国总面积的 1/100。

② 中型风力发电机（10kW 级及以上）可能发展的地区，其年平均风速大约为 4.5m/s 以上。在全国范围内，可以发展中型风力发电机的地区大约占全国陆地总面积的 1/10。

③ 小型风力发电机（10kW 级及以下）可能发展的地区，其年平均风速大约为 3m/s 以上。在全国范围内，可以发展小型风力发电机的地区范围较大，大约占全国陆地总面积的 40％以上。具体说，东北除大兴安岭、长白山脉的背风低谷等不利地形外；内蒙古的大部；京、冀、晋、陕、宁、甘的北部；青海的中西部；西藏的雅鲁藏布江河谷以外的大部；新疆除两大盆地及阿尔泰山等的外围地区；津、冀、鲁、豫的东部；江苏、皖北至江西、湖北的两湖地区；向南包括浙、闽、两广的沿海；云南东北部等都是小型风力发电机可能发展的地区。

4. 我国风能资源的特点

（1）季节性的变化

我国位于亚洲大陆东部，濒临太平洋，季风强盛，内陆还有许多山系，地形复杂，加之青藏高原耸立我国西部，改变了海陆影响所引起的气压分布和大气环流，增加了我国季风的复杂性。冬季风来自西伯利亚和蒙古等中高纬度的内陆，那里空气十分严寒干燥，冷空气积累到一定程度，在有利高空环流引导下，就会爆发南下，俗称寒潮，在此南下的强冷空气的影响下，形成寒冷干燥的西北风侵袭我国北方各省（直辖市、自治区）。每年冬季总有多次大幅度降温的强冷空气南下，主要影响我国西北、东北和华北，直到次年春夏之交才会消失。夏季风是来自太平洋的东南风、印度洋和南海的西南风，东南季风影响遍及我国东半部，西南季风则影响西南各省和南部沿海，但风速远不及东南季风大。热带风暴是太平洋西部和南海热带海洋上形成的空气涡旋，是破坏力极大的海洋风暴，每年夏秋两季频繁侵袭我国，登陆我国南海之滨和东南沿海，热带风暴也能在上海以北登陆，但次数很少。如图 1-5 所示。

（2）地域性的变化

中国地域辽阔，风能资源比较丰富。特别是东南沿海及其附近岛屿，不仅风能密度大，年平均风速也高，发展风能利用的潜力很大。在内陆地区，从东北、内蒙古，到甘肃走廊及新疆一带的广阔地区，风能资源也很好。华北和青藏高原有些地方也有可利用风能。东南沿海的风能密度一般在 200W/m²，有些岛屿达 300W/m² 以上，年平均风速 7m/s 左右，全年

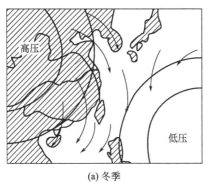
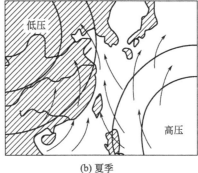

(a) 冬季　　　　　　　　　　　(b) 夏季

图 1-5　海陆热力差异引起的季风示意图

有效风时 6000 多小时。内蒙古和西北地区的风能密度也在 $150\sim200W/m^2$，年平均风速 6m/s 左右，全年有效风时 $5000\sim6000h$。青藏高原的北部和中部，风能密度也有 $150W/m^2$，全年 3m/s 以上风速出现时间 5000h 以上，有的可达 6500h。

青藏高原地势高亢开阔，冬季东南部盛行偏南风，东北部多为东北风，其他地区一般为偏西风，冬季大约以唐古拉山为界，以南盛行东南风，以北为东至东南风。

我国幅员辽阔，陆疆总长达 2 万多千米，还有 18000 多千米的海岸线，边缘海中有岛屿 5000 多个，风能资源丰富。我国现有风电场场址的年平均风速均达到 6m/s 以上。一般认为，可将风电场分为三类：年平均风速 6m/s 以上时为较好；7m/s 以上为好；8m/s 以上为很好。可按风速频率曲线和机组功率曲线，估算标准大气状态下该机组的年发电量。我国相当于 6m/s 以上的地区，在全国范围内仅限于较少数几个地带。就内陆而言，大约仅占全国总面积的 1/100，主要分布在长江到南澳岛之间的东南沿海及其岛屿，这些地区是我国最大的风能资源区以及风能资源丰富区，包括山东、辽东半岛、黄海之滨，南澳岛以西的南海沿海、海南岛和南海诸岛，内蒙古从阴山山脉以北到大兴安岭以北，新疆达坂城，阿拉山口，河西走廊，松花江下游，张家口北部等地区以及分布各地的高山山口和山顶。中国沿海水深在 $2\sim10m$ 的海域面积很大，而且风能资源好，靠近我国东部主要用电负荷区域，适宜建设海上风电场。

我国风能丰富的地区主要分布在西北、华北和东北的草原或戈壁，以及东部和东南沿海及岛屿，这些地区一般都缺少煤炭等常规能源。在时间上，冬春季风大、降雨量少，夏季风小、降雨量大，与水电的枯水期和丰水期有较好的互补性。

5. 影响中国风能资源的因素

（1）大气环流对中国风能分布的影响

东南沿海及东海、南海诸岛，因受台风的影响，最大年平均风速在 5m/s 以上。东南沿海有效风能密度 $\geqslant200W/m^2$，有效风能出现时间百分率可达 $80\%\sim90\%$。风速 $\geqslant3m/s$ 的风全年出现累积小时数为 $7000\sim8000h$；风速 $\geqslant6m/s$ 的风有 4000h。岛屿上的有效风能密度为 $200\sim500W/m^2$，风能可以集中利用。福建的台山、东山，台湾的澎湖湾等，有效风能密度都在 $500W/m^2$ 左右，风速 $\geqslant3m/s$ 的风累积为 8000h，换言之，平均每天有 21h 以上时间的风速 $\geqslant3m/s$。但在一些大岛，如台湾和海南，又具有独特的风能分布特点：台湾风能南北两端大，中间小；海南风能西部大于东部。内蒙古和甘肃北部地区，高空终年在西风带的控制下，冬半年地面在蒙古高原东南缘，冷空气南下，因此，总有 $5\sim6$ 级以上的风速出现在春夏和夏秋之交，气旋活动频繁，当每一气旋过境时，风速也较大，年平均风速在 4m/s 以上，有效风能密度为 $200\sim300W/m^2$，风速 $\geqslant3m/s$ 的风全年累积小时数在 5000h 以上，是中国风能连成一片的最大地区。

（2）海陆和水体对风能分布的影响

中国沿海风能比内陆大，湖泊比周围湖滨大，这是由于气流流经海面或湖面摩擦力较小，风速较大。由沿海向内陆或由湖面向湖滨，动能很快消耗，风速急剧减小，故风速≥3m/s和风速≥6m/s的风的全年累积小时数的等值线，不但平行于海岸线和湖岸线，而且数值相差很大。若台风登陆时在海岸上的风速为100％，而在离海岸50km处，台风风速为海岸风速的68％左右。

（3）地形对风能分布的影响

① 山脉对风能的影响　气流在运行中遇到地形阻碍的影响，不但会改变风速，还会改变方向，其变化的特点与地形形状有密切关系。一般范围较大的地形，对气流有屏障作用，使气流出现爬绕运动，所以在天山、祁连山、秦岭、大小兴安岭、太行山和武夷山等的风能密度线和可利用小时数曲线大都平行于这些山脉。特别明显的是东南沿海的几条东北—西南走向的山脉，如武夷山等地。所谓华夏式山脉，山的迎风面风能是丰富的，风能密度为200W/m²，风速≥3m/s的风出现的小时数约为7000～8000h。而在山区及其背风面风能密度在50W/m²以下，风速≥3m/s的风出现的小时数约为1000～2000h，风能是不能利用的。四川盆地和塔里木盆地，由于天山和秦岭山脉的阻挡，为风能不能利用区。雅鲁藏布江河谷，也是由于喜马拉雅山脉和冈底斯山的屏障，风能很小，是没有利用价值的区域。

② 海拔高度对风能的影响　由于地面摩擦消耗运动气流的能量，山地风速是随着海拔高度增加而增加的。事实上，在复杂山地，很难分清地形和海拔高度的影响，两者往往交织在一起，如北京和八达岭风力发电试验站同时观测的平均风速分别为2.8m/s和5.8m/s，相差3.0m/s。后者风大，一是由于它位于燕山山脉的一个南北向的低地，二是由于它海拔比北京高500多米，风速改变是两者共同作用的结果。青藏高原海拔在4000m以上，所以这里的风速比周围大，但其有效风能密度却较小，在150W/m²左右。这是由于青藏高原海拔高，但空气密度较小，因此风能也小，如4000m高空的空气密度大致为地面的67％。也就是说，同样是8m/s的风速，在平地海拔500m以下地区为313.6W/m²，而在4000m地区只有209.9W/m²。

③ 中小地形的影响　蔽风地形风速减小，狭管地形风速增大。即使在平原上的河谷，风能也较周围地区大。海峡也是一种狭管地形，与盛行风方向一致时，风速较大，如台湾海峡中的澎湖列岛，年平均风速为6.5m/s。局部地形对风能的影响是不可低估的。在一个小山丘前，气流受阻，强迫抬升，所以在山顶流线密集，风速加强。山的背风面，由于流线辐散，风速减小。有时气流流过一个障碍，如小山包等，其产生的影响在下方5～10km的范围，有些地层风是由于地面粗糙度的变化形成的。

【项目实施】　风的测量

通常，地面风用风标和风杯（或螺旋桨）测风表来测量。当仪器装备临时发生故障不能使用或者没有配备仪器时，风向观测和风力观测可以由观测者主观估计（下面提供的风速当量表就常用于估计）。

1. 风速计

① 杯式风速计　它由3个互成120°固定在支架上的抛物锥空杯组成感应部分，空杯的凹面都顺向一个方向。整个感应部分安装在一根垂直旋转轴上，在风力的作用下，风杯绕轴以正比于风速的转速旋转。转速可以用电触点、测速发电机或光电计数器等记录。如图1-6所示。

图 1-6　杯式风速计 　　　　　　　　　　　　　　图 1-7　螺旋桨式风速计

② **螺旋桨式风速计**　它是一组三叶或四叶螺旋桨绕水平轴旋转的风速计，通过尾翼使其旋转平面始终正对风的来风方向，它的转速正比于风速。如图 1-7 所示。

③ **热线风速计**　热线风速计是采用一根被电流加热的金属丝，流动的空气使它散热，利用散热速率和风速的平方根成线性关系，再通过电子线路线性化，即可制成热线风速计。热线风速计分旁热式和直热式两种。旁热式的热线一般为锰铜丝，其电阻温度系数近于零，它的表面另置有测温元件。直热式的热线多为铂丝，在测量风速的同时可以直接测定热线本身的温度。热线风速计在小风速时灵敏度较高，适用于对小风速测量，是大气湍流和农业气象测量的重要工具。如图 1-8 所示。

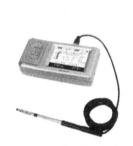

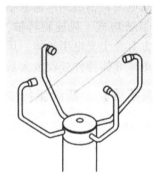

图 1-8　热线风速计 　　　　　　图 1-9　数字风速仪 　　　　　　图 1-10　声学风速计

④ **数字风速仪**　数字风速仪是专为各种大型机械设备研制开发的大型智能风速传感报警设备，其内部采用了先进的微处理器作为控制核心，外围采用了先进的数字通信技术。系统稳定性高，抗干扰能力强，检测精度高，风杯采用特殊材料制成，机械强度高，抗风能力强，显示器机箱设计新颖独特，坚固耐用，安装使用方便。所有的电接口均符合国际标准，安装时免调试，适用于不同的工作环境。如图 1-9 所示。

⑤ **声学风速计**　在声波传播方向的风速分量将增加（或减低）声波传播速度，利用这种特性制作的声学风速表可用来测量风速分量。声学风速表至少有两对感应元件，每对包括发声器和接收器各一个。使两个发声器的声波传播方向相反，如果一组声波顺着风速分量传播，另一组恰好逆风传播，则两个接收器收到声脉冲的时间差值将与风速分量成正比。如果同时在水平和垂直方向各装上两对元件，就可以分别计算出水平风速、风向和垂直风速。由于超声波具有抗干扰、方向性好的优点，声学风速表发射的声波频率多在超声波段。如图 1-10 所示。

2. 风向标

风向标是测量风向的常用装置，有单翼型、双翼型和流线型。风向标一般由尾翼、指向杆、平衡锤及旋转主轴四部分组成首尾不对称的平衡装置。其重心在支撑轴的轴心上，整个风向标可以绕垂直轴自由摆动。在风的动压力作用下，取得指向风的来向的一个平衡位置，即为风向的指示。传送和指示风向所在方位的方法有很多，有电触点盘、环形电位、自整角机和光电码盘四种类型，其中最常用的是码盘。风向杆的安装方位指向正南。风速仪一般安装在离地 10m 的高度上。如图 1-11 所示。

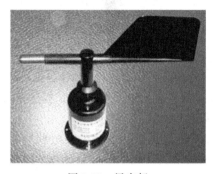

图 1-11　风向标

3. 风速记录

风速记录是通过信号的转换方法来实现的，一般有 4 种方法。

① 机械式　当风速感应器旋转时，通过蜗杆带动蜗轮转动，再通过齿轮系统带动指针旋转，从刻度盘上直接读出风的行程，除以时间得到平均风速。

② 电接式　由风杯驱动的蜗杆，通过齿轮系统连接到一个偏心凸轮上，风杯旋转一定圈数，凸轮使相当于开关作用的两个接点闭合或打开，完成一次接触，表示一定的风程。

③ 电机式　风速感应器驱动一个小型发电机中的转子，输出与风速感应器转速成正比的交变电流，输出到风速的指示系统。

④ 光电式　风速旋转轴上装有一个圆盘，盘上有等距的孔，孔上面有一个红外光源，正下方有一个光电半导体。风杯带动圆盘转动时，由于孔的不连续性，形成光脉冲信号，经过光电半导体器件接收放大后变成电脉冲信号输出，每一个脉冲信号表示一定的风行程。

【知识拓展】　新能源行业发展前景

1. 新能源行业定义与分类

（1）新能源行业定义

新能源又称非常规能源，一般指在新技术基础上，可系统地开发利用的可再生能源，包含了传统能源之外的各种能源形式。一般地说，常规能源是指技术上比较成熟且已被大规模利用的能源，而新能源则通常是指尚未大规模利用、正在积极研究开发的能源。

（2）新能源行业主要分类

新能源主要包括太阳能、核能、风能、海洋能、地热能、氢能等。此外，随着技术的进步和可持续发展观念的树立，过去一直被视作垃圾的工业与生活有机废弃物被重新认识，作为一种能源资源化利用的物质而受到深入的研究和开发利用，因此，废弃物的资源化利用也可看作是新能源技术的一种形式。如图 1-12 所示。

① 太阳能

a. 太阳能光伏　太阳能光伏板组件是一种暴露在阳光下便会产生直流电的发电装置，由几乎全部以半导体物料（例如硅）制成的薄身固体光伏电池组成。由于没有活动的部分，故可以长时间操作而不会导致任何损耗。简单的光伏电池可为手表及计算机提供能源，较复杂的光伏系统可为房屋照明，并为电网供电。光伏板组件可以制成不同形状，而组件又可连接，以产生更多电力。近年来，天台及建筑物表面均会使用光伏板组件，甚至被用作窗户、天窗或遮蔽装置的一部分，这些光伏设施通常被称为附设于建筑物的光伏系统。如图 1-13 所示。

b. 太阳热能　现代的太阳热能科技将阳光聚合，并运用其能量产生热水、蒸汽和电力。

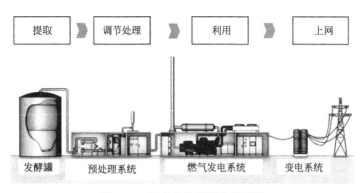

图 1-12　废弃物的资源化利用图

图 1-13　太阳能光伏利用

除了运用适当的科技来收集太阳能外，建筑物亦可利用太阳的光和热能，方法是在设计时加入合适的装备，例如巨型的向南窗户或使用能吸收及慢慢释放太阳热力的建筑材料。

② 核能　核能（或称原子能）是通过核反应从原子核释放的能量，符合爱因斯坦的方程 $E=mc^2$，其中 E 为能量；m 为质量；c 为光速常量。人们开发核能的途径有两条：一是重元素的裂变，如铀的裂变，现已得到实际性的应用；二是轻元素的聚变，如氘、氚、锂等，正在积极研究中。

利用核反应堆中核裂变所释放出的热能进行发电的方式。与火力发电极其相似。只是以核反应堆及核能发电站蒸汽发生器来代替火力发电中的锅炉，以核裂变能代替矿物燃料的化学能。除沸水堆外（见轻水堆），其他类型的动力堆都是一回路的冷却剂通过堆心加热，在蒸汽发生器中将热量传给二回路或三回路的水，然后形成蒸汽推动汽轮发电机。沸水堆则是一回路的冷却剂通过堆心加热变成 70 个大气压左右的饱和蒸汽，经汽水分离并干燥后直接推动汽轮发电机。核能发电利用铀燃料进行核分裂连锁反应所产生的热，将水加热，高温高压，利用水产生的水蒸气推动蒸汽轮机并带动发电机。核反应所放出的热量较燃烧化石燃料所放出的能量要高很多（相差约百万倍），比较起来需要的燃料体积比火力电厂少相当多。核能发电所使用的铀 235 纯度只占约 3％～4％，其余皆为无法产生核分裂的铀 238。如图 1-14 所示。

③ 风能　风能是太阳辐射下流动所形成的。与其他能源相比，风能具有明显的优势，它蕴藏量大，是水能的 10 倍，分布广泛，永不枯竭，对交通不便、远离主干电网的岛屿及边远地区尤为重要。

风力发电是当代人利用风能最常见的形式，自 19 世纪末，丹麦研制成风力发电机以来，人们认识到石油等能源会枯竭，才开始重视风能的发展。在过去的 20 多年里，风电发展不断超越其预期的发展速度，而且一直保持着世界增长最快的能源的地位。

13

图 1-14　核能发电示意图

④ 海洋能　海洋能指蕴藏于海水中的各种可再生能源，包括潮汐能、波浪能、海流能、温差能、盐差能等。这些能源都具有可再生性和不污染环境等优点，是一项亟待开发利用的具有战略意义的新能源。

据科学家推算，地球上波浪蕴藏的电能高达 90 万亿度。目前，海上导航浮标和灯塔已经用上了波浪发电机发出的电，大型波浪发电机组也已问世。中国也在对波浪发电进行研究和试验，并制成了供航标灯使用的发电装置。

据估计，到 2020 年，全世界潮汐发电量将达到 1000～3000 亿千瓦。世界上最大的潮汐发电站是法国北部英吉利海峡上的朗斯河口电站，发电能力 24 万千瓦，已经工作了 30 多年。中国在浙江省建造了江厦潮汐电站，总容量达到 3000kW。

⑤ 地热能　地球内部热源可来自重力分异、潮汐摩擦、化学反应和放射性元素衰变释放的能量等。放射性热能是地球的主要热源。中国地热资源丰富，分布广泛，已有 5500 处地热点，地热田 45 个，地热资源总量约 320 万兆瓦。

⑥ 氢能　在众多新能源中，氢能以其重量轻、无污染、热值高、应用面广等独特优点脱颖而出，逐渐成为 21 世纪的理想能源。氢能可以作飞机、汽车的燃料，也可以成为推动火箭的动力。

2. 新能源行业发展前景

未来 15 年中国可再生能源发展的总目标是：提高可再生能源在能源消费中的比重，解决偏远地区无电人口用电问题和农村生活燃料短缺问题，推行有机废弃物的能源化利用，推进可再生能源技术的产业化发展。

◆充分利用水电、沼气、太阳能热利用和地热能等技术成熟、经济性好的可再生能源，加快推进风力发电、生物质发电、太阳能发电的产业化发展，逐步提高优质清洁可再生能源在能源结构中的比例。

◆因地制宜利用可再生能源解决偏远地区无电人口的供电问题和农村生活燃料短缺问题，并使生态环境得到有效保护。按循环经济模式推行有机废弃物的能源化利用，基本消除有机废弃物造成的环境污染。

◆积极推进可再生能源新技术的产业化发展，建立可再生能源技术创新体系，形成较完善的可再生能源产业体系。到 2020 年，形成以自有知识产权为主的国内可再生能源装备能力。

新能源产业重点发展新一代核能、太阳能热利用和光伏光热发电、风电技术装备、智能电网、生物质能。

思考与练习

(1) 什么是风速？单位是什么？

(2) 风速都会随着哪些参数变化？

(3) 风能可用什么来描述？具备怎样的风力资源才能进行风力发电？

(4) 风能资源丰富区的主要指标有哪些？最大风能区是指哪些区域？

(5) 结合本省风资源状况，查找相关气象资料，试分析本省哪些区域适合建设风电场，并撰写风资源评估分析报告。

项目二　小型风力发电机的认知

【任务导入】

你见过风力发电机吗？如果你还没有见过一台真正的风力发电机，那么有一样东西你肯定是不会陌生的，那就是儿童们逢年过节玩耍的"风车"，风力发电机就是由它逐渐演变而来的。

【相关知识】　风力发电机组的基本知识

1. 风力发电技术

风力发电技术是一项高新技术，涉及气象学、空气动力学、结构力学、计算机技术、电子控制技术、材料学、化学、机电工程、环境科学等十几个学科和专业，因此是一项系统技术。

(1) 风力发电技术的划分

风能技术分为大型风电技术和中小型风电技术，虽然工作原理相同，但是却属于完全不同的两个行业。具体表现在政策导向不同，市场不同，应用领域不同，应用技术更是不同。为满足市场的不同需求，延伸出来的风光互补技术不仅推动了中小型风电技术的发展，还为中小型风电开辟了新的市场。

① 大型风电技术　大型风电技术起源于丹麦、荷兰等一些欧洲国家，由于当地风能资源丰富，风电产业受到政府的助推，大型风电技术和设备的发展在国际上遥遥领先。目前，我国政府也开始助推大型风电技术的发展，并出台一系列政策引导产业发展。大型风电技术都是为大型风力发电机组研发的，而大型风力发电机组的应用区域对环境的要求十分严格，都是应用在风能资源丰富而矿产资源有限的风场上，常年接受各发电场各种各样恶劣的环境考验。环境的复杂多变性，使其对技术的高度要求直线上升。

② 中小型风电技术　20世纪70年代，中小型风电技术在我国风况资源较好的内蒙古、新疆一带就已经得到了发展。最初中小型风电技术被广泛应用在送电到乡的项目中，为一家一户的农牧民家用供电，随着技术的不断完善与发展，不仅能单独应用，还能与光电互补，被广泛应用于分布式独立供电。

中小型风电技术的成熟受自然资源限制相对较小，作为分布式独立发电效果显著，不仅可以并网，而且还能结合光电，形成更稳定可靠的风光互补发电系统。目前，国内中小型风电技术中的低风速启动、低风速发电、变桨距、多重保护等一系列技术得到国际市场的瞩目和国际客户的一致认可，已处于国际领先地位。

(2) 风力发电的优势

风能作为一种清洁的可再生能源，越来越受到世界各国的重视。每装一台单机容量为1MW

的风能发电机，每年可以减排 2000t 二氧化碳（相当于种植 $2.59km^2$ 的树木）、10t 二氧化硫、6t 二氧化氮。风能产生 $1MW \cdot h$ 的电量可以减少 $0.8 \sim 0.9t$ 的温室气体，相当于煤或矿物燃料一年产生的气体量。而且风机不会危害鸟类和其他野生动物。在常规能源告急和全球生态环境恶化的双重压力下，风能作为一种高效清洁的新能源有着巨大的发展潜力。如图 2-1 所示。

从风力到发电与配电

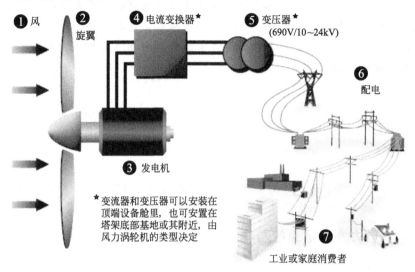

图 2-1　风力发电与配电示意图

随着大型风力发电机技术的成熟和产品商品化的进程，风力发电成本在逐年降低。风力发电不消耗资源，不污染环境，具有广阔的发展前景。建设周期一般很短，一台风机的运输安装时间不超过 3 个月，万千瓦级风电场建设期不到一年，而且安装一台可投产一台；装机规模灵活，可根据资金多少来确定，为筹集资金带来便利；运行简单，可完全做到无人值守；实际占地少，机组与监控、变电等建筑仅占风电场约 1% 的土地，其余场地仍可供农、牧、渔使用；对土地的要求低，在山丘、海边、河堤、荒漠等地形条件下均可建设，在发电方式上还有多样化的特点，既可联网运行，也可和柴油发电机等集成互补系统或独立运行，这对于解决边远无电地区的用电问题提供了现实可能性。

风电技术日趋成熟，产品质量可靠，可用率已达 95% 以上，已是一种安全可靠的能源，对沿海岛屿、交通不便的边远山区、地广人稀的草原牧场，以及远离电网和近期内电网还难以到达的农村、边疆来说，可作为解决生产和生活能源的一种有效途径。

（3）风力发电机系统构成

把风的动能转变成机械能，再把机械能转化为电能，这就是风力发电。风力发电所需要的装置称为风力发电机组。风力发电机组主要由两大部分组成：风力机部分将风能转换为机械能；发电机部分将机械能转换为电能。根据风力发电机组这两大部分采用的不同结构类型及它们分别采用技术的不同特征和不同组合，风力发电机组可以有多种多样的分类。风力发电机组主要由风轮、传动与变速机构、发电机、塔架、迎风及限速机构组成，具体的结构、材质等将在后面详细介绍。大型风力发电机组发出的电能直接并到电网，向电网馈电。小型风力发电机一般将风力发电机组发出的电能用储能设备储存起来（一般用蓄电池），需要时再提供给负载（可直流供电，也可用逆变器变换为交流供给用户）。如图 2-2 所示。

2. 风力发电机简介

风力发电机根据收集风能的结构形式、空间的布置、风机旋转主轴的方向（即主轴与地

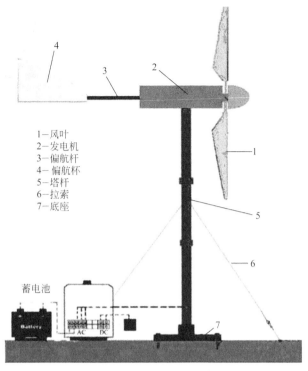

1—风叶
2—发电机
3—偏航杆
4—偏航杯
5—塔杆
6—拉索
7—底座

蓄电池

图 2-2　风力发电原理示意图

面相对位置），可分为水平轴风力发电机和垂直轴风力发电机。

（1）水平轴风力发电机

现代的风力机大多数是水平轴风力机。水平轴风力机主要由叶片与轮毂、机舱与塔架构成。常见的风力机有 3 个叶片，叶片安装在轮毂上构成风轮，风吹风轮旋转，带动机舱内的发电机发电，塔架是整个风力机的支撑，如图 2-3 所示。

① 风力机的叶片数目　风轮除了三叶片的还有双叶片的，甚至单叶片的，也有 4 叶、5 叶、6 叶的。在许多农用风力机中采用多叶片结构的风轮，如图 2-4 所示。

水平轴风力发电机叶片如图 2-5 所示。

② 风力机的对风形式　风轮轴线的安装位置与水平面夹角不大于 15°的风力机，称为水平轴风力发电机。水平轴风力发电机的风轮围绕一个水平

叶片

机舱

轮毂

塔架

图 2-3　水平轴风力发电机示意图

轴旋转，风轮轴与风向平行，风轮上的叶片是径向安置的，与旋转轴相垂直，并与风轮的旋转平面成一角度（称为安装角）。

水平轴风力发电机，风轮围绕一个水平轴转动，需要有调向装置来保持风轮迎风。水平轴机组按风轮与塔架相对位置分为上风向与下风向，如图 2-6 所示。

a. 上风（迎风）向机组　风轮在塔架的前面迎风旋转。上风向机组必须有某种调向装置来保持风轮迎风。

b. 下风（顺风）向机组　风轮安装在塔架后面，风先经过塔架，再到风轮。下风向机

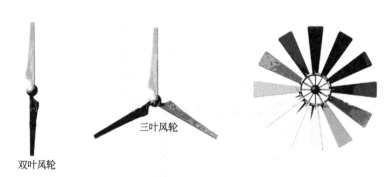

图 2-4　风力机叶片

三叶风轮

双叶风轮

双叶式　　三叶式　　多叶式

图 2-5　水平轴风力发电机叶片

顺风式风力机　　迎风式风力机

图 2-6　水平轴风力发电机对风形式

组能够自动对准风向，从而免去了调向装置。但是由于塔架干扰了流过叶片的气流而形成塔影效应，影响了风力机的效率，使性能下降。

水平轴风力发电机可以是升力装置（即升力驱动风轮），也可以是阻力装置（即阻力驱动风轮）。大多数水平轴风力发电机具有对风装置，对于小型风力发电机，一般采用尾舵；而对大型风力发电机，则利用对风敏感元件。

③ 机舱内的主要设备　在发电机的机舱里主要有主轴承、齿轮箱、发电机、偏航装置、风向标、控制柜等，发电机是风力机产生电能的设备，由于发电机转速高，风轮转速低，风轮需通过齿轮箱增加转速后，才能使发电机以正常转速工作；控制柜控制风力机的对风、风轮转速等；风向标测量风向发出信号给控制柜；偏航装置按控制柜的信号推动风力机进行对风，如图 2-7 所示。

总之，水平轴风力发电机一般由风轮增速器、调速器、调向装置、发电机和塔架等部件组成，大中型风力机还有自动控制系统。这种风力发电机的功率从几十千瓦到数兆瓦，是目前最具有实际开发价值的风力发电机。

水平轴风力发电机的主要技术指标参数如下。

a. 风轮直径　通常风力机的功率越大，直径越大。

b. 叶片数目　高速发电用风力机为 2～4 片，低速风力机大于 4 片。

c. 叶片材料　现代风力机叶片采用高强度低密度的复合材料。

d. 风能利用系数　一般为 0.15～0.5。

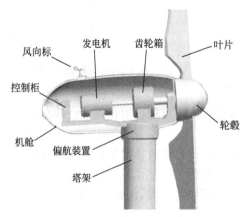

风向标　发电机　齿轮箱　叶片

控制柜

机舱

偏航装置

塔架

轮毂

图 2-7　机舱的主要设备

e. 启动风速　一般为 3～5m/s。

f. 停机风速　通常为 15～35m/s。

g. 输出功率　现代风力机一般为几百千瓦到几兆瓦。

h. 发电机　分为直流发电机和交流发电机。

i. 塔架高度。

（2）垂直轴风力机

垂直轴风力发电机旋转不受风向的影响，无需对风调向控制系统，结构更简单，发电效率比水平旋转（现有）提高 1.8%。固定式发电机工作，避免了绞线。发电机可以安装在塔架下部，操作维护方便。工作时无噪声，是一种静音风力发电机。垂直轴风力发电机主要用于独立发电系统或风光互补发电系统，如图 2-8 所示。

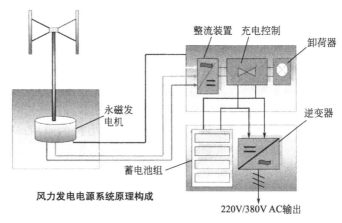

图 2-8　垂直轴风力发电系统原理示意图

① 垂直轴风力发电机的主要类型　垂直轴风力发电机组的特征是旋转轴与地面垂直，风轮的旋转平面与风向平行。和水平轴风力发电机组相比，发电机传动机构和控制机构等装置在地面或低空，便于维护，而且不需要迎风装置，简化了结构。

垂直轴风力发电机组可分为两个主要类型，一类称为阻力型，另一类称为升力型。阻力型风力发电机主要是利用空气流过叶片产生的阻力作为驱动力的，而升力型则是利用空气流过叶片产生的升力作为驱动力的。由于叶片在旋转过程中随着转速的增加阻力急剧减小，而升力反而会增大，所以升力型的垂直轴风力发电机的效率要比阻力型的高很多。

a. 阻力型垂直轴风力发电机　杯式风速计是最简单的阻力型垂直轴风力机。Lafond 风力机是受到离心式风扇和水利机械中的涡轮启发设计而成的一种阻力推进型的垂直轴风力机，是由法国工程师 Lafond 发明的。

典型的阻力型垂直轴风力发电机组选用的是 S 型风轮。它由两个半圆筒形叶片组成，两圆筒的轴线相互错开一段距离。其优点是启动转矩较大，启动性能良好，但是它的转速低，风力发电机组风能利用系数低于水平轴风力发电机组，并且在运行中围绕着风轮会产生不对称气流，从而产生侧向推力。特别是对于较大型的风力发电机组，因为受偏转与安全极限应力的限制，采用这种结构形式是比较困难的。萨窝纽斯型风力发电机组的尖速比不可能大于 1，所以它的转速低，风能利用系数也低于高速型的其他垂直轴风力发电机组。阻力型风力机的典型代表是 S 型风轮。

b. 升力型垂直轴风力发电机　升力型垂直轴风力发电机组利用翼型的升力做功，最典型的是达里厄型风力发电机组。与所有垂直轴风力发电机组相比，该机的风能利用系数最高。根据叶片的形状，达里厄型风力发电机组可分为直叶片和弯叶片两种，叶片的翼型剖面多为对称翼型。弯叶片（Φ型）主要是使叶片只承受张力，不承受离心力，但其几何形状固定不变，不便采用变桨距方法控制转速，且弯叶片制造成本比直叶片高。直叶片一般都采用轮毂臂和拉索支撑，以防止离心力引起过大的弯曲应力，但这些支撑会产生气动阻力，降低效率。如图2-9所示，达里厄型风力发电机组有多种形式：H型、△型、◇形、Y型和Φ型等，其中以H型和Φ型风力发电机组最为典型。

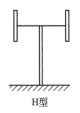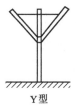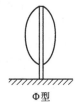

| H型 | △型 | ◇型 | Y型 | Φ型 |

图2-9　垂直轴风力机

达里厄型风力发电机组的转速较高，旋转惯性大，结构相对简单，成本较低，适合大型风力发电机组。但达里厄型风力发电机组一般都启动转矩小，启动性能差，必须靠其他动力启动，达到要求的转速才能正常运行，并且风能利用率低。这种风力发电机组大都需要具有启动机构和离合器等，增加了系统结构的复杂性，提高了成本。

Φ型风力机自启动性能很差，因此限制其在垂直轴风力机的应用。H型风机具有自启动能力，低速时性能良好，高风速时承受较大弯矩，较难实现大型化，在小型风力发电机中应用较为广泛。小型垂直型风力发电机也是最近几年研究的热点。

② 工作原理

a. 垂直轴风力发电机（S型）工作原理　垂直轴风力发电机（S型）是一种将风能转变为机械能，再转变为电能的低转速风力发电机。利用风力发电，向蓄电池充电蓄存电能。垂直轴风力发电机采用永磁悬浮技术两用型风机的专利技术，采用低风速启动，无噪声，堪称无声风力发电机。比同类型风力发电机效率高10%～30%。它普遍适用于风能条件好，远离电网或电网不正常的地区，供给照明、电视机、探照灯、放像、通讯设备和电动工具用电。如图2-10所示。

图2-10　S型Φ型组合叶片式

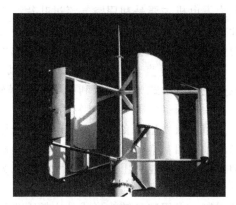

图2-11　旋翼式（H型）

b. H型垂直轴风力发电机的技术原理　该技术采用空气动力学原理，针对垂直轴旋转的风洞模拟，叶片选用了飞机翼形形状，在风轮旋转时，它不会因变形而改变效率等；它由垂直直线4～5个叶片组成，由四角形或五角形形状的轮毂固定、连接叶片的连杆组成的风轮，由风轮带动稀土永磁发电机发电送往控制器进行控制，输配负载所用的电能。如图2-11所示。

③ 垂直轴风力发电机的特点

a. 安全性　采用了垂直叶片和三角形双支点设计，并且主要受力点集中于轮毂，因此叶片脱落、断裂和叶片飞出等问题得到了较好的解决。

b. 噪声　采用了水平面旋转以及叶片应用飞机机翼原理设计，使得噪声降低到在自然环境下测量不到的程度。

c. 抗风能力　水平旋转和三角形双支点设计原理，使得它受风压力小，可以抵抗45m/s的超强台风。

d. 回转半径　由于其设计结构和运转原理的不同，比其他形式风力发电机具有更小的回转半径，节省了空间，同时提高了效率。

e. 发电曲线特性　启动风速低于其他形式的风力发电机，发电功率的上升幅度较平缓，因此在5～8m风速范围内，它的发电量较其他类型的风力发电机高10%～30%。

f. 利用风速范围　采用了特殊的控制原理，使它的适合运行风速范围扩大到2.5～25m/s，在最大限度利用风力资源的同时获得了更大的发电总量，提高了风电设备使用的经济性。

g. 刹车装置　可配置机械手动和电子自动刹车两种。在无台风和超强阵风的地区，仅需设置手动刹车即可。

h. 运行维护　采用直驱式永磁发电机，无需齿轮箱和转向机构，定期（一般每半年）对运转部件的连接进行检查即可。

④ 垂直轴风力发电机和水平轴风力发电机参数对比（表2-1）　水平轴风力发电机技术发展比较快，在世界各地人们已经很早就认识了，大型的水平轴风力发电机已经可以做到3～5MW，应用技术也趋于成熟。

小型水平轴风力发电机的额定转速一般在500～800r/min，启动风速一般在3～5m/s。由于转速高，噪声大，故障频繁，容易发生危险，不适宜在有人居住或经过的地方安装。

垂直轴风力发电机技术发展较慢一些，因为垂直轴风力发电机对研发生产的技术要求比较高，尤其是对叶片和发电机的要求。近几年垂直轴风力发电机的技术发展很快，尤其小型的垂直轴风力发电机已经很成熟。

小型的垂直轴风力发电机的额定转速一般在60～200r/min，转速低，产生的噪声很小（可以忽略不计），启动风速一般在1.6～4m/s。

综上所述，垂直轴与水平式的风力发电机对比，有两大优势：a. 同等风速条件下垂直

表2-1　参数对比

序号	性能	水平轴风力发电机	垂直轴风力发电机
1	发电效率	50%～60%	70%以上
2	电磁干扰(碳刷)	有	无
3	对风转向机构	有	无
4	变速齿轮箱	10kW以上有	无
5	叶片旋转空间	较大	较小
6	抗风能力	弱	强(可抗12～14级台风)
7	噪声	5～60dB	0～10dB
8	启动风速	高(2.5～5m/s)	低(1.5～3m/s)
9	地面投影对人的影响	眩晕	无影响
10	故障率	高	低
11	维修保养	复杂	简单
12	转速	高	低
13	对鸟类影响	大	小
14	电缆绞线问题	有	无
15	发电曲线	凹陷	饱满

轴发电效率比水平式的要高，特别是低风速地区；b. 在高风速地区，垂直轴风力发电机要比水平式的更加安全稳定，由于转速的降低，大大提高了风机的稳定性，没有噪声，启动风速低等优点，使其更适合在人们居住的地方安装，提高了风力发电机的使用范围。垂直轴的发电机一般采用无铁芯的永磁电机，启动力矩小，微风就能启动，特别适合在城市或者像中国南方等低风速地区使用。

3. 风力发电机的功率曲线

风力发电机的性能可以用功率曲线来表达。功率曲线显示了风力发电机在不同风速下（切入风速到切出风速）的输出功率。为特定地点选取合适的风力发电机，一般方法是采用风力发电机的功率曲线和该地点的风力资料以进行发电量估算。

FD-400 型风力发电机凭借其超强的低速发电能力在风光互补路灯工程上展现出强大的技术优势。从输出功率曲线表可以看出，在 3~6m/s 这个占全年风平均总量 90％以上的风速段，FD-400 型的实际输出功率非常强劲，以 5m/s 风速为基准（该风速是日常出现概率较大的风速），FD-400 型在此风速的实际输出功率为 44.5W，每天按 12 小时计算，则风力发电机充入蓄电池的电量为 $12 \times 44.5 = 534 W \cdot h$，若使用发光亮度为 4500lm 的 45W LED 灯作为光源，其连续照明时间为 $534 \div 45 = 11.9h$。从理论上的粗略估算不难看出，FD-400 型风力发电机在 5m/s 风速时仅依靠纯风力便可保证发光亮度达 4500lm 的光源连续照明约 12h。如图 2-12 所示。

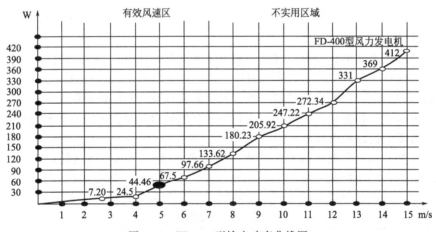

图 2-12 FD-400 型输出功率曲线图

风力发电机的额定输出功率是配合特定的额定风速而设定的，由于能量与风速的 3 次方成正比，因此风力发电机的功率随风速变化会很大，如图 2-13 所示。同样构造和风轮直径的风力机可以配不同大小的发电机，因此两座同样构造和风轮直径的风力机可能有不同的额定输出功率值，这取决于它的设计是配合强风地带（配较大型发电机）或弱风地带（配较小型发电机）。

（1）切入风速与切出风速

在风速很低时，风力发电机的风轮基本会保持不动，并不能有效地输出电能。当到达切入风速时（通常 3~4m/s），风轮开始旋转并牵引发电机开始发电。随着风力越来越强，输出功率会增加。当风速达到额定风速时，风力发电机会输出其额定功率，随着风速的不断升高，发电机输出功率增大，风速上升到切出风速，风力发电机输出功率超出额定功率，在控制系统的控制下机组会停止发电。切入风速与切出风速之间的风速段称为工作风速，正常发电。当风速进一步增加，达到切出风速时，风力发电机会刹车，不再输出功率，以免损坏风

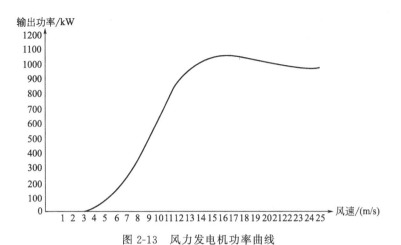

图 2-13　风力发电机功率曲线

力发电机。

（2）额定风速与额定输出功率

风力发电机产出额定输出功率时的最低风速，称为额定风速，它是由设计人员为机组确定的一个参数。在额定风速下，风力发电机产出的功率，称为额定输出功率。电机的额定功率是指发电机在额定转速下输出的功率。由于风速不是一个稳定值，因而发电机转速会随风速而变化，因此输出功率也会随风速变化。当风速低于设计风速时，发电机的实际输出功率将达不到额定值；当风速高于设计风速时，实际输出功率将高于额定值。当然，由于风力发电机的限速和调速装置及发电机本身设计参数的限制，发电机的输出功率不会无限增大，只能在某一范围内变动。故额定风速低的风力机性能较优。

（3）最大输出功率与安全风速

最大输出功率是风力发电机组运行在额定风速以上时，发电机能够发出的最大功率值。最大输出功率高，表明风力发电机组的发电机容量具有较大的安全系数。但是最大输出功率值过高，安全性虽好，但经济性下降。

安全风速是风力发电机组在保证安全的前提下所能承受的最大风速。安全风速高，机组强度高，安全性好。

普通风力发电机至少需要 3m/s 的风速才能启动，3.5m/s 的风速才能发电，一定程度上限制了离网型小型风力发电在我国很多地区的运用。而采用全永磁悬浮风力发电机，由于使用微摩擦、启动力矩小的磁悬浮轴承，在 1.5m/s 的微弱风速下就能启动，2.5m/s 的风速就能发电，能效提高约 20%，能广泛应用于全国 80% 的地区。

4. 风力发电机组技术参数及型号的含义

目前我国生产的小型风力发电机按额定功率分为 10 种，分别为 100W、150W、200W、300W、500W、1kW、2kW、3kW、5kW、10kW。

其技术特点是：2～3 个叶片、侧偏调速、上风向，配套高效永磁低速发电机，再配以尾翼、立杆、底座、地锚和拉线。机组运行平稳，质量可靠，设计使用寿命为 15 年。风轮的最大功率系数已从初期的 0.30 左右提高到 0.38～0.42，而且启动风速低，叶片材料已多样化：木质、铁质、铝合金、玻璃钢复合型和全尼龙型等。风轮采用定桨距和变桨距两种，以定桨距居多。发电机选配的是具有低速特性的永磁发电机，永磁材料使用的是稀土材料，使发电机的效率从普通电机的 0.50 提高到现在的 0.75 以上，有些可以达到 0.82。小型风力发电机组的调向装置大部分是上风向尾翼调向。调速装置采用风轮偏置和尾翼铰接轴倾斜式调速、变浆距调速机构或风轮上仰式调速。功率较大的机组还装有手动刹车机构，以确保风力机在大风或台风情况下的安全。风力发电机组配套的逆变控制器，除可以将蓄电池的直流电转换成交流电的功能外，还具有保护蓄电池的过充、过放、交流卸荷、超载和短路保护等功能，以延长蓄电池的使用寿命。机组的价格较低，且适合于我国的低速地区应用。

表 2-2 列出了目前我国生产的几种主要型号的风力发电机。型号中 FD 表示水平轴风力发电机，后面的数字表示风轮的直径，最后的数字表示额定输出功率。

表 2-2　10 种机组型号及技术参数

序号	产品型号	风轮直径/m	叶片数	风轮中心高/m	启动风速/(m/s)	额定风速/(m/s)	停机风速/(m/s)	额定功率/W	额定电压/V	配套发动机	重量/kg
1	FD2-100	2	2	5	3	6	18	100	28	铁氧体永磁交流发电机	80
2	FD2-150	2	2	6	3	7	40	150	28		100
3	FD2.1-200	2.1	3	7	3	8	25	200	28		150
4	FD2.5-300	2.5	3	7	3	8	25	300	42		175
5	FD3-500	3	3	7	3	8	25	500	42	铁硼永磁交流发电机	185
6	FD4-1K	4	3	9	3	8	25	1000	56		285
7	FD5.4-2K	5.4	3	9	4	8	25	2000	110		1500
8	FD6.6	6.6	3	10	4	8	20	3000	110	电刷爪极	1500
9	FD7-5K	7	2	12	4	9	40	5000	220	容励磁异步电机	2500
10	FD7-10K	7	2	12	4	11.5	60	10000	220		3000

【项目实施】　小型风力发电机的认知

一般把发电功率在 10kW 级及以下的风力发电机，称为小型风力发电机。独立运行的小型风力发电机一般应用在风力资源较丰富的地区，即年平均风速在 3m/s 以上，全年 3～20m/s 有效风速累计时数 3000h 以上，全年 3～20m/s 平均有效风能密度在 100W/m² 以上。

目前，我国推广应用最多的小型风力发电机，其机型是水平轴高速螺旋桨式风力发电机，大致由以下几个部分组成：风轮、发电机、回转体、调速机构、调向机构（尾翼）、刹车机构、塔架。其基本构造原理如图 2-14 所示。

1. 风轮

水平轴风力发电机的风轮由 1～4 个叶片（大部分为 2～3 个叶片）和轮毂组成。其功能是将风能转换为机械能。它是风力发电机从风中吸收能量的部件。叶片的结构一般有 6 种形式，如图 2-15 所示。

① 实心木制叶片。这种叶片是用优质木材精心加工而成，其表面可以包上一层玻璃纤维或其他复合材料，以防雨水和尘土对木材的侵蚀，同时可以改善叶片的性能。有些大、中型风力机使用木制叶片时，不像小型风力机上用的叶片由整块木料制作，而是用很多纵向木条胶接在一起［图 2-15（a）］。

② 有些木制叶片的翼型后缘部分填充质地很轻的泡沫塑料，表面再包以玻璃纤维形成整体［图 2-15（b）］。采用泡沫塑料的优点不仅可以减轻重量，而且能使翼型重心前移（重心前移至靠前缘 1/4 弦长处最佳），这样可以减少叶片转动时所产生的不良振动，对于大、中型风力机叶片尤为重要。

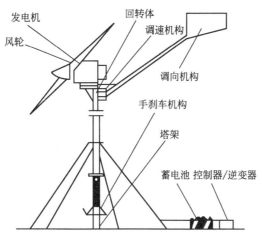

图 2-14 水平轴高速螺旋桨式风力发电机基本构造原理

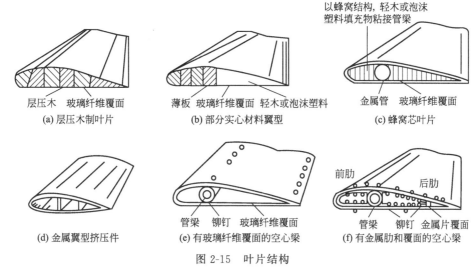

图 2-15 叶片结构

③ 为了减轻叶片重量，有的叶片用一根金属管作为受力梁，以蜂窝结构、泡沫塑料、轻木或其他材料作中间填充物，在其外面包上一层玻璃纤维 [图 2-15 (c)]。

④ 为了降低成本，有些中型风力机的叶片采用金属挤压件，或者利用玻璃纤维或环氧树脂抽压成型 [图 2-15 (d)]，但整个叶片无法挤压成渐缩形状，即宽度、厚度等不能变化，难以达到高效率。

⑤ 有些小型风力机为了达到更经济的效果，叶片用管梁和具有气动外形的玻璃纤维蒙皮做成。玻璃纤维蒙皮较厚，具有一定的强度，同时在玻璃纤维蒙皮内可粘结一些泡沫材料的肋条 [图 2-15 (e)]。

⑥ 叶片用管梁、金属肋条和蒙皮做成。金属蒙皮做成气动外形，用铆钉和环氧树脂将蒙皮、肋条和管梁粘结在一起 [图 2-15 (f)]。

总的说来，除部分小型风力机的叶片采用木质材料外，通常风力机的叶片采用玻璃纤维或高强度复合材料，而且叶片的材料也在不断改进。具有流线型断面的叶片，在一定条件下得到的升力比阻力大 20 多倍，是一种比较理想的叶型。

2. 发电机

① 发电机的种类　小型风力发电所用的发电机，可以是直流发电机，也可以是交流发

电机。目前，小型风力发电用的发电机大部分是三相交流发电机。由于产生磁场的形式不同，三相交流发电机有永磁式和励磁式，它们所产生的三相交流电都要通过整流二极管整流后输出直流电。为便于安装和维修，现在很多小型风力发电机采用交流发电机时，将整流器安装在控制器中。

交流发电机与直流发电机相比，具有体积小、重量轻、结构简单、低速发电性能好等优点。尤其是对周围无线电设备的干扰要比直流发电机小得多，因此适合小型风力发电站使用。

② 发电机的构造　交流发电机主要由转子、定子、机壳和硅整流器组成。

a. 转子　转子做成犬齿交错形的磁极。永磁式发电机的转子磁极由永久磁铁制成。励磁式发电机的转子磁极由两块低碳钢制成。在磁极内侧空腔内装有励磁线圈绕组，当通励磁电流时，便可产生磁场。

b. 定子　定子由铁芯和定子线圈组成。铁芯由硅钢片制成，在铁芯槽内绕有三组线圈，按星形法连接，发电机工作时线圈内便产生三相交流电。

c. 机壳　机壳是交流发电机的外壳，由金属制成，包括壳体和前后端盖。如果将整流器装在发电机中，装有整流器的端盖也叫整流端盖。

d. 整流器　整流器由 6 个硅整流二极管组成桥式全波整流线路。它的作用是将三相交流转变为直流，可以很方便地将它储存在蓄电池中。现在，很多生产厂家采用整体封装的整流桥模块，简化了电路，提高了可靠性，降低了成本。

③ 发电机的功率　发电机的额定功率是指发电机在额定转速下输出的功率。由于风速不是一个稳定值，因而发电机转速会随风速而变化，因此输出功率也会随风速变化。当风速低于设计风速时，发电机的实际输出功率将达不到额定值；当风速高于设计风速时，实际输出功率将高于额定值。表 2-3 为 FD2-100 型风力发电机在不同风速下的输出功率。从表中可看出该机的额定功率 100W 是指在设计风速 6m/s 时，风力发电机所输出的功率。最大输出功率可达 180、190W。

当然，由于风力发电机的限速和调速装置及发电机本身设计参数的限制，发电机的输出功率不会无限增大，只能在某一范围内变动。

表 2-3　FD2-100 型风力发电机在不同风速下的输出功率

风级	2 级		3 级		4 级		5 级		
风速/(m/s)	2	3	4	5	6	7	8	9	10
输出功率/W	10	15	25	62	100	125	155	175	190

3. 回转体

回转体是小型风力发电机的重要部件之一，如图 2-16 所示。其作用是支撑安装发电机、风轮和尾翼调速机构等，并保证上述工作部件按照各自的工作特点，随着风速、风向的变化在机架上端自由回转。小型风力发电机回转体的结构和安装方式种类各异，其中偏心并尾式回转体目前在我国应用比较广泛，其结构要素可归纳如下。

① 风轮的仰角　为了提高风轮的工作性能，在回转体上平面与水平面间设计有 5°~10° 的夹角。发电机安装在回转体上平面，这样发电机轴（也就是风轮轴）就有一个 5°~10° 的仰角，从而提高了风轮工作的稳定性和可靠性。

② 风轮轴与回转体中心偏心距　风轮轴与回转中心偏心距是小型风力发电机调速机构准确调速的重要结构参数。当风速达到限速风速时，此偏心距能准确地产生一个迫使风轮扭转的力矩，使风轮立即开始侧偏调整。如果风速继续增大，风轮扭转力矩也增大，风轮继续侧偏，直至达到限速停车的极限位置。

③ 尾翼后倾角和侧偏角　尾翼与回转体上的尾翼连接耳通过销轴连接，而此销轴在安

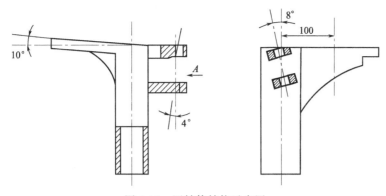

图 2-16　回转体结构示意图

装时即有一个设计好的空间后倾角和侧偏角。由于这一空间后倾角和侧偏角的存在，当风轮侧偏调速时，尾翼逐渐翘起，翘起的尾翼在其重力的作用下企图恢复到原来位置，一旦风速减小，尾翼重力作用下的恢复力矩迫使尾翼回到原来位置，使风轮迎风。

4. 调速机构

由于自然界的风具有不稳定性、脉动性，风速时大时小，有时还会出现强风和暴风，而风力发电机叶轮的转速又是随着风速的变化而变化的，如果没有调速机构，风力发电机叶轮的转速将随着风速的增大而越来越高。这样，叶片上产生的离心力会迅速加大，以致损坏叶轮。另外，随着风速增大，叶轮转速增高的同时，风力发电机的输出功率也必然增大，而风力发电机的转子线圈和其他电子元件的超载能力是有一定限度的，是不能随意增加的。因此风力发电机若要有一个稳定的功率输出，就必须设置调速机构。

小型风力发电机常用的调速方法有三种：风轮侧偏调速法，桨叶侧偏调速法，空气制动调速法。

（1）风轮侧偏调速法

当风速达到限速风速时，通过扭转风轮迫使其顺着风向侧偏，减小风轮迎风面积，从而达到调速的目的。这种调速方法有两种，一种是借助"侧翼"来实现风轮侧偏调速；另一种是利用"偏心"的办法进行调速。

① 侧翼调速法　就是在风轮后面与风轮回转面平行安装一个侧翼，其侧翼梁应平行于地面。侧翼板伸到风轮回转直径之外，并与回转面平行。侧翼的迎风面积，以当风速达限速风速时侧翼板上的风压足以使风轮扭转限速为标准，通过严格的设计和试验确定，不可随意变动。

调速原理如图 2-17（a）所示，当风速还没有达到限速风速时，风轮将在尾翼的作用下处在正对风向的位置，也就是工作的位置。当风速达到或超过限速风速时，侧翼板上受到的风压足以克服弹簧或配重的拉力，驱使风轮顺着风向扭转一个角度，使之与尾翼（调向机构）靠近。此时由于风轮迎风角度的改变，迎风面积变小，转速也就随之降了下来，达到了调速的目的。当风速继续增大，以至达到刹车风速或超过刹车风速时，风轮将扭转到与尾翼完全靠拢的位置，也就是完全顺着风向的位置，停止转动，达到刹车的目的。风轮扭转后回位是靠侧翼相对一侧的弹簧或配重来实现的，也就是当风速减小到低于限速风速时，弹簧或配重将拉着机头回到原来的位置。

② 偏心调速法　所谓偏心，就是指风力发电机风轮水平旋转轴与风力发电机机头的垂直旋转轴有一距离，此距离称为偏心距。当风大时，此偏心距可促使风轮产生一个顺着风向扭转的力矩。这种调速法的优点是结构简单。目前我国大多数小型风力发电机都采用了风轮偏心调速方式，其工作原理如图 2-17（b）所示。风轮轴与机头回转中心有一偏心距 e，所

以当风速作用于风轮上时，即产生了一个迫使风轮扭转的力矩 M_e，当风速还没有达到限速时，M_e 小于机头支座中的摩擦力矩 M_f，此时风力发电机处于图 2-17（a）工作状态，当风速增大时，作用于风轮上的风压亦增大，偏心力矩 M_e 也就增大，若 M_e 大于摩擦力矩 M_f，风轮即开始侧偏，如图 2-17（a）所示。如果这时风速保持定值，由于风轮已经侧偏，风轮所受风压也就减小，风轮转速相应降低，从而达到调速的目的。这时偏心力矩 M_e 与摩擦力矩 M_f 平衡，如果风速继续增加，即偏心力矩 M_e 继续增大，风轮继续侧偏，其极限位置如图 2-17（b）所示。

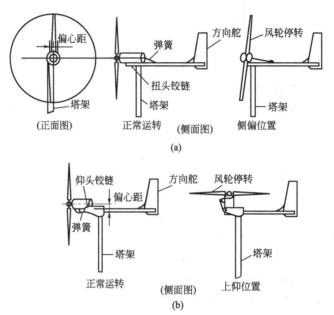

图 2-17　调速原理

需要说明一点，即尾翼与机头通过销轴连接，而此销轴在设计安装时就有一个空间后倾角和侧偏角，由于这一空间后倾角和侧偏角的存在，风轮侧偏调速时，尾翼逐渐翘起，翘起的尾翼在其重力的作用下企图恢复到原来位置，一旦风速减小到某一值时，在尾翼重力产生的恢复力矩作用下，即可迫使风轮迎风继续旋转。

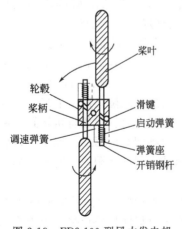

图 2-18　FD2-100 型风力发电机
变桨距调速机构

（2）桨叶侧偏调速法（变桨距调速法）

变桨距调速法就是当风速达到限速风速时，迫使桨叶绕叶柄转过一个角度，以改变桨叶的冲角，从而改变桨叶的升力与阻力，达到调速的目的。如图 2-18 所示。

弹簧套筒内装有启动弹簧和调速弹簧，桨叶在安装时有一较大的安装角，便于低风速时启动。风轮旋转起来后，在离心力的作用下，桨叶向外拉伸压缩启动弹簧，同时在螺旋副的作用下，桨叶扭转很快进入最佳冲角状态。

如果风速继续增加，则桨叶的离心力也增大，此时调速弹簧开始工作。同样道理，在离心力作用下，桨叶向外拉伸（带动桨叶轴也向外拉伸），由于螺旋副的作用，桨叶扭转以至达到负冲角，风轮转速显著降低，达到调速的目的。当风速降低时，在弹簧张力的作用下，桨叶恢复到调速状态前的工作位置。这样就使风轮转速保持在一定的范围内工作。

（3）空气制动调速法

空气制动调速法就是在桨叶上采用增大桨叶阻力的方法，以获得调速的目的。

增大阻力最简单的装置是空气制动器，如在桨叶上装上襟翼，如图2-19所示。襟翼固定装在轴上，并装在桨叶的两面，轴为与拉杆相连的杠杆所转动，拉杆的外端装有重块，在拉杆的另一端接上弹簧及环状杠杆，杠杆的环活动地装在风轮轴上。正常转速时，襟翼与气流并行，所以不会产生多大的阻力。当风轮的角速度大于正常速度时，在离心力作用下，重块开始沿径向向桨叶外端移动，通过拉杆的作用转动襟翼的轴，使其平面与旋转方向相反。此时阻力增加而将风轮制动，当风速减小时，弹簧则将襟翼回转至原来的位置。

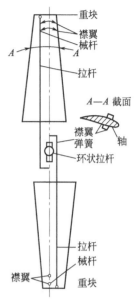

图 2-19　空气制动调速机构

5. 调向机构

风力发电机风轮捕获风能的大小与风轮的垂直迎风面积成正比，也就是说，对于某一个风轮，当它垂直风向时（正面迎风）捕获的风能多，而当它不是正面迎风时，所捕获的风能相对就少；当风轮与风向平行时，捕获不到风能。所以，风力发电机必须设置调向机构，使风轮最大程度地保持迎风状态，以获取尽可能多的风能，从而输出较大的电能。调向机构对于小型风力发电机来说，一般采用"尾翼调向"。

尾翼主要用在小型风力发电机上，由尾翼梁、尾翼板等组成，一般安装在主风轮后面，并与主风轮回转面垂直。其调向原理是：风力发电机工作时，尾翼板始终顺着风向，也就是与风向平行。这是由尾翼梁的长度和尾翼板的顺风面积决定的，当风向偏转时尾翼板所受风压作用而产生的力矩足以使机头转动，从而使风轮处在迎风位置。

尾翼板的形状如图2-20所示，（a）为旧式风力发电机使用的形式，（b）是（a）的改进型，（c）对风向的变化最敏感，灵敏性好，是最好的形状。（c）尾翼有最大的翼展弦长比，这种尾翼的设计和滑翔机翼一样，能充分地利用上升的气流。实际上尾翼的翼展和弦长的比在2～5之间，典型尾翼的高应是宽的5倍左右。

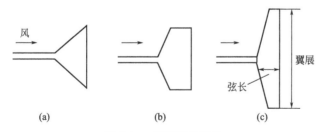

图 2-20　尾翼板的形状

尾翼一般都装在风力发电机风轮的尾流区里，但为了避开风轮的尾流区，也有把尾翼安装在很高位置上，如图2-21所示。而尾翼支撑臂的长度，以与风轮直径大体相同为标准，尾翼面积为风力发电机回转面积的1/8。

6. 手刹车机构

小型风力发电机的手刹车机构的用途是使风轮临时性停车（停止旋转）。如遇到特大风

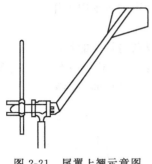

图 2-21　尾翼上翘示意图

时可紧急使风轮停转、检修风力发电机和为了使风力发电机有计划地停止转动等，可通过手刹车机构使风轮刹车，或使风轮偏转与尾翼板平行。为了简化结构，有些小型风力发电机没有设置手刹车机构，但为实现临时停车，大多在尾翼端部系一根尼龙绳摆动尾翼，使风轮偏转离开迎风位置。手刹车机构一般都是钢丝绳牵拉式。小型风力发电机手刹车钢丝绳的牵拉方式有杠杆原理牵拉和绞轮原理牵拉。

7. 塔架

为了让风轮在地面上较高的风速带中运行，需要用塔架把风轮支撑起来。这时，塔架承受两个载荷：一个是风力发电机重力，向下压在塔架上；一个是阻力，使塔架向风的下游方向弯曲。

塔架所用材料是木杆或铁管，也可以采用钢材做成的桁架结构。百瓦级小型风力发电机大多采用空心、立柱拉索式，见图 2-22（a），千瓦级的采用空心立柱式，也有采用桁架式的，见图 2-22（b）。

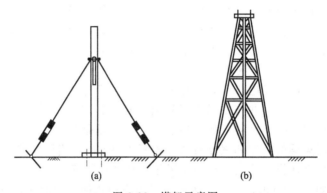

(a)　　　　　　　　　　　　(b)

图 2-22　塔架示意图

不论选择什么样的塔架，目的是使风轮获得较大风速，同时还必须考虑成本。引起塔架破坏的载荷主要是风力发电机的重量和塔架所受到的阻力，因此，要根据实际情况来确定。

【知识拓展】　风力发电机组并网控制技术

1. 恒速风力发电系统

恒速风力发电系统在恒定的风速下运行，这就意味着无论风速有多大，风力发电机的风轮速度都是固定的，并由电网的频率决定。典型的恒速风力发电系统由笼式异步电动机（SCIG）、软启动器和电容器组成。它们与电网直接相连，如图 2-23 所示。

异步发电机在运行时需要外电路来提供励磁电流，常用方法是并联电容器自激建压发电。该电容器的大小选择要适当。若电容器过大，则空载电压太高，在过电压的情况下容易损坏发电机和用电设备；若电容器偏小，则空载电压偏低，不能适应供电要求。自励异步发电机在负载变化时，如果没有自动励磁调节装置，其端电压和频率的较大变化是很难避免的。投入负载时，要同时增加相应的辅助电容器；切除负载时，应同时切除相应的辅助电容器，以防运行中电压过高，损坏电容器和其他用电设备。如果负载为异步电动机，电动机负载的总容量不应超过发电机容量的 25％。如果在运行中突然发生端电压消失，可以立即切断负载，端电压将重新建立起来，以后再逐渐增加负载。

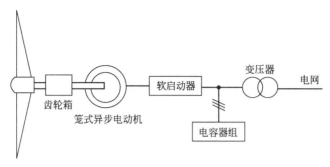

图 2-23　恒速型风力发电系统的典型结构

使用电容并联对自励异步发电机进行励磁，往往只能稳定运行在一种状态，当输入转矩或连接负载发生变化时，异步发电机的输出电压无法保持稳定。对于固定容量的电容器，无法对负载的变化做出动态的响应，调节困难，其输出电压的稳定区间小，电压波动大，运行效率低。而且定子绕组与电容器组成了一个振荡回路，发电机的供电频率决定于该振荡回路的自激频率，当负载变化时，发电机的端电压和频率都会随之而改变。

只并接一组定值三相电容器的独立运行的异步风力发电机有着明显的缺点，可以在发电机定子端并联接入三相电容器组，根据发电机负载及风速变化情况，改变接入电容器组值的大小，以便能够较好地稳定输出电压，改善发电机运行性能。电容器组的投入和切除装置仍不能做到无级调节，调节速度缓慢，控制不方便，需要加装电子控制器，并且电容器的投入和切除会引起电压瞬变和电流冲击，但是在实际应用中该办法仍然是一种稳定电压的有效方法。

SCIG 之所以受到欢迎是因为它的机械结构简单，效率高，维修成本低，功能强大而且稳定。它的主要缺点是它的有功功率、无功功率、端电压和转子速度的关系单一。也就是说，发出的有功功率的增加是以无功消耗的增加为代价的，这就导致了一个相对较低的满负荷功率因数。为了减少从电网吸收无功功率，基于 SCIG 的风力发电系统配有电容器。基于 SCIG 的风力发电系统是为了在恒风速下获得最大的功率效率。为了提高功率效率，一些恒速风力发电系统配有两套装置，相应的有两个转速，一套装置运行在低风速下，另一套装置运行在中等风速或高风速下。

恒速风力发电系统的优点是结构简单，功能强大，稳定性高，电气结构简单，成本低，并且在实际中运行良好。另外，由于恒速运行，机械应力是非常重要的参数。所有的风速波动都会引起机械转矩的变化，进而影响送入电网的功率波动。此外，恒速风力发电系统的可控性非常有限（体现在转速方面），其原因是转子速度受电网频率的影响基本上保持不变。

基于 SCIG 的恒速风力发电系统的一个改进模式是有限变速风力发电系统。它是由带有外部转子电阻的绕线式异步发电机构成的，如图 2-24 所示。这种风力发电系统的唯一特性是带有一个由功率元件控制的额外的转子电阻，因此总转子电阻是可以调节的，进而能够控制发电机的转差率，并且影响机械特性的斜率。很明显，速度的变化范围是由外加电阻的大小来决定的。通常控制范围可以达到同步转速的 10% 以上。

2. 变速风力发电系统

变速风力发电机是目前最常用的风力发电系统，电力电子转换装置接口可以实现变速运行，允许与电网完全（或部分）解耦。基于双馈感应发电机（DFIG）的风力发电系统也被称为改进型变速风力发电系统，如图 2-25 所示。

随着电力电子技术的发展，双馈型感应发电机在风能发电中的应用越来越广。这种技术不过分依赖蓄电池的容量，而是从励磁系统入手，对励磁电流加以适当的控制，从而达到输

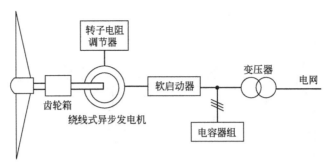

图 2-24　有限变速风力发电系统的典型结构

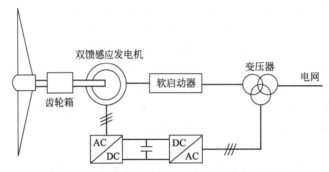

图 2-25　改进型变速风力发电系统的典型结构

出一个恒频电能的目的。双馈感应发电机在结构上类似于异步发电机，但在励磁上双馈发电机采用交流励磁。因一个脉振磁势可以分解为两个方向相反的旋转磁势，而三相绕组的适当安排可以使其中一个磁势的效果消去，这样就得到一个在空间旋转的磁势，相当于同步发电机中带有直流励磁的袋子。双馈发电机的优势在于，交流励磁的频率是可调的，也就是说旋转励磁磁动势的频率可调。这样当原动机的转速不定时，适当调节励磁电流的频率，就可以满足输出恒频电能的目的。由于电力电子元器件的容量越来越大，所以双馈发电机组的励磁系统调节能力也越来越强，使得双馈机的单机容量得以提高。

双馈感应发电机（DFIG）是一个绕线式感应发电机（WRIG），它的定子绕组直接连接到三相恒频电网，转子绕组与背靠背（AC/AC）网侧变流器相连。因此，双馈这个术语来源于这样一个事实，即电网直接给定子供电，转子电压来源于功率变流器。此系统能够在一个很大但仍有限制的速度范围内变速运行，发电机特性由电力电子变流器和控制器控制。电力电子变流器由两个 IGBT 变流器组成，分别叫做转子侧变流器和网侧变流器，它们与直流母线直接相连。该装置的基本思想是转子侧变流器控制发电机的有功功率和无功功率，网侧变流器控制直流连接电压，并确保在高功率因数时正常运行。

定子侧向电网输出功率，转子侧的功率转换则取决于运行状态，当转差率为负时向电网输送功率，而当转差率为正时从电网吸收功率。在两种状态下，转子中的传输功率近似与转差率成正比。变流器的容量大小与发电机总容量不直接相关，而与选定的速度变化范围相关。通常转速在同步转速的 $\pm 40\%$ 内变化。

基于双馈感应发电机的风力发电系统是高可控的，它允许在一个很大的风速范围内得到最大功率。此外，有功功率和无功功率控制是不相关的，它们可以分别通过控制转子电流得到。最后，基于双馈感应发电机的风力发电系统既可以向电网输送功率，也可以从电网吸收功率，从而进行电压控制。

全变速风力发电系统可以灵活应用任何种类的发电机。如图 2-26 所示，它可以使用感应发电机（SCIG），也可以使用同步发电机。同步发电机可以为绕线式同步发电机（WRSG），也可以是永磁同步发电机（PMSG），后者是如今的发电机工业中使用比较多的类型。背靠背功率变流器与发电机功率相关，它的运行状态与基于 DFIG 的风力发电系统相似。背靠背功率变流器的转子侧保证了旋转速度在一个很大的范围内加以调整，网侧将有功功率送入电网并消除无功功率的消耗。消除无功功率消耗是非常重要的，特别是在笼式异步发电机的风力发电系统中。

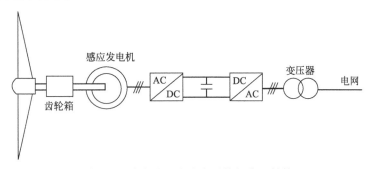

图 2-26　全变速风力发电系统的典型结构

PMSG 不需要外加电源来励磁，因为它可以通过永磁励磁。PMSG 的定子是绕线型的，转子有一个永磁励磁系统。PMSG 是凸极低速旋转，所以可以不采用齿轮箱结构，这是基于 PMSG 的风力发电系统的一个极大的优势，因为齿轮箱结构在风力发电系统中是一个非常脆弱的机构，用更大直径的直驱型多极永磁同步发电机也可以具有同样的优势。PMSG 的同步特性可能在启动时、同步时和电压调节时产生一些问题，因为磁性材料对温度的敏感性，在温度过高时可能会失去磁性，所以需要一个冷却系统。

随着风能技术和电力电子技术的进步，叶片变桨距技术和风力发电机变速恒频技术在兆瓦级风力发电机组中得到广泛的应用，在全球新安装的风力发电机组中，有 90％以上的风力发电机组已采用变桨变速恒频技术，其中主要是双馈变速恒频型风力发电机组。无齿轮箱的直驱型风力发电机组能有效地减少由于齿轮箱原因造成的机组故障，可有效提高系统的运行可靠性和寿命，大大减少维护成本，得到了市场的青睐。直驱式风力发电机组在其他国家也得到了广泛应用。

思考与练习

（1）水平轴式风力发电装置由哪几部分组成？

（2）水平轴式风力发电机是什么类型的？

（3）水平轴式风力发电机的切入风速与切出风速一般在风速哪个范围之间？工作的有效风速在哪个范围？

（4）水平轴式风力发电机的主要技术参数有哪些？

（5）水平轴式风力发电机输出功率与什么有关？

项目三　铅酸蓄电池的认识、安装及维护

【任务导入】

风力发电系统中，蓄电池是重要的组成部件。风力发电机因风量不稳定，故其输出的是

13～25V 变化的交流电，发电系统的功率输出也变化无常，须经充电器整流，再对蓄电池充电，使风力发电机产生的电能变成化学能。然后用有保护电路的逆变电源，把蓄电池里的化学能转变成交流 220V 市电，才能保证稳定使用。从风力发电机组的使用寿命期来讲，蓄电池在此期间至少需要更换 2～3 次。就是说，蓄电池的总投资费用将超过风力发电机的购置和维护费用。因此，配置合理容量的蓄电池，延长蓄电池的使用寿命，对用户的用电和节省经费开支都有重要的现实意义。小型风光力发电系统一般采用阀控密封式铅酸蓄电池，一般有 12V 和 24V 两种。

【相关知识】 铅酸蓄电池

1. 化学电源的发展

化学电源，是一种将化学能转化为电能的装置。化学电源已成为人民生活中应用极为广泛的方便能源，人造卫星、宇宙飞船、火车、汽车、潜艇、鱼雷、飞机，哪一样都离不开电源技术的发展。电源技术的进步，大大加速了现代移动通信、家用电器乃至儿童玩具的发展速度。随着高新技术的发展和保护人类生存的环境，对新型化学电源又提出了更高的要求。可以预言：产量大、价格低、应用范围广的锌-锰电池、铅酸蓄电池仍将占有世界上电池的大部分市场，而性能优越的锂离子电池、金属氢化物-镍电池、可充无汞碱性锌-锰电池、燃料电池将是最受欢迎的绿色电池，并挤占电池市场。随着人民生活水平的提高和电池技术的发展，以电池为能源的电动自行车将代替摩托车，电动汽车将逐步取代燃油汽车，新型化学电源的时代已经到来。

（1）铅酸蓄电池的特点

蓄电池具有价格低廉、原材料易于获得、使用上有充分的可靠性、适用于大电流放电及广泛的环境温度范围等优点。然而，开口式铅酸蓄电池有两个主要缺点：①充电末期水会分解为氢、氧气体析出，需经常加酸、加水，维护工作繁重；②气体溢出时携带酸雾，腐蚀周围设备，并污染环境，限制了电池的应用。近 20 年来，为了解决以上两个问题，世界各国竞相开发密封铅酸蓄电池，希望实现电池的密封，获得干净的绿色能源。

（2）化学电源的分类

① 一次化学电源　一次电池生产历史最久，产量最大，应用最广，这种电池不能用简单方法再生，不能充电，用后废弃。

② 镉-镍电池　镉-镍电池可满足大功率放电的要求，用于导弹、火箭及人造卫星的能源系统。镉-镍电池的最大特点：循环寿命长，可达 2000～4000 次，电池结构紧凑、牢固；耐冲击性、耐振动，自放电较小，性能稳定可靠，可大电流放电，使用温度范围宽（－40～＋40℃）。其缺点：电流效率，能量效率，活性物质利用率较低，价格较贵。

③ 氢-镍电池　高压氢-镍电池具有较高的比能量，寿命长，耐过充过放，反极，可以通过氢压来指示荷电状态等优点。其缺点：a. 容器需要耐高氢压，一般充电后氢压达 3～5MPa，需要用较厚耐压容器，降低了电池的体积比能量及质量比能量；b. 自放电较大；c. 不能漏气，否则电池容量减小，并且容易发生爆炸事故；d. 成本高；e. 体积比能量低。目前研制的高压氢-镍电池主要应用于空间技术，用在电动车上，续行里程已经达到 100km，显示出较好的发展前景。

④ 锂电池　锂电池是用金属锂作负极活性物质的电池的总称。以锂为负极组成的电池具有比能量大、电池电压高放电电压平稳、工作温度范围宽（－40～50℃）、低温性能好、储存寿命长等优点。主要应用于心脏起搏器、电子手表、计算器、录音机、无线电通信设备、导弹点火系统、大炮发射设备、潜艇、鱼雷、飞机等。

⑤ 锂离子电池　锂离子电池是指 Li 和嵌入化合物为正、负极板的二次电池。锂离子电池由于工作电压高（3.6V），是镉-镍、氢-镍电池的 3 倍，体积小，比氢-镍电池小 30%；重量轻，比氢-镍电池轻 50%；比能量高（140W·h·kg⁻¹），无记忆效应、无污染、自放电小、循环寿命长，是 21 世纪发展的理想电源。在移动电话、摄像机、笔记本电脑、便携式电器上大量应用。

⑥ 燃料电池　燃料电池不同于一般的原电池和蓄电池，所需的化学原料全部由电池外部供给，是一种将化学能转变为电能的特殊装置。20 世纪 20 年代，燃料电池的应用已由空间飞行、军用设施扩大到商业和工业领域（燃料电池电站和燃料电池汽车）。

⑦ 铅酸蓄电池　铅酸蓄电池是二次电池。由于具有价格低廉、原料易得、使用可靠、又可大电流放电等优点，因此，一直是化学电源中产量大、应用范围广的产品，在风光互补发电系统工程中广泛使用的蓄电池。

2. 阀控式铅酸蓄电池简介

（1）阀控式铅酸蓄电池的定义

普通的铅酸蓄电池在充电后期或搁置期间，由于正极析氧、负极析氢导致电解液中水分损失，需经常对电池加水维护。

阀控式铅酸蓄电池是 20 世纪 70 年代出现的铅酸蓄电池，英文名称为 Valve Regulated Lead Battery（简称 VRLA 电池），其基本特点是：使用期间不加酸加水维护，电池为密封结构，不会漏酸，也不会排酸雾。电池盖子上设有单向排气阀（也叫安全阀），该阀的作用是当电池内部气体量超过一定值（通常用气压值表示），即当电池内部气压升高到一定值时，排气阀自动打开，排出气体，然后自动关阀，防止空气进入电池内部。

这种电池的板栅采用铅钙系列合金或低锑合金，自放电极少，常温下储存一年自放电损失小于 40%。

（2）阀控式铅酸蓄电池的分类

阀控式铅酸蓄电池分为 AGM 和 GEL（胶体）电池两种。AGM 采用吸附式玻璃纤维棉（Absorbed Glass Mat）作隔膜，电解液吸附在极板和隔膜中，贫电液设计，电池内无流动的电解液，电池可以立放工作，也可以卧放工作。胶体（GEL）采用 SiO_2 作凝固剂，电解液吸附在极板和胶体内，一般立放工作。阀控密封式铅酸蓄电池具有成本低、容量大及免维护的特性，是风光互补发电系统储能部分的首选。

（3）阀控式铅酸蓄电池的基本结构

① 基本结构简介　构成阀控铅酸蓄电池的主要部件是正负极板、电解液、隔膜、电池壳和盖、安全阀，此外还一些零件和端子、连接条、极柱等。这里主要介绍应用较广泛的玻璃纤维隔板吸附式 VRLA 的组成结构。如图 3-1 所示。

阀控式密封铅酸蓄电池主要由以下几部分构成。

a. 极板　由板栅与活性物质构成，分正极板与负极板两种。

b. 隔板与电解液　隔板由超细玻璃纤维经抄制而成。电解液为一定密度的稀硫酸溶液。

c. 外壳　包括电池槽、盖板等塑料件。

d. 汇流排与端极柱　电池内部极板与电池外部之间的导流体。

e. 安全阀　一般由阀体、橡胶件与防爆片组成。

② 极板　阀控式密封铅酸蓄电池的极板通常为涂膏式，分板栅与活性物质两部分。板栅的作用是支撑活性物质和导电，活性物质的作用是通过电化学反应储存电能或输出电能。

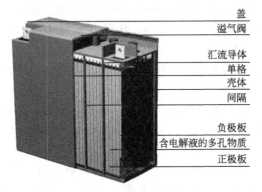

盖
溢气阀
汇流导体
单格
壳体
间隔
负极板
含电解液的多孔物质
正极板

图 3-1　阀控式密封铅酸蓄电池

a. 板栅　板栅合金。纯铅板栅因为力学性能不好，很难加工。经一段时间的研究，有人发明了铅锑合金板栅。锑通过与铅形成低共熔物，分散于铅固熔体树枝晶间而使板栅强度得到增加。这种板栅合金因其良好的力学性能、加工性能等，直到现在还得到较广泛的应用。但它有一个弱点，就是负极析氢电位低，在正常充电情况下析出气体较多，自放电也较大，无法实现密封。

铅钙合金的出现，使铅酸蓄电池的密封成为可能。铅钙合金为沉淀硬化型合金，在铅基质中形成 Pb_3Ca 金属间化合物的细颗粒沉淀，使得合金具有一定的机械强度，其电导优于铅锑合金，最重要的是用它作负板栅，析氢量小，水损失少。

由于单纯的铅钙合金不能满足板栅的制造工艺性及理化性能要求，人们经过不断的探索，相继引入了 Al 与 Sn。Al 的加入不仅解决了钙的烧损问题，而且作为成核剂，大大降低了原始晶粒尺寸，并且增加了铅锑合金中 Ca 的沉淀。Sn 的加入不仅提高了合金铸造时的流动性，而且提高了电池深放电后的再充电能力，有效地解决了"无锑效应"（一种因为取消原铅锑合金中的锑而出现的早期容量损失现象）。

Pb-Ca-Sn-Al 合金因解决了铅锑合金析氢电位低、自放电大的缺点，从而成为阀控式密封铅酸蓄电池板栅的主要材料。Pb 一般采用铅含量在 99.994％以上的电解铅，因为 Fe、Ni 等杂质会降低析氢电位，增加电池的自放电。

板栅作为蓄电池的关键部件，对蓄电池的放电性能起着很重要的作用。在活性物质利用率不能取得很大性能突破的情况下，良好的板栅设计对蓄电池性能的提高常常起到重要作用。

蓄电池因用途不同，板栅设计也有多种形式。板栅越厚，相对耐腐蚀性能越好，但活性物质利用率低；板栅越薄，相对耐腐蚀性能越差，但活性物质利用率较高。汽车启动用电池要求大电流放电性能优越，寿命要求一般，因而板栅最薄，有的做到 0.8，而固定型电池要求寿命较长，正板栅厚度一般不低于 4mm。随着合金的不断发展，具有优良耐腐性能的新型合金制作的板栅厚度可以薄些。

b. 活性物质　活动物质在其形成过程中主要经历铅粉制造、合膏、涂板、固化、化成几个过程。

铅粉由 PbO 与 PbO 组成，一般 PbO 占 70％～80％。在铅粉制造过程中，空气起着重要的作用，它是铅氧化反应的反应物之一。铅膏是由铅粉、水、硫酸和添加剂混合搅拌并发生物理、化学变化而制成的可塑性膏状混合物。铅膏含有氧化铅、碱式硫酸铅、金属铅、氢氧化铅、水和添加剂，将其涂填在板栅上或挤灌于管子中，分别制造铅酸蓄电池涂膏式极板或管式极板。涂膏式极板经过涂膏、表面干燥，然后在规定工艺条件下失水，可塑性铅膏定型，凝结成微孔均匀的固体，这一过程称为固化，固化之后还要继续进行干燥。固化后的极板分正板与负板两种，其区别是正板较厚，负板较薄，负板铅膏中含有一些膨胀剂，而正板中没有。正板与负板中活性物质的构成此时是基本相同的，只有经过化成，正负板才产生明显的差别。化成后正板铅膏绝大部分转化为 PbO_2，呈褐色；负极铅膏绝大部分转化为海绵状 Pb，呈铅灰色。化成分极板化成与电池化成两大类。极板化成的特征是固化干燥后的生极板，经过化成工序实现活性物质的转化之后，再进行蓄电池的装配。电池化成的特征是固化干燥后的生极板先组装成电池，然后灌酸充电，实现活性物质的转化。

极板化成最早采用焊接化成的方式，其主要经过是装槽、焊接、充电、拆焊、出槽、水洗、干燥等工序。因为焊接工序采用点焊的形式，用焊条将板耳与铅条逐个点焊起来，产生的铅烟污染较大，且逐片焊接工作也十分繁重。经过多年实践，现大部分采用极板化成的厂家已改为不焊接化成。

③ 隔板与电解液

a. 隔板　阀控式密封铅酸蓄电池的隔板主要是超细玻璃纤维隔板，其作用是将正负极板隔开，防止正负极短路；吸附并保持电解液；为氧循环复合反应提供气体通道；保持对极板施加一定的压力。

由超细玻璃纤维隔板的作用可以看出，其性能好坏对蓄电池的性能影响比较大。一般对其性能有如下要求：

- 电阻小，厚度均匀，误差小；
- 孔率高，但最大孔径要小；
- 吸收电解液的速度快，保持电解液的能力强；
- 抗拉强度适中，能够满足装配要求；
- 耐氧化能力强。

超细玻璃纤维隔板的原料为玻璃球高温熔化后喷吹而成的超细玻璃纤维。隔板中的微孔一般分两种：一种是与隔板平面平行方向的微孔，另一种是与隔板平面垂直方向的较大的孔。当电池内电解液具有一定贫液度时，微孔中充满电解液，而较大的孔则可以让气体通过。

AGM隔板原料应采用不同直径的玻璃纤维棉搭配使用。较细的玻璃纤维棉形成较小的孔，吸酸能力较强，而较粗的玻璃纤维棉形成较大的孔，有利于为氧气提供气体通道，以便氧气在负极板被吸收再生成水。

b. 电解液　阀控式密封铅酸蓄电池的电解液是一定密度的稀硫酸，一般相对密度为1.26～1.32（25℃），它被吸附在隔板中与极板的微孔中。电解液参加电池的化学反应，是活性物质的电解液，配制应采用质量较高的硫酸与水，电解液中的添加剂一般有磷酸或磷酸盐类、硫酸盐类、有机物类、络合剂类等几大类。

④ 外壳及其密封结构

a. 电池壳的材质　阀控式密封铅酸蓄电池的外壳材质一般为ABS或PP。ABS是一种改性聚苯乙烯，PP为聚丙烯。阀控式密封铅酸蓄电池的外壳材质的主要性能指标如下。

- 氧气透过系数。指在单位时间内，单位压差下，透过单位面积、单位厚度试样的氧气透过量。
- 水蒸气透过量。指试样两面水蒸气压差和试样厚度一定、温度一定、相对湿度一定的条件下，1m² 面积24h内所透过的水蒸气量。
- 冲击强度。指材料对高速冲击断裂的抵抗能力，或者说在高速形变下，在极短的负载时间下表现出的破坏强度。对某些冲击强度高的塑料，常在试样中间开有规定尺寸的缺口，以降低试样在断裂时所需的功，称为缺口冲击强度。
- 击穿电压强度。指以连续升压的方式对塑料试样施以电压，试样被击穿时的电压值与试样厚度之比。
- 介电常数。表示电容器的极板间不是真空而有某种介质时电容增加的倍数。

b. 电池壳的密封　阀控式密封铅酸蓄电池外壳由槽、盖板等塑料件构成，盖上有极柱输出孔。电池密封除安全阀密封外，还有槽盖密封及极柱密封。聚丙烯只能用热封形式，而ABS可用胶封，也可用热封形式。热封指将槽盖对接部位熔化、压合而成为一体的一种粘接形式。这种工艺密封可靠，效率较高。

胶封指将槽与盖用环氧胶或聚氨酯等胶粘接起来的一种密封形式。一般较小或较大的电池不易实现热封而采用胶封。粘接胶要求对ABS有一定的耐腐蚀性，具有优良的耐酸性、强度、韧性等。

⑤ 汇流排与端极柱　阀控式密封铅酸蓄电池的汇流排与极柱装配工序，采用铅合金将正负极板通过汇流排连接起来，并通过极柱引至电池外部。此工序分手工焊接与机械铸焊两种形式。

手工焊接指用焊枪（燃气为乙炔或丙烷）将板耳的上端一部分在模具中烧熔，并及时将焊条熔化填充入模具形成汇流排，同时使汇流排与极柱通过焊接连为一体。

机械铸焊是指极板裙板耳朝下插入模具内的高温液态铅中，冷却成型而形成汇流排，并直接将极柱铸出的加工形式。

⑥ 安全阀　阀控式密封铅酸蓄电池的安全阀是阀控式电池的一个重要部件。当单体蓄电池内压超过正常工作内压时，它能以可控的方式开启以减少内压，这种机构能使电池内压远远低于会损坏电池槽的压力，而不会使空气进入。

阀体形式一种为与电池盖同时成型，称为一体式，帽形阀与伞形阀可与此型阀体配合；还有一种独立式安全阀，此件为单独注塑成型。安全阀一般由阀体、橡胶阀及防爆滤酸片组成，也有一些小型阀控式电池不带防爆滤酸片。

防爆滤酸片的作用有两个：一是当电源外部有明火或火星时，不会引爆蓄电池内部；二是橡胶阀开启，气体排出时，酸雾水雾在防爆滤酸片上会凝结为液滴，不会排到电池外部。

（4）蓄电池的命名方法、型号组成及其代表意义

蓄电池名称由单体蓄电池格数、型号、额定容量、电池功能或形状等组成（图3-2）。当单体蓄电池格数为1时（2V）省略，6V、12V分别为3和6。各公司的产品型号有不同的解释，但产品型号中的基本含义相同。表3-1为常用字母的含义。

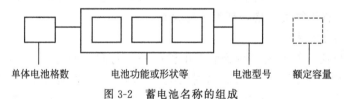

单体电池格数　　　电池功能或形状等　　　电池型号　　额定容量

图3-2　蓄电池名称的组成

表3-1　蓄电池常用字母的含义

代号	拼音	汉字	全称	备注
G	Gu	固	固定型	
F	Fa	阀	阀控式	
M	Mi	密	密封	
J	Jiao	胶	胶体	
D	Dong	动	动力型	DC系列电池用
N	Nei	内	内燃机车用	
T	Tie	铁	铁路客车用	
D	Dian	电	电力机车用	TS系列电池用

例：GFM-500，1个单体，G为固定型，F为阀控式，M为密封，500为10小时率的额定容量；6-GFMJ-100，6为6个单体，电压12V，G为固定型，F为阀控式，M为密封，

J 为胶体，100 为 10 小时率的额定容量。

3. 阀控式铅酸蓄电池的基本原理

（1）阀控式铅酸蓄电池的电化学反应原理

阀控式铅酸蓄电池的电化学反应原理，就是充电时将电能转化为化学能，在电池内储存起来，放电时将化学能转化为电能，供给外系统。其充电和放电过程是通过电化学反应完成的，电化学反应式如下：

正极：

$$PbSO_4 + 2H_2O \underset{放电}{\overset{充电}{\rightleftharpoons}} PbO_2 + H_2SO_4 + 2H^+ + 2e$$

副反应：

$$H_2O \overset{充电}{\longrightarrow} \frac{1}{2}O_2 + 2H^+ + 2e$$

负极：

$$PbSO_4 + 2H^+ + 2e \underset{放电}{\overset{充电}{\longleftarrow}} Pb + H_2SO_4$$

副反应：

$$2H^+ + 2e \overset{放电}{\longrightarrow} H_2$$

从上面反应式可看出，充电过程中存在水分解反应，当正极充电到 70% 时，开始析出氧气，负极充电到 90% 时开始析出氢气。由于氢气、氧气的析出，如果反应产生的气体不能重新复合使用，电池就会失水干涸。早期的传统式铅酸蓄电池，由于氢气、氧气的析出及从电池内部逸出，不能进行气体的再复合，是需经常加酸加水维护的重要原因。而阀控式铅酸蓄电池能在电池内部对氧气再复合利用，同时抑制氢气的析出，克服了传统式铅酸蓄电池的主要缺点。

（2）阀控式铅酸蓄电池的氧循环原理

阀控式铅酸蓄电池采用负极活性物质过量设计。AGM 或 GEL 电解液吸附系统，正极在充电后期产生的氧气，通过 AGM 或 GEL 空隙扩散到负极，与负极海绵状铅发生反应变成水，使负极处于去极化状态或充电不足状态，达不到析氢过电位，所以负极不会由于充电而析出氢气，电池失水量很小，故使用期间不需加酸加水维护。

阀控式铅酸蓄电池氧循环如图 3-3 所示。

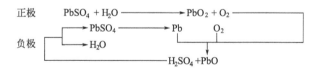

图 3-3　阀控式铅酸蓄电池氧循环示意图

可以看出，在阀控式铅酸蓄电池中，负极起着双重作用，即在充电末期或过充电时，一方面极板中的海绵状铅与正极产生的 O_2 反应而被氧化成一氧化铅，另一方面是极板中的硫酸铅又要接受外电路传输来的电子进行还原反应，由硫酸铅反应成海绵状铅。

在电池内部，若要使氧的复合反应能够进行，必须使氧气从正极扩散到负极。氧的移动过程越容易，氧循环就越容易建立。

在阀控式蓄电池内部，氧以两种方式传输：一是溶解在电解液中的方式，即通过在液相中的扩散，到达负极表面；二是以气相的形式扩散到负极表面。传统的富液式电池中，氧的传输只能依赖于氧在正极区 H_2SO_4 溶液中溶解，然后依靠在液相中扩散到负极。

如果氧呈气相在电极间直接通过开放的通道移动，那么氧的迁移速率就比单靠液相中扩散大得多。充电末期正极析出氧气，在正极附近有轻微的过压，而负极化合了氧，产生一轻微的真空，于是正、负间的压差将推气相氧经过电极间的气体通道向负极移动。阀控式铅蓄电池的设计提供了这种通道，从而使阀控式电池在浮充所要求的电压范围下工作，而不损失水。

对于氧循环反应效率，AGM 电池具有良好的密封反应效率，在贫液状态下氧复合效率可达 99%以上；胶体电池氧再复合效率相对小些，在干裂状态下可达 70%～90%；富液式电池几乎不建立氧再化合反应，其密封反应效率几乎为零。

（3）阀控式铅酸蓄电池的性能参数

蓄电池的主要性能参数有电池电动势、开路电压、终止电压、工作电压、放电电流、容量、电池内阻、储存性能、使用寿命（浮冲寿命、充放电循环寿命）、自放电率等。

① 蓄电池电动势　蓄电池充电完成时，电池中电能与化学能转换达到平衡，正极的平衡电势与负极的平衡电势的差值。它在数值上等于达到稳定值时的开路电压。

② 电池的内阻　电池内阻有电路的欧姆电阻（R_Ω）和电极在化学反应时所表现的极化电阻（R_f）。欧姆电阻、极化电阻之和为电池的内阻（R_i）。

③ 开路电压　外电路没有电流流过时电极之间的电位差。

④ 工作电压　又称放电电压或负荷电压，是指有电流通过外电路时，电池两极间的电位差。

⑤ 终止电压　电池放电时，电压下降到不宜再继续放电的最低工作电压，称为终止电压。

⑥ 放电电流　通常用放电率表示。放电率指放电时的速率，常用"时率"和"倍率"表示。"时率"是指以放电时间（h）表示的放电速率，或是以一定的放电电流放完额定容量所需的小时数。例如电池的额定容量为 30A·h，以 2A 电流放电则时率为 30A·h/2A＝15h，称电池以 15 小时率放电。"倍率"是指电池在规定时间内放出其额定容量时所输出的电流值，数值上等于额定容量的倍数。

⑦ 电池容量　电池在一定放电条件下所能给出的电量称为电池的容量，以符号 C 表示。常用的单位为安培小时，简称安时（A·h）或毫安时（mA·h）。电池的容量可以分为理论容量、额定容量、实际容量。

a. 理论容量　是把活性物质的质量按法拉第定律计算而得的最高理论值。为了比较不同系列的电池，常用比容量的概念，即单位体积或单位质量电池所能给出的理论电量，$C_m＝C/m$，$C_v＝C/V$。

b. 实际容量　是指电池在一定条件下所能输出的电量。它等于放电电流与放电时间的乘积，单位为 A·h，其值小于理论容量。

c. 蓄电池能量　电池的能量是指在一定放电制度下，蓄电池所能给出的电能，通常用瓦时（W·h）表示。电池的能量分为理论能量和实际能量。理论能量 $W_理$ 可用理论容量和电动势（E）的乘积表示，即 $W_理＝C_理 E$。

电池的实际能量为一定放电条件下的实际容量 $C_实$ 与平均工作电压 U 的乘积，即 $W_实＝C_实 U$。平常用比能量来比较不同的电池系统。比能量是指电池单位质量或单位体积所能输出的电能，单位分别是 W·h/kg 或 W·h/L。

比能量有理论比能量和实际比能量之分。前者指 1kg 电池反应物质完全放电时理论上所能输出的能量。实际比能量为 1kg 电池反应物质所能输出的实际能量。

由于各种因素的影响，电池的实际比能量远小于理论比能量。实际比能量和理论比能量的关系可表示如下：

$$W_实＝W_理 K_V K_R K_m$$

式中，K_V 为电压效率；K_R 为反应效率；K_m 为质量效率。

电压效率是指电池的工作电压与电动势的比值。电池放电时，由于电化学极化、浓差极化和欧姆压降，工作电压小于电动势。

电池的比能量是综合性指标，它反映了电池的质量水平，也表明生产厂家的技术和管理水平。

⑧ 功率与比功率　电池的功率是指电池在一定放电制度下，于单位时间内所给出能量的大小，单位 W（瓦）或 kW（千瓦）。单位质量电池所能给出的功率称为比功率，单位为 W/kg 或 kW/kg。比功率也是电池重要的性能指标之一。一个电池比功率大，表示它可以承受大电流放电。

蓄电池的比能量和比功率性能是电池选型时的重要参数。因为电池要与用电的仪器、仪表、电动机器等互相配套，为了满足要求，首先要根据用电设备要求功率大小来选择电池类型。当然，最终确定选用电池的类型还要考虑质量、体积、比能量、使用的温度范围和价格等因素。

⑨ 电池的使用寿命　在规定条件下，某电池的有效寿命期限称为该电池的使用寿命。蓄电池发生内部短路或损坏而不能使用，以及容量达不到规范要求时蓄电池使用失效，这时电池的使用寿命终止。蓄电池的使用寿命包括使用期限和使用周期。使用期限是指蓄电池可供使用的时间，包括蓄电池的存放时间。使用周期是指蓄电池可供重复使用的次数。

（4）阀控式铅酸蓄电池的自放电

① 自放电的原因　电池的自放电是指电池在存储期间容量降低的现象。电池开路时由于自放电，使电池容量损失。

自放电通常主要在负极，因为负极活性物质为较活泼的海绵状铅电极，在电解液中其电势比氢负，可发生置换反应。若在电极中存在着析氢过电位低的金属杂质，这些杂质和负极活性物质能造成腐蚀微电池，结果负极金属自溶解，并伴有氢气析出，从而容量减少。在电解液中杂质起着同样的有害作用。一般正极的自放电不大。正极为强氧化剂，若在电解液中或隔膜上存在易于被氧化的杂质，也会引起正极活性物质的还原，从而减少容量。

② 自放电率　自放电率用单位时间容量降低的百分数表示：

$$放电 = (C_a - C_b)/(C_a T)$$

式中　C_a——电池存储前的容量，A·h；

　　　C_b——电池存储后的容量，A·h；

　　　T——电池存储的时间，常用天、月计算。

电池储存温度越低，自放电率越低。但应注意温度过低或过高，均有可能造成蓄电池损坏而无法使用，常规电池要求储存温度范围为 $-20 \sim +45℃$。

③ 正极的自放电　正极的自放电是由于在放置期间，正极活性物质发生分解，形成硫酸铅并伴随着氧气析出，发生下面一对轭反应：

$$PbO_2 + H_2SO_4 + 2H^+ + 2e \longrightarrow PbSO_4 + 2H_2O$$

$$H_2O \longrightarrow \frac{1}{2}O_2 + 2H^+ + 2e$$

总反应：　　　　　$$PbO_2 + H_2SO_4 \longrightarrow PbSO_4 + H_2O + \frac{1}{2}O_2$$

同时正极的自放电也有可能由下述几种局部电池形成引起：

a. $5PbO_2 + 2Sb + 6H_2SO_4 \longrightarrow (Sb_2)SO_4 + 5PbSO_4 + 6H_2O$

b. $PbO_2 + Pb（板栅）+ 2H_2SO_4 \longrightarrow 2PbSO_4 + 2H_2O$

41

c. 浓差电池　在电极的上端和下端，以及电极的孔隙和电极的表面处酸的浓度不同，因而电极内外和上下形成了浓差电池。处在较稀硫酸区域的二氧化铅为负极，进行氧化过程而析出氧气；处在较浓硫酸区域的二氧化铅为正极，进行还原过程，二氧化铅还原为硫酸铅。这种浓差电池在充电终了的正极和放电终了的正极都可形成，因此都有氧析出。但是在电解液浓度趋于均匀后，浓差消失，由此引起的自放电也就停止了。

正析自放电的速度受板栅合金组成和电解液浓度的影响，对应于硫酸浓度出现不同的极大值。

一些可变态的盐类如铁、铬、锰盐等，它们的低价态可以在正极被氧化，同时二氧化铅被还原；被氧化的高价态可通过扩散到达负极，在负极上进行还原过程；同时负极活性物质铅被氧化，还原态的离子又借助于扩散、对流到达正极，重新被氧化。如此反复循环，可变价态的少量物质的存在可使正极和负极的自放电连续进行，举例如下：

$$PbO_2 + 3H^+ + HSO_4^- + 2Fe^{2+} \longrightarrow PbSO_4 + 2H_2O + 2Fe^{3+}$$

$$Pb + HSO_4^- + 2Fe^{3+} \longrightarrow PbSO_4 + H^+ + 2Fe^{2+}$$

在电解液中一定要防止这些盐类的存在。

④ 负极的自放电　蓄电池在开路状态下，铅的自溶解导致容量损失，与铅溶解的共轭反应通常是溶液中 H^+ 的还原过程，即

$$Pb + H_2SO_4 \longrightarrow PbSO_4 + H_2 \tag{3-1}$$

该过程的速度与硫酸的浓度、储存温度、所含杂质和膨胀剂的类型有关。溶解于硫酸中的氧也可以发生铅自溶的共反应，即

$$Pb + \frac{1}{2}O_2 + H_2SO_4 \longrightarrow PbSO_4 + H_2O \tag{3-2}$$

该过程受限于氧的溶解与扩散，在电池中一般以式（3-1）为主。

杂质对于铅自溶的共轭反应——析氢有很大影响，一般氢在铅上析出的过电位很高，在式（3-1）中铅的自溶速度完全受析氢过程控制，析氢过电位的大小起着决定性作用。当杂质沉积在铅电极表面上，与铅组成微电池，在这个短路电池避铅进行溶解，而比氢过电位小的杂质析出，因而加速自放电。

4. 阀控铅酸蓄电池的基本特性

（1）蓄电池的运行方式

蓄电池在使用过程中，同型号的蓄电池可以进行串联、并联或串并联使用。蓄电池运行方式有 3 种：循环充放电、连续浮充、定期浮充。

① 循环充放电　属于全充全放型方式，该循环方式使得蓄电池寿命减短。

② 连续浮充　光伏电池输出的电压大体上是恒定的，略高于蓄电池组的端电压，由少量电流来补偿蓄电池的损耗，以使蓄电池组能经常保持在充电满足状态而不致过充电。连续浮充是全浮充，当蓄电池的电压低于光伏电池输出的电压时，蓄电池被充电。

③ 定期浮充　是半浮充，部分时间由蓄电池向负载供电，部分时间由光伏电池输出的直流电向负载供电，蓄电池定期补充放出的容量。

蓄电池连续浮充和定期浮充的使用寿命，比按循环充放电方式的使用寿命长，连续浮充方式比定期浮充方式合理。

（2）蓄电池的充电

蓄电池的充电方式分为恒流充电、恒压充电、恒压限流充电和快速充电。

铅酸蓄电池以一定的电流充、放电时，其端电压的变化如图 3-4 所示。

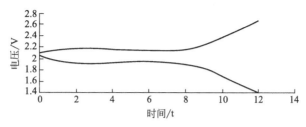

图 3-4　蓄电池充放电时端电压的变化

① 恒流充电是以恒定的电流进行充电，如图 3-5 所示。其不足之处是开始充电阶段恒流值比可充值小，充电后期恒流值比可充值大。

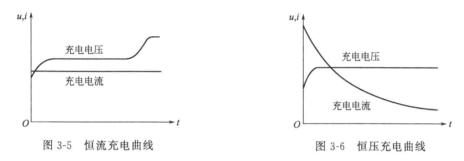

图 3-5　恒流充电曲线　　　　　　图 3-6　恒压充电曲线

恒流充电适合蓄电池串联的蓄电池组。分段恒流充电是恒流充电的改进方式，在充电后期使充电电流减小。

② 恒压充电是以恒定的电压进行充电，充电初期电流较大，随着充电进行，电流减小，充电终止阶段只有很小的电流，如图 3-6 所示。

这种充电方法电解水很少，避免了蓄电池的过充。但在充电初期电流过大，对蓄电池寿命造成很大影响，且容易使蓄电池极板弯曲，造成电池报废。

③ 恒压限流充电是在充电器和蓄电池之间串联一个电阻。当电流大时，电阻上的压降也大，从而减小了充电电压；当电流小时，电阻上的压降也小，充电输出压降损失就小，从而自动调整充电电流。

④ 快速充电是用脉冲电流对电池充电，然后让电池停充一段时间，如此循环。充电脉冲使蓄电池充满电量，而间歇期使蓄电池经化学反应产生氧气和氢气，有时间重新化合而被吸收掉，使浓差极化和欧姆极化自然而然地得到消除，从而减轻了蓄电池的内压，使下一轮的恒流充电能够更加顺利地进行，蓄电池可以吸收更多的电量，实现快速充电目的。

阀控密封式铅酸蓄电池具有成本低、容量大及免维护的特性，是风光互补发电系统储能部分的首选。选择合理的蓄电池容量和科学的充放电方式，是风光互补发电系统运行特性和寿命的保证，应采用双标三阶段充电方式，以实现对蓄电池的科学充电。对于采用双储能系统的风光互补独立发电系统（两套铅酸蓄电池组），通过智能控制器可以控制对负载的放电，同时又可以在充电条件到达时对备用储能电池组充电，两组蓄电池之间的切换由控制系统实时监测其电压状态决定。

【项目实施】　蓄电池的安装与线路连接

1. 验收

① 蓄电池到货后应及时进行外观检查，因外观缺损往往会影响产品的内在质量。

② 根据蓄电池的出厂时间，确定是否需要进行补充电，并做端电压检查和容量测试、内阻测试。如果蓄电池到货后只是外观检查一下，不根据蓄电池的出厂时间进行补充电便储存，常温下储存时间超过 6 个月（温度＞33℃为 3 个月），它的技术性能指标肯定降低，甚至不能使用。

2. 安装

蓄电池的安装质量直接影响蓄电池运行的可靠性，因此必须对安装人员进行培训或由经过培训的人员来完成蓄电池的安装工作。

蓄电池在搬运时，勿提拉极柱，以免损伤蓄电池，以免极柱密封发生泄漏，导致蓄电池连接器发生腐蚀。安装蓄电池间连接器前，必须单体排列整齐，不能使用任何润滑剂或接触其他化学物品，以免侵蚀壳体，造成外壳破裂和电解液泄漏。蓄电池的安装技术条件如下。

① 蓄电池安装前应彻底检查蓄电池的外壳，确保没有物理损坏。对于有湿润状的可疑点，可用万用表一端连接蓄电池端柱，另一端接湿润处。如果电压为零，说明外壳未破损；如果电压大于零，说明该处存在酸液，要进一步仔细检查。

② 蓄电池应尽可能安装在清洁、阴凉、通风、干燥的地方，并避免受到阳光直射，远离加热器或其他辐射热源。在具体安装中，应当根据蓄电池的极板结构选择安装方式，不可倾斜。蓄电池间应有通风措施，以免因蓄电池产生可燃气体，引起爆炸及燃烧。因蓄电池在充、放电时都会产生热量，所以蓄电池与蓄电池的间距一般大于 50mm，以便使蓄电池散热良好。同时蓄电池间连线应符合放电电流的要求，对于并联的蓄电池组连线，其阻抗应相等，不使用过细或过长连线用于蓄电池和充电装置及负载的连接，以免电流传导过程中在线路上产生过大的电压降和由于电能损耗而产生热量，给安全运行埋下隐患。

③ 蓄电池在安装前，应验证蓄电池生产与安装使用之间的时间间隔，逐只测量蓄电池的开路电压。蓄电池一般要在 3 个月以内投入使用，如搁置时间较长，开路电压将会很低，此时该蓄电池不能直接投入使用，应先将其进行补充电后再使用。

安装后应测量蓄电池组电压。采用数字表直流挡测量蓄电池组电压，$U_{总} \geqslant N \times 12$（V）（$N$ 为串联的蓄电池数，相对于 12V 蓄电池）。如 $U_{总} < N \times 12$（V），应逐只检查蓄电池。如蓄电池组为两组蓄电池串联后再并联连接，在连接前应分别测量两路组电压，即 $U_{总1} \geqslant N \times 12$（V），$U_{总2} \geqslant N \times 12$（V）（$N$ 为并联支路串联的蓄电池数）。两路蓄电池组端电压误差应在允许范围内。

④ 蓄电池组不能采用新老结合的组合方式，而应全部采用新蓄电池或全部采用原为同一组的旧蓄电池，以免新老蓄电池工作状态之间不平衡，影响所有蓄电池的使用寿命及效能。对于不同容量的蓄电池，绝对不可以在同一组中串联使用，否则在进行大电流放电或充电时，将有安全隐患存在。

⑤ 蓄电池安装前要清刷蓄电池端柱，去除端柱表面的氧化层。蓄电池的端柱在空气中会形成一层氧化膜，因此在安装前需要用铜丝刷清刷端柱连接面，以降低接触电阻。

⑥ 串联连接的蓄电池回路组中应设有断路器以便维护。并联组最好每组也设有一个断路器，便于日后维护更替操作。

⑦ 要使蓄电池与充电装置和负载之间各组蓄电池正极与正极、负极与负极的连线长短尽量一致，以便在大电流放电时保持蓄电池组间的运行平衡。

⑧ 要使蓄电池组的正、负极汇流板与单体蓄电池汇流条间的连接牢固可靠。

新安装的蓄电池组，应进行核对性放电实验，以后每隔 2～3 年进行一次核对性放电实验，运行了 6 年的蓄电池，每年进行一次核对性放电实验。若经过 3 次核对性放充电，蓄电池组容量均达不到额定容量的80％以上，可认为此组蓄电池寿命终止，应予以更换。

3. 安装后检测

安装后的检测项目，包括安装质量、容量实验、内阻测试及相关的技术资料等多个方面。这些方面均会直接影响蓄电池日后的运行和维护工作。

检测时，首先需全面熟悉被测蓄电池的原理、结构、特性各参数技术指标。为安全准确地完成蓄电池安装后的检测工作，用户可根据自身现有的设备及技术条件，选择最适合的蓄电池测试仪器进行检查、测试和比较。主要的测试项目如下。

① 容量测试　这是基于正规的理论所进行的测试，也就是说被测蓄电池的电流对负载进行规定时间的放电（安时），确定其容量，以确定蓄电池在寿命周期中所处的位置，这是最理想的方法。新安装的系统必须将容量测试作为验收测试的一部分。

② 掉电测试　用实际在线负载来测试蓄电池系统。通过测试的结果，可以计算出一个客观准确的蓄电池容量及大电流放电特性。建议在测试时，尽可能接近或满足放电电流相时间要求。

③ 测量内部欧姆电阻　内阻是蓄电池状态的最佳标志。这种测试方法虽然没有负载测试那样绝对，但通过测量内阻至少能检测出80％～90％有问题的蓄电池。

【知识拓展】　蓄电池的正确使用与维护

在风光互补发电系统中，蓄电池造价占总造价的24％～46％，年折旧费占成本总额的50％以上，这是由于蓄电池价格高、使用寿命短所致。因此加强对蓄电池的使用维护，延长其寿命，是十分重要的问题。离网风光互补发电系统发出的电能是通过蓄电池供给用电设备使用的。科学地、合理地使用并保养蓄电池，充分发挥使用效率，延长寿命，是用好风光互补发电系统的技术关键。可以说，离网风光互补发电系统使用的好坏，集中表现在蓄电池上。所以，对蓄电池的使用与保养必须引起高度重视。

1. 蓄电池的使用

无论是阀控密封式铅酸蓄电池还是普通铅酸蓄电池，都是采用全浮充方式工作的。维护人员很容易将维护普通铅酸蓄电池的方法用于维护阀控密封式铅酸蓄电池，如经常对阀控密封式铅酸蓄电池进行均衡充电或在较高电压下浮充，这显然是不合适的。

阀控密封式铅酸蓄电池均加有滤酸垫，能有效防止酸雾析出。但蓄电池不析出气体是有条件的，即蓄电池在存放期间内应无气体析出、充电电压在2.35V/单体（25℃）以下应无气体析出、放电期间内应无气体析出。但当充电电压超过2.35V/单体时，就有可能使气体析出。因为此时蓄电池体内短时间产生了大量气体，来不及被负极吸收，压力超过某个值时，便开始通过安全阀排气，排出的气体虽然经过滤酸垫滤掉了酸雾，但毕竟使蓄电池内的水分损失了，所以对阀控密封式铅酸蓄电池充电电压的要求是非常严格的，必须严格遵守。

国外厂家生产的蓄电池大部分采用了浮充电无均衡充电的制度。有的厂家认为：当蓄电池放电后，用浮充电压不能给蓄电池充足电，必须进行补充电，此外长期浮充电的蓄电池也不同程度地需要进行补充电。这里的补充电实际上就是均衡充电。蓄电池无论在浮充或均充状态，其电压均应随环境温度做适当调整。根据浮充（均充）电压选择原则与各种因素对浮充（均充）电压的影响，不同厂家的具体规定不一样，国外一般选择稍高的浮充（均充）电压，国内稍低。

选择特定浮充电压的主要目的是为了达到蓄电池的设计使用寿命。如果浮充电压过高，蓄电池的浮充电流随着增大，引起极板栅腐蚀的速度加快，蓄电池的使用寿命将会缩短；浮充电压过低，蓄电池不能维持在满充状态，引起硫酸铅结晶，容量减小，也会降低蓄电池的使用寿命。同样，合适的均充电压和均充频率是保证蓄电池长寿命的基础。蓄电池平时不建议均充，因为频繁均充可能造成蓄电池失水，出现早期失效。

蓄电池均衡充电的方法有以下两种可供选择：

① 将充电电压调到 2.33V/单体（25℃），充电 30h；

② 将充电电压调到 2.35V/单体（25℃），充电 20h。

以上两种方法，若无特殊理由，应优先选择第一种方法。在上面的方法中，25℃环境温度参数非常重要，蓄电池使用寿命与它有很大关系，在使用维护中应严格遵守。理论上，蓄电池的使用环境温度为−40～50℃，最佳使用温度为 15～25℃，因此，具体均充电时间应尽量安排在春秋季节，这时天气较凉爽，对蓄电池均衡充电有利。有条件的单位可以为蓄电池安装空调，以便使室内温度保持在 25℃，这样就不用考虑季节变化的因素了。

除了对均衡充电电压要严格把握外，对浮充电压也应合理选择，因为浮充电压是蓄电池长期使用的充电电压，是影响蓄电池寿命至关重要的因素。一般情况下，全浮充电压定为 2.23～2.25V/单体（25℃）比较合适。如果不按此浮充电压范围工作，采用 2.35V/单体（25℃）连续充电 4 个月，蓄电池就会出现热失控；或者采用 2.30V/单体（25℃）连续充电 6～8 个月蓄电池，也会出现热失控；采用 2.28V/单体（25℃）连续充电 12～18 个月，就会出现严重的容量下降，进而导致热失控。热失控的直接后果是蓄电池的外壳鼓包、漏气，蓄电池失去放电功能，最后只有报废。

从蓄电池水的溶解速度来说，充电电压越低越好，但从保证蓄电池的容量来说，充电电压又不能太低，因此，在全浮充状态下，蓄电池的浮充电压的最佳选择是 2.23V/单体（25℃）。

在蓄电池的使用维护中，不仅要重点关注蓄电池的均衡、浮充电压指标，而且还要控制好蓄电池组浮充时各蓄电池端电压压差的均匀一致性（指最大差值），它是影响蓄电池使用寿命的关键性指标。由于阀控密封式铅酸蓄电池无法测试电解液的密度，因此端电压的均匀一致性也是检查蓄电池使用状态的主要手段之一。蓄电池组中各单格蓄电池端电压压差过大，易产生落后蓄电池。在日常维护中，一旦发现浮充时全组各单格蓄电池端电压异常，均匀一致性超过 0.05V/单格，就应对整组蓄电池进行均衡充电。若均衡充电后端电压最低的蓄电池仍然偏低，应单独对偏低蓄电池进行补充电。对经过反复处理端电压仍不能恢复正常及个别端电压特别偏高的蓄电池，应予以更换。随着生产工艺的改进和独特工艺的应用，国产蓄电池可以保证蓄电池端电压具有良好的均匀一致性，有能力保证密封蓄电池端电压压差在 0.03V/单格之内，这将极大地提高蓄电池的使用寿命。

为了维护使用好蓄电池，在正常使用情况下，要经常巡视、检查、测试蓄电池，认真做好蓄电池的运行记录。完整的运行记录包括浮充记录、放电记录、均充记录、蓄电池出现的问题记录及采取的措施记录等，每月要逐只记录蓄电池的浮充电压，均衡充电时应记录均衡充电的总电压、充电时间、环境温度等情况，以便随时掌握蓄电池的运行情况。在巡查中一旦发现蓄电池有物理性损伤，如外壳鼓包、壳盖裂纹，要立即处理或更换新蓄电池。

蓄电池放电后应及时充电，在充电时必须严格遵循蓄电池的充电制度和充电方式，应采用微机控制的控制器，以便实时对蓄电池进行智能管理。蓄电池运行期间，每半年应检查一次连接导线，螺栓是否松动或腐蚀污染，松动的螺栓必须及时拧紧，腐蚀污染的接头应及时清洁处理。蓄电池组在充放电过程中，若连接条发热或压降大于 10mV 以上，应及时用砂纸等对连接条接触部位进行打磨处理，以降低接触电阻。

2. 蓄电池搁置与放电

尽量避免蓄电池长期闲置不用，或使蓄电池长期处于浮充状态而不放电。由于蓄电池长期不用，蓄电池长时间自放电而能量得不到补充或蓄电池过度放电，都会使蓄电池硫酸盐化，因而使其内阻增大，放电性能变坏。为了保证蓄电池总是处于良好的工作状态，对长期搁置不用的蓄电池，必须每隔一定的时间充电一次，以达到激活蓄电池的目的，尽可能恢复蓄电池原有的容量数。

在实际应用中，随着蓄电池使用时间的延长，总有部分蓄电池的充放电性能减弱，进入恶化状态，因此应定期对每个蓄电池做充放电测量，检查蓄电池的蓄电能力和充放电特性，对不合格的蓄电池，坚决给予更换，否则将影响其他蓄电池的性能和使用寿命。

蓄电池进行大容量放电后应及时再充电，其间隔时间不应超过 24h。当系统转入蓄电池供电状态下，蓄电池放电电流不宜过小，否则会造成蓄电池使用寿命的快速缩短和蓄电池内阻的反常增大。对此，在蓄电池的选型时就必须充分注意，不能为追求蓄电池运行的高可靠性，片面地认为蓄电池的容量越大可靠性就越高。若蓄电池长期处于轻载运行，增加了蓄电池失效的可能性，因为蓄电池的放电电流过小，容易造成深度放电。

3. 维护工作的重要性

市场中质量较好的阀控密封式铅酸蓄电池的设计寿命可达 10 年以上，但在实际使用中，影响阀控密封式铅酸蓄电池使用寿命的因素很多，使用不当将缩短其使用寿命。主要影响因素如下。

① 环境温度过高对蓄电池使用寿命的影响很大。温度升高时，蓄电池的极板腐蚀将加剧，从而使蓄电池寿命缩短。蓄电池的最佳使用温度为 25℃左右。

② 蓄电池长期处于过充电状态中，将加速极板的腐蚀；而长期处于过放电状态中，将会增大蓄电池的内阻，使充、放电性能越来越差。

③ 蓄电池在长期浮充电状态下，即只充电而不放电，会造成蓄电池极板钝化，使电容量下降。

针对上述影响因素，在 VRLA 蓄电池的使用和维护中应注意以下几个问题：

① 蓄电池组应放置在通风、干燥、远离热源处和明火的地方，蓄电池间保持 50mm 以上的距离，并尽可能在温度为 15～25℃的环境中使用；

② 正确连接和使用控制器和逆变器，可以有效避免蓄电池的过充、过放电，逆变器输出连接的用电器负载不要大于逆变器的额定功率，尽量不要连接启动电流比较大的用电器；

③ 长时间不使用的蓄电池，应将蓄电池从控制器上断开，避免蓄电池长时间处于浮充状态；

④ 不能把不同厂家、不同型号、不同种类、不同容量、不同新旧程度的蓄电池串、并在一起使用。

造成 VRLA 蓄电池的使用寿命达不到的主要原因如下。

① VRLA 蓄电池使用环境温度变化大（-15～45℃）。环境温度升高后控制器未能有效地进行温度补偿（降低浮充电压），将加速 VRLA 蓄电池板栅的腐蚀，增加 VRLA 蓄电池中的水分损失，使 VRLA 蓄电池寿命大大缩短，温度每升高 10℃，VRLA 蓄电池使用寿命减少一半。

② VRLA 蓄电池放电终止电压设置不准，甚至有许多蓄电池构成的系统没有设置，造成 VRLA 蓄电池组的深放电，体积增大，变形，甚至破裂。

③ VRLA 蓄电池组放电后没有及时进行充电，使 VRLA 蓄电池极板硫化，活性物质不能还原，造成 VRLA 蓄电池容量严重下降。

④ 系统采用的 VRLA 蓄电池的质量和性能的一致性较差，使 VRLA 蓄电池供电系统的整体质量和性能难以保证。

⑤ 控制器的性能不佳或功能不全。若仅采用恒压充电方式，充电初期，VRLA 蓄电池接受电荷能力强，充电电流过大，正极板上的活性物质 $PbSO_4$ 还原成 PbO_2 时（负极板还原为 Pb）体积变化过于激烈，收缩太快且不均，导致 VRLA 蓄电池正极板弯曲膨胀，变形损坏。

⑥ 浮充、均充点设置不合理，造成 VRLA 蓄电池欠充或过充。过充会造成 VRLA 蓄电池失水和变形。

4. 蓄电池的技术维护

蓄电池特性的变化是一个渐进和积累的过程，为了保证蓄电池使用状况良好，确保蓄电池的使用状况寿命，在对蓄电池日常维护和定期检查的基础上，还应做到"三防、一及时"。为了提高蓄电池的使用效率和延长其寿命，在使用中必须做好蓄电池的日常维护和定期检查工作。

（1）日常维护

① 在蓄电池日常维护工作中，要做到日常管理的周到、细致和规范性，保证蓄电池及控制器处于良好的运行状况，保证直流母线上的电压和蓄电池处于正常运行范围，尽可能地使蓄电池运行在最佳运行温度范围内。

② 保持蓄电池室和蓄电池本身的清洁。蓄电池的日常维护中需经常检查的项目如下：

a. 检测蓄电池两端电压；

b. 检测蓄电池的工作温度；

c. 检测蓄电池连接处有无松动、腐蚀现象，检测连接条的压降；

d. 检测蓄电池外观是否完好，有无外壳变形和渗漏；

e. 极柱、安全阀周围是否有酸雾析出，安装好的蓄电池极柱应涂上中性凡士林，防止腐蚀极柱，定期清洁，以防蓄电池绝缘能力降低。

③ 平时每组蓄电池至少应选择几只蓄电池做标示，作为了解蓄电池组工作情况的参考，对标示蓄电池应定期测量并做好记录。

④ 当在蓄电池组中发现有电压反极性、压降大、压差大和酸雾泄漏现象的蓄电池时，应及时采取相应的方法恢复或修复。对不能恢复或修复的要更换，对寿命已过期的蓄电池组要及时更换。

（2）定期检查

① 月度检查和维护项目。保持蓄电池室清洁卫生，测量和记录蓄电池室内环境温度；逐个检查蓄电池的清洁度、端子的损伤痕迹、外壳及壳盖的损坏或过热痕迹；检查壳盖、极柱、安全阀周围是否有渗液和酸雾析出；蓄电池外壳和极柱温度；单体和蓄电池组的浮充电压，蓄电池组的浮充电流。

② 每半年进行一次蓄电池组中各蓄电池的端电压和内阻检查。若单个蓄电池的端电压低于其最低临界电压或蓄电池内阻大于 $80m\Omega$ 时，应及时更换或进行均衡充电。同时应检查蓄电池连线的牢固程度，主要防止因蓄电池在充放电过程中的温度变化导致连线处松动或接触电阻过大。

③ 每年以实际负荷做一次核对性放电，放出额定容量的 $30\% \sim 40\%$ 并做均充；每 3 年做一次容量试验，放电深度为 $80\%C_{10}$（C 为蓄电池额定容量，C_{10} 为采用 10h 放电容量）。若该组蓄电池实放容量低于额定容量的 80%，则认为该蓄电池组寿命终止。

（3）"三防、一及时"

① 防高温　在没有空调的使用环境，要设置换气通道并安装防尘和防雨罩。安装在机

柜内的蓄电池组在夏季可卸掉机柜侧面板，蓄电池单体之间避免紧密排列，以增加空气的流动。

② 防过充电 蓄电池的开路电压可以由近似公式 $E=0.85+d$ 得出（其中，E 为铅酸蓄电池的电动势；d 为电解液的相对密度；0.85 为铅酸蓄电池的电动势常数），浮充电压一般按 $U_{浮(25)}=E+0.1$ 设定。蓄电池生产厂通常在蓄电池使用手册中给出浮充电压值，要按照说明要求来设定。

均充、浮充电限流点可以按 $I_{充}=(0.1\sim0.125)C_{10}$ 进行设定，最大充电电流不能大于 10 小时率充电电流的 1.5 倍，并要根据环境温度的变化对浮充电压进行补偿。

③ 防过放电 为了避免蓄电池的过放电，造成蓄电池活性物质不能还原和蓄电池壳体破裂，因此设定欠压告警门限约为 1.9V/单体。

④ 及时充电 在蓄电池放电后必须尽快进行充电，在充电过程中充电电流 2～3h 不变化可认为充电完毕，充入的电量应是放出容量的 1.2 倍左右（放出容量可由放电时间和放电电流进行估算）。充电未结束或充电过程中不要停止充电。禁止蓄电池组在深放电后长时间不充电（特殊情况下不得超过 24h），否则将会严重降低蓄电池的容量和寿命。

（4）核对性容量试验

由于无法测量 VRLA 蓄电池的电解液密度，因此要准确地了解容量，最有效的方法是每年进行一次核对性容量试验。落后蓄电池只有在放电状态下才能被正确判定，放电时一组蓄电池中电压降低最快的一只就是落后蓄电池。在不脱离负载的情况下，可以对一只最差的蓄电池进行放电，它的容量就代表该组蓄电池的有效容量。

（5）容量恢复试验

为保证蓄电池有足够的容量，每年要进行一次容量恢复试验，让蓄电池内的活化物质活化，恢复蓄电池的容量。其主要方法是将蓄电池组脱离充电器和负载，在蓄电池组两端加上可调负载，使蓄电池组的放电电流为额定容量的 0.1 倍，每半小时记录一次蓄电池电压，直到蓄电池电压下降到 1.8V/只（对于 2V/单体蓄电池）或 10.8V/只（对于 12V/单体蓄电池）后停止放电，并记录时间。静置 2h 后，再用同样大小的电流对蓄电池进行恒流充电，使蓄电池电压上升到 2.35V/只或 14.1V/只，保持该电压对蓄电池进行 8h 的均衡充电后，将恒压充电电压改为 2.25V/只或 13.5V/只，进行浮充充电。

（6）治疗性充放电维护操作

如果在半年内，蓄电池组从未放过电，应对蓄电池组进行一次治疗性充放电维护操作。

① 放电操作 放电是为了检查蓄电池容量是否正常，一般采用 10h 率放电，有条件的可用假负载放电。也可直接用负载进行放电，放电深度控制在 30%～50% 为宜，有条件的可放电更深一些，更容易暴露蓄电池潜在的问题。每小时检测一次单体蓄电池电压，通过计算放出蓄电池容量，对照表 3-2 所示电压值，判断蓄电池是否正常。

表 3-2 蓄电池放出不同容量的标准电压值（10 小时率放电）

放出容量/%	支持时间/h	单体蓄电池电压/V	放出容量/%	支持时间/h	单体蓄电池电压/V
10	1	2.05	60	6	1.97
20	2	2.04	70	7	1.95
30	3	2.03	80	8	1.93
40	4	2.01	99	9	1.88
50	5	1.99	100	10	1.80

在蓄电池放出相应容量下，测出的单体蓄电池电压值应等于或大于相应电压值，即蓄电池容量为正常；反之，蓄电池容量不足。

② 充电操作　蓄电池组放电后，应立即转入充电，开始时控制充电电流不大于0.2A为宜（如200A·h蓄电池，充电电流应不大于为0.2×200＝40A）。当电流变小时，可慢慢提高蓄电池组充电电压，达到均充电压值，再充6h，然后再调回浮充电压值。

蓄电池端电压测量不能在浮充状态下进行，应在放电状态下进行。端电压是反映蓄电池工作状况的一个重要参数。在浮充状态下测量蓄电池端电压，由于外加电压的存在，测量出的蓄电池端电压是不准确的。即使有些蓄电池反极性或断路，也能测量出正常数值（实际上是外加电压在该蓄电池两端造成的电压差）。

思考与练习

(1) 蓄电池型号的含义是什么？
(2) 什么是蓄电池的充电与放电？
(3) 影响蓄电池的容量的因素有哪些？
(4) 蓄电池常用的充电方法有哪些？
(5) 额定容量和实际容量的实用意义是什么？

项目四　离网风力发电系统的应用设计实例与典型配置

【任务导入】

我国还有很多远离电网的农村、牧区、边防连队、海岛驻军等地方使用柴油或汽油发电机组供电，发电成本相当高，而这些地方大部分处在风力资源丰富地区。通过采用风力发电机组供电，可节约燃料和资源，同时还减少对环境的污染。

风力发电机根据应用场合的不同又分为并网型和离网型风力机，离网型风力发电机亦称独立运行风力机，是应用在无电网地区的风力机，一般功率较小。独立运行风力机一般需要与蓄电池和其他控制装置共同组成独立运行风力机发电系统。这种独立运行系统可以是几千瓦乃至几十千瓦，解决一个村落的供电系统，也可以是几十到几百瓦的小型风力发电机组，解决一家一户的供电，这里主要介绍适合我国边远无电地区的小型风力发电机组的应用。

【相关知识】　离网风力发电系统的设计方法

根据安装地点的风能资源情况，以及用户的用电负荷和用电要求，合理选择小型风力发电机组的类型和配置，以获得最佳效益是离网风力发电系统的设计要求。

1. 风力发电设计应注意的问题

(1) 风力发电系统应用环境的分类

为了使风力发电系统适应不同的使用环境，降低因为环境原因造成的风力发电机组故障，将风力发电系统的使用环境分成3类。根据不同环境的实际需要选择相适应的产品。

① Ⅰ类　沿海地区。抗风能力强，风力发电机在承受60m/s风速时不至于损坏；耐腐蚀，要求在沿海地区耐腐蚀年限为10年。

② Ⅱ类　高寒、高海拔地区。要求可以适应低温环境，适应高海拔低气压环境。

③ Ⅲ类 沙漠、戈壁地区。要求可以适应高温酷热环境，适应沙尘天气。

Ⅰ类地区风力发电机的安全风速不小于60m/s；Ⅱ类和Ⅲ类地区机组的安全风速不小于50m/s。风力发电机的启动风速和额定风速，应根据年平均风速频率分布图来确定；无年平均风速频率分布图时，应根据平均风速最低月份确定。风力发电机的噪声应不高于70dB。

（2）影响风力发电系统设计的因素

由于风力资源随地点而变，因此即使在很相近的两个地点，风力资源特性也不会相同，因此，对于任何风力发电项目，必须进行实地短期风力测量、长期风力资源预测、风流模拟计算和发电量估算等。

如果需要安装超过一台风力发电机，每台风力发电机在特定风向下部可能成为其他风力发电机的障碍物，造成尾流效应。风电场总发电量估算须考虑尾流效应的影响。根据当地风力特征选择适当的风力发电机。风力资源中等的地方，使用可变速型号比固定速度型号的风力发电机能够有更好的发电量。考虑到部分地区有台风，因此应选择市场上最牢固的风力发电机。国际电工协会标准分级中，1级风力发电机可以抵受最高的极端负荷。此外，湍流强度也影响风力发电机的选择。

只有结合安装地点的实际环境条件选择使用风力发电机，才能充分地利用当地的风力资源，最大限度地发挥风力发电机的效率，取得较高的经济效益。应该指出的是，在风力资源丰富地区，最好选择额定设计风速与当地最佳设计风速相吻合的风力发电机。如能做到这一点，无论是从风力发电机的选择上，还是利用风力资源的经济意义上，都有重要的意义。风洞试验证明，风力发电机风轮的转换功率与风速的立方成正比，也就是说，风速对功率影响最大。例如，在当地最佳设计风速为6m/s的地区，安装一台额定设计风速为8m/s的风力发电机，结果其年额定输出功率只达到原设计输出功率的42%，也就是说，风力发电机额定输出功率较设计值降低了58%。选用的风力发电机额定设计风速越高，那么其额定功率输出的效果就越不理想。必须指出，风力发电机额定设计风速偏低，其风轮直径、发电机相对要增大，整机造价相应也就加大，从制造和产品的经济意义上考虑都是不合算的。

2. 风力发电机电量与用电量的匹配设计

风力发电机与用电器的匹配是一项不可忽视的内容。在选配用电器时，也应按照蓄电池与风力发电机匹配原则进行。即选配的用电器耗用的能量要与风力发电机输出的能量相匹配。但匹配指标所强调是能量，不要混淆为功率。在选用用电器时，还必须注意电压的要求。

离网发电系统发出的电能，首先经过蓄电池储存起来，然后再由蓄电池向用电器供电。所以，必须认真科学地考虑，风力发电机功率、太阳能电池组件功率与蓄电池容量的合理匹配和静风期储能等问题。目前，离网发电系统的输出功率与蓄电池容量一般都是按照输入和输出相等，或输入大于输出的原则进行匹配的。

（1）设备日用电量计算

$$Q_i = P_i T_i \tag{4-1}$$

式中，Q_i 为日用电量；P_i 为设备额定功率；T_i 为日用电小时数。

（2）系统总用电量估算

$$Q_m = \sum P_i N_i T_i \tag{4-2}$$

式中，Q_m——系统负荷最大日用电量，kW·h

P_i——每种相同设备的额定功率，kW；

N_i——具有相同额定功率的设备的数量；

T_i——该类设备的日平均使用时间，h；

i——1，2，…，n 个不同类的设备数量。

（3）发电能力的测算

日平均发电量则是由风力发电机和太阳能电池组件的发电能力及当地风光资源状况决定的。

$$Q=Q_1+Q_2 \tag{4-3}$$

式中，Q_1 为风力发电机组的日平均发电量；Q_2 为太阳能电池组件的日平均发电量。

（4）风力发电机组供电能力的测算方法

风力发电机组的年平均发电量或日平均发电量的计算是比较复杂的问题，而且仅是平均值概念的计算值。如果要较为准确地测算出风力发电系统日平均或年平均发电量，必须要有发电机的功率特性曲线和风速频率分布图才能进行计算。利用风力发电机组输出功率特性曲线和风轮毂高处不同风速频率分布，可以估算出一台风力发电机在计算期间（年、月、日）的发电总量。计算中假设风力发电机设备利用率为100%。

具有风频图的风力发电机输出功率计算公式

$$Q=\sum P_v T_v \tag{4-4}$$

式中　Q——风力发电机在计算期间的发电总量，kW·h；

P_v——在风速 v 时风力发电机的输出功率，W；

T_v——场地风速口的期间累计小时数，h。

其中，风力机组在风速 v 时的实际输出功率公式为：

$$P_v=(v/v_0)^3 P_0 \tag{4-5}$$

式中，P_v 为机组实际输出功率，W；v_0 为额定风速，m/s；v 为实际风速，m/s；P_0 为机组额定输出功率，W。

风力发电机组一般只有系列值，所以在选用机型时，要根据当地的平均风速和风力发电机组输出功率特性曲线来确定。

图4-1是某小型风力发电机的输出功率与风速的关系图：

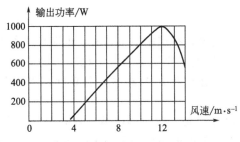

图4-1　输出功率与风速的关系图

① 在风速为 12m/s 时达到最大输出功率；

② 在风速为 8m/s 时输出功率是 600W；

③ 根据功率曲线，以 5.0m/s 的年平均风速，则平均每天的发电量为 4.8kW·h，平均每月（30天计）的供电量在 144kW·h，平均每年的供电量在 1752kW·h；

④ 若该风力发电机按输出功率为 500W 发电，平均每天工作 8h，计算一年（365天）发电量是多少？（$W=Pt=0.5kW×365×8h=1460kW·h$）

如果不能得到风速频率分布图，则可用当地的年平均风速进行估算。用年平均风速值时的发电机输出功率值乘以年度总的小时值8760h，即

$$Q_i=K×8760×P_v \tag{4-6}$$

式中　Q_i——年发电量，kW·h；

P_v——年平均风速值时发电机组输出功率；

K——修正系数，取 1.2～1.5。

根据经验，按平均风速计算的发电量小于实际按风速频率分布图计算的年发电量，因此可按一定的比例进行适度修正。

3. 风力发电系统设计方法

在风力发电系统中，对方案和成本影响较大的主要因素，是风力发电机的容量及蓄电池的配置，采用水平轴风力发电机和垂直轴风力发电机进行了方案设计，同时考虑连续 3 天或 6 天自给天数的情况进行蓄电池配备设计。

（1）小型风力发电系统容量选择依据

① 根据风能资源情况选型　对于风力发电机来讲，其输出功率与风速的三次方成正比。因此选择风力发电机的一个最重要因素是要考虑使其设计风速值适合当地的风能资源，与之达到最大的匹配，一是可以充分利用当地的风能资源，二是可以充分发挥风力发电机的能量输出，提高利用效益。

例如，在某风能可利用区，每天 4m/s 的风大约有 15h。一台设计风速为 7m/s 的 100W 风力发电机，根据风能公式，计算其日均发电量为

$$Q_w = (v/v_0)^3 P_0 T_v = 100 \times (4/7)^3 \times 15 = 279.75 (W \cdot h)$$

若选择一台设计风速为 6m/s 的 100W 风力发电机，根据风能公式，计算其日均发电量为

$$Q_w = (v/v_0)^3 P_0 T_v = 100 \times (4/6)^3 \times 15 = 444 (W \cdot h)$$

从上面的计算可以看出，选择风力发电机的设计风速与当地的风能资源达到最大匹配，可以提高风力发电机的能量输出。

大多数气象部门都建立了风能资源数据库，在选购风力发电机时可向该部门了解有关当地的风能资源资料。了解当地的年、月、日的平均风速、有效风速值日平均小时数等，就可以利用风能公式估算出所选择的风力发电机组平均年、月、日的发电量，再根据用电需求量确定所选择的风力发电机是否适宜。年平均风速低，风力 2 级（风速 2.5m/s）以上的地区，可选用小型永磁式风力发电机（垂直轴风力发电机）。年平均风速高，风力在 4～5 级（风速 6～8m/s）以上的地区，可选用励磁式风力发电机（水平轴风力发电机）。

近年来风力发电机获得了突飞猛进的发展，涌现出了种类繁多的机型。购买时首先要根据风力发电机的型号，选择适合要求的风力发电机，见表 1-5。

② 根据电器负荷选型　一般所选择风力发电机的额定功率应略大于所用电器的总功率，以保证各种电器能正常工作。

一般用电设备按负载分为三大类，即电阻性负载（如灯泡、热水器、电视机）、电容性负载（如交换式电源供应器）及电感性负载（如传动马达、洗衣机、水泵、空调）。在计算总功率时，电阻性负载和电容性负载按实际功率累加，电感性负载按 3 倍实际功率累加，得到的总功率再乘 1.2，即为所需风力发电机的功率。比如 1 台 800W 空调＋3 个 60W 灯泡＋1 台 200W 电视机，所需的风力发电机功率为（800×3＋3×60＋200）×1.2＝3336W。如果当地的风力资源较好，或者用电时间短，则可以选用更小一点功率的风力发电机，能够提供每日所需总用电量即可。

选择时不可简单地用风力发电机上"铭牌"标定的额定功率值与用电设备标定的额定功率值直接匹配来作为选择风力发电机的依据，而应以风力发电机在当地风能资源条件下平均日、月、年发电量和用电器平均日、月、年用电量为依据。

由于水平轴风力发电机的启动风速高（小型风机大于或等于 3m/s 才能启动，3.5m/s 的风速才能发电），需较高风速才能发电，能量转化效率低，而垂直轴风力发电机在较低的

风速时即可发电，满足同样的用电需求。由于使用微摩擦、启动力矩小的磁悬浮轴承，垂直轴风力发电机在 1.5m/s 的微弱风速下就能启动，2.5m/s 的风速就能发电，能效提高约 20%，能广泛应用于全国 80% 的地区，对于同样功率的风力发电机，垂直轴风力发电机费用虽然高于水平轴风力发电机，但其体积、重量和所需运行空间均小于水平轴风力发电机，且具有运行稳定、噪声小、对风速要求低等优点，是今后优先应选用的小型风力发电机。

③ 风力发电机选型注意事项

a. 比较风力发电机，应在相同风速下比较一年的总发电量。不同的风力发电机的功率可能标定在不同的额定风速上，比较应在同一风速下进行。

b. 可靠性和运行寿命是最重要的指标，可靠性第一，价格次之。

c. 各个风力发电机的性能和控制方法不完全一样，应当选择配套的控制器。

d. 询问已经使用过该风机的用户，了解使用情况。

e. 尽量选择信誉较好的品牌产品。

f. 较好的风机应该无需经常维护保养，能在无人看管的情况下连续运行 3～6 年。风机典型的设计寿命为 30 年。

(2) 蓄电池与风力发电机的匹配设计方法

小型风力发电机发出的电能首先经过蓄电池储存起来，然后再由蓄电池向用电器供电。所以，必须考虑风力发电机功率与蓄电池容量的合理匹配和静风期储能等问题。目前，小型风力发电机与蓄电池容量一般都是按照输入和输出相等或输入大于输出的原则进行匹配的。

蓄电池容量配置的是否合理，直接影响风力发电的各项技术经济指标。容量选得小了，多风时发出的富余电量得不到充分储存。容量选得太大，一则增加投资，二则蓄电池可能会长期处于充电不满状态，将会影响蓄电池的效率和使用寿命。

一般常规充电是"两阶段恒电流充电"，此法既不浪费电力，充电时间短，对延长蓄电池使用寿命有利，同时计算蓄电池容量也容易得多。但风力发电的情况，则不同于常规充电。由于风速经常变化，电机输出的电流时大时小，时有时无，这样蓄电池充电电流和所需充电时间就很难确定。针对这种实际情况，可采用如下两种计算方法来确定配置蓄电池容量。

① 电量平衡计算法 所谓电量平衡计算法，是通过分析风力发电机组一年中的发电量与负荷耗电量之间的电能平衡关系，来确定蓄电池容量。

计算步骤如下。

a. 根据当地气象部门提供的风速资料，以 10 天为一时度，逐旬分别统计风机起始工作风速至停机风速范围内的不同风速发生小时数。

b. 根据选用的风力发电机的 $P = f(v)$ 特性曲线（厂家会提供）和风速资料，计算一台风机所能发出的电量，并绘出其全年发电量过程曲线。

图 4-2 是根据某地区的风速资料计算绘制的某种型号风机的年发电量过程线。计算得出该机在当地的风况下，年发电量为 276kW·h。从过程线看出各旬的发电量变化很大，最多的四月下旬为 19kW·h，最少的二月下旬仅 0.95kW·h，相差近 20 倍，说明配置蓄电池进行储能调节是必要的。

c. 根据用电情况，计算出逐旬的用电量，并给出全年用电量过程线。如图 4-2 中 b 所示。

d. 比较发电量和用电量过程线，以发电少于用电差值最大的时段的电量来确定所需蓄电池容量。图中差值最大的电量为 2.3kW·h。

• 确定蓄电池容量 $C = \Delta Q / U = 2.3 \text{kW} \cdot \text{h} \times 1000 / 12 = 192 \text{A} \cdot \text{h}$

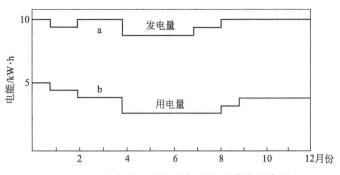

图 4-2 风力发电机发电量与用电量曲线示意图

根据计算结果和蓄电池手册参数资料，可选择 12V/48A·h 蓄电池或 12V/50A·h 蓄电池，这里选择 12V/50A·h 型。

- 蓄电池串联数＝系统工作电压/蓄电池标称电压＝12/12＝1
- 蓄电池并联数＝蓄电池总容量/蓄电池标称容量＝192/50＝3.84≈4

所以，可实际选用 12V、50A·h 蓄电池 4 块，总容量为 200A·h 的蓄电池。

此方法需查询资料，绘图，而且往往结果偏大，尤其在低月份，蓄电池会处于充电不足状态，影响蓄电池寿命，较少采用。

② 经验公式　在离网环境中风力发电机的应用需要配合蓄电池，蓄电池组的总容量按以下经验公式计算：

蓄电池容量(安时)＝负载平均用电量(A·h)×无风天数/标准蓄电池电压×
放电率控制系数

蓄电池容量(安时)＝负载总功率×日用电小时数×无风天数/（标准蓄电池电压×
放电率控制系数）

$$Q=Ptn/(UK) \tag{4-7}$$

式中　Q——所需配置蓄电池容量，A·h；

　　　P——负载功率，W；

　　　t——日用电小时数；

　　　U——标准蓄电池电压（一般为 12V）；

　　　n——电池储备周期系数（根据风况而确定，一般取 3～8 天）；

　　　K——放电控制系数（取 0.75～0.8）。

例如：安装一台 100W 机，供 3 户用电，每户装设 12V、15W 的灯泡 2 只，平均每天照明 5h，计算所需配置的蓄电池容量（储备系数取 6，放电控制系数取 0.8）。

解：① 负载总功率＝3×(15×2)＝90W

② 蓄电池（组）容量＝90×6×5/(12×0.8)＝281.25A·h

根据计算结果和蓄电池手册参数资料，可选择 12V、48A·h 蓄电池或 12V、50A·h 蓄电池，这里选择 12V、48A·h 型。

③ 蓄电池串联数＝系统工作电压/蓄电池标称电压＝12/12＝1

④ 蓄电池并联数＝蓄电池总容量/蓄电池标称容量＝281.25A·h/48A·h＝5.86≈6

故可选用 6 块 12V、48A·h 蓄电池，总容量 288A·h。

确定标准电池时，必须注意：蓄电油组的容量应能安全接受风力发电机输出的最大电流强度 I_{max}。同时，要根据自给天数的长短选购蓄电池。自给天数短的地区，可选择小容量的蓄电池；自给天数长的地区，可选择大容量的蓄电池。

55

（3）控制器与风力发电机的匹配

现在，很多风力发电机将整流设备设置在控制器中，同时控制器具有防止风力发电机向蓄电池过充电和防止蓄电池向用电器过放电等控制功能。为了保证控制器的运行安全，控制器的相关部分的最大工作功率必须比风力发电机发出的最大功率大20%。如图4-3所示。

图4-3 风能控制器

（4）逆变器与发电系统的匹配设计

① 逆变器与发电系统的匹配要求

a. 逆变器的功率大小应能满足用电器的要求。逆变器的功率是按其最大持续容量标定的。逆变器一般都具有大电流启动功能，允许其功率在短时间内向上有一定的波动，即存在一个峰值功率。因此，选择逆变器时，不仅要看标称功率值，还要看它的峰值功率值，因为很多装有电动机的家用电器的启动功率大大高于它的额定功率。若配用的逆变器的峰值功率不够，这些电器将无法启动。

b. 充分发挥逆变器的效率。根据逆变器的效率曲线，逆变器越接近最大额定功率处工作，其效率越高，一般可达80%。因此，所选择的逆变器最好在接近其最大额定功率处工作。

c. 注意选择逆变器的输出波形。最好选用输出为正弦波的逆变器。

一般情况下，应考虑负载的特性（阻性负载和感性负载）后再确定逆变器容量：

逆变器容量＝阻性负载功率×1.5＋感性负载功率

如果电器中有电感性负载，则需要使用正弦波逆变器；如果只有电阻性负载和电容性负载，则只配备修正波或方波逆变器即可。这是因为电感性负载的反电动势是修正波或方波的致命伤，必须使用正弦波。而电容性负载需要较高的峰值电压来驱动，修正波或方波恰好有高峰值的特性，无须使用正弦波。

② 逆变器使用时注意事项

a. 直流输入电源的正、负极性不能接反。若将极性接反，这时逆变器"防接反保护"起作用，逆变器不工作。

b. 在正常工作的前提下，逆变器的输出电压应与负载所需额定电压相符。

c. 逆变电源直流供电系统的电压应稳定在一定范围内。若直流电压过低，逆变器保护功能启动，将使逆变器停止工作。直流电压过高，经逆变器逆变后输出的交流电压将增高，有可能将用电设备损坏，此时逆变器保护功能启动，停止工作。

d. 使用负载的功率应小于逆变器的功率，这样可保证逆变器工作安全。当负载的功率超过一定值时，逆变器保护功能启动，逆变器停止工作。

e. 逆变器应放置在通风干燥处，应与蓄电池隔离放置，以免逆变器的元器件被腐蚀。

（5）泄荷器与风力发电机的匹配

当蓄电池充满后，为防止蓄电池过充电和保护发电系统其他设备的安全，这时风力发电机通过控制器停止向蓄电池充电。为了保护风力发电机平稳运行，控制器自动将风力发电机的输出切换到泄荷器上，因此，为了保证泄荷器的可靠运行，配置泄荷器时，其功率要大于风力发电机最大功率的20%。

总之，小型风力发电机组的选用，应对不同的地区、不同的用电要求有不同的选用条件。主要要做到：

a. 选用的风力发电机要适于当地的风能资源；

b. 选用的风力发电机要适于用户的用电需求；

c. 选用的风力发电机要与用电量、蓄电池容量相匹配。

【项目实施】

1. 用电量 10kW·h 的小型独立运行的风力发电系统应用设计实例及配置方案

（1）设计目标

① 设计参考依据　年平均风速 4m/s 以上，有效风能密度为 200～300W/m²，风速大于 3m/s 的全年累积小时数在 5000h 以上，则平均有效利用时间为 12h/d。

② 可靠性　系统在连续没有风、没有太阳能补充能量的情况下能正常供电 3 天。

（2）负载用电量计算（表 4-1）

设备日用电量计算　　$Q_i = P_i T_i = 40 \times 15 \times 5 = 3kW \cdot h$

$$Q_2 = 32 \times 3 \times 5 = 0.48kW \cdot h$$

$$Q_3 = 44 \times 6 \times 5 = 1.32kW \cdot h$$

$$\cdots$$

式中　Q_i——日用电量；

P_i——设备额定功率；

T_i——日用电小时数。

系统总用电量估算

$$Q_L = Q_1 + Q_2 + Q_3 + \cdots = 10kW \cdot h$$

表 4-1　系统供电负荷表

用电器	额定功率/W	数量	用电时数/h	用电量/kW·h
照明灯具	40	15	5	3
24in 液晶电视	32	3	5	0.48
电风扇	44	6	5	1.32
冰箱	120	3		3
其他				2.2
合计				10

（3）风力发电机的功率（容量）测算

估算风力发电机功率

$$P = Q_L \times 1.4/t = 10 \times 1.4/12 = 1.17kW \cdot h$$

则可假定选用额定功率为 2kW 风力、额定风速为 8m/s 的风力发电机。

则平均风速时发电机输出的功率

$$P_v = (v/v_0)^3 \times P_0 = 0.37(kW)$$

（4）风力发电机的选用

年发电量

$$Q_i = K \times 8760 \times P_v = 1.2 \times 8760 \times 0.37 = 3889(kW \cdot h)$$

日发电量

$$Q = 3889/365 = 10.66 > 10(kW \cdot h)$$

式中　Q_i——年发电量，kW·h；

P_v——年平均风速值时发电机组输出功率；

K——修正系数，取 1.2～1.5。

即风力发电机组每天大约发电 10.66kW•h，超过负荷日总耗电量 10kW•h，满足用电要求。

选择 FD-2kW 水平轴可选用励磁式风力发电机。

（5）蓄电池的选用

已知负载的每天用电量为 10kW•h，自给天数 3 天。假定系统直流电压系为 48V（储备系数取 3，放电控制系数取 0.5），则蓄电池容量：

$$Q=Ptn/(UK)=10000\times3/(48\times0.5)=1250\text{A•h}$$

可选用 12V，650Ah 铅酸蓄电池。

① 蓄电池串联数＝48V/12V＝4

② 蓄电池并联数＝1250A•h/650A•h≈2

③ 蓄电池组总块数＝4×2＝8

根据以上计算结果，共需要 2V、650A•h 蓄电池 8 块构成蓄电池组，其中每 4 块串联后再并联使用。

（6）逆变器和控制器的选型

根据负载需要，逆变器容量应大于或等于总用电功率。一般情况下，应先考虑负载的特性（阻性负载和感性负载），再确定逆变器容量：

$$逆变器容量＝阻性负载功率\times1.5＋感性负载功率\times（3\sim5）$$
$$＝700\times1.5＋650\times4＝7850（W）$$

因此可选用 9～10kV•A 的正弦波逆变器，选用保护功能齐全的 10kW 控制器。

（7）配置方案

配置方案参阅表 4-2。

表 4-2　配置方案

部件	型号及规格	数量	备注
水平轴风力发电机	FD-2kW/220V	1 台	
蓄电池	12V、650A•h	8 只	铅酸阀控电池
控制逆变器	10W、48V	1 台	正弦波
控制箱		1 个	定做

2. 用电量 20kW•h 风力发电系统应用设计实例及配置方案

风力发电系统的设计，首先是计算负荷用电量，其次是计算蓄电池组容量，最后确定风力发电机组等设备的选型。

以下以设计一个利用风力发电机组获得电能、采用蓄电池组储存电能、通过逆变器实现输出供电的独立型风力发电系统为例，介绍如何进行容量计算与设备选型。

（1）设计目标

20 户家庭供电，每户平均耗电 200W，平均每天使用 5h（储备系数取 6，放电控制系数取 0.8）。

（2）风力资源情况（系统所在地）

风速 $v_1>6\text{m/s}$，为 7h/d；风速 $v_2>9\text{m/s}$，为 2.5h/d。

（3）系统组成

由风力发电机组、蓄电池组、整流充电器、逆变器和控制器组成。系统中，风力发电机组输出的交流电能，经整流充电电路变换为直流对蓄电池组充电，通过逆变器将直流电能转换为交流向负载供电，控制器提供对蓄电池充电和放电过程的控制管理以及故障检测与保护。

（4）负载用电量计算

按照 20 户居民户均耗电 200W 计算，用电器总功率 P_L：

$$P_L = 200W \times 20 = 4kW$$

日总耗电量 W_L：

$$W_L = P_L t = 4kW \times 5h = 20kW \cdot h$$

（5）风力发电组功率计算

风力发电机组一般只有系列值，所以在选用机型时，要根据当地的平均风速和风力发电机组输出功率特性曲线来确定。风力机组的实际输出功率公式为，

$$P_W = 3 \times \frac{v}{v_0} \times P_0$$

式中，P_W 为机组实际输出功率，W；v_0 为额定风速，m/s；v 为实际风速，m/s；P_0 为机组额定输出功率，W。

其输出能量为：

$$W_W = \sum P_{Wi} \times t$$

式中，W_W 为机组输出总能量，$kW \cdot h$；P_{Wi} 为平均风速为 v_i 时机组的输出功率，W；t 为平均风速为 v_i 时的时间，h。

根据系统所在地风能资源情况，如果选用额定功率 5kW、额定风速 9m/s 的风力发电机组，根据公式有：

$$P_{W1} = (v_1/v)^3 P_0 = (6/9)^3 \times 5 = 1.48(kW)$$
$$P_{W2} = (v_2/v)^3 P_0 = (9/9)^3 \times 5 = 5(kW)$$

$$W_W = P_{W1} T_1 + P_{W2} T_2 = 1.48 \times 7 + 5 \times 2.5 = 10.36 + 12.5 = 22.86(kW \cdot h)$$

即风力发电机组每天大约发电 23kW·h，超过总耗电量 20kW·h，满足用电要求。

选择 FD-5KW 水平轴风力发电机。

（6）蓄电池容量计算（容量计算、安装地区户用电压情况、蓄电池型号选择、数量确定、布局）

已知 $W_L = 20kW \cdot h$，假定系统直流电压（蓄电池电压）$U = 48V$（储备系数取 6，放电控制系数取 0.8），根据蓄电池容量计算公式，则蓄电池容量 Q_B 为

$$Q_B = Ptn/(UK) = 20000 \times 6/(48 \times 0.8) = 3125(A \cdot h)$$

根据计算结果和蓄电池手册参数资料，可选择 12V、800A·h 单体蓄电池串并联组成使用，其中：

蓄电池串联数＝系统工作电压/蓄电池标称电压＝48/12＝4

蓄电池并联数＝蓄电池总容量/蓄电池标称容量＝3125/800＝3.9≈4

所以，系统需用 16 只 12V、800A·h 的蓄电池进行串并联构成蓄电池组使用。

（7）逆变器和控制器的选型

根据负载需要，逆变器容量应大于或等于总用电功率。本系统用电器总功率 $P_L = 200W \times 20 = 4kW$，因此可选用 5～6kV·A 的正弦波逆变器，选用保护功能齐全的 5kW 控制器。

（8）配置方案

配置方案见表 4-3。

表 4-3 配置方案

部件	型号及规格	数量	备注
水平轴风力发电机	FD-5kW/220V	1 台	
蓄电池	12V、800A·h	16 只	铅酸蓄电池
控制逆变器	5000W、48V	1 台	正弦波
控制箱		1 个	定做

【知识拓展】　离网风力发电系统典型配置技术参数

风力发电机因风量不稳定，故离网风力发电系统其输出的交流电须经蓄电站蓄电再输送到电网。针对不同地区的风力资源情况以及不同厂家发电机技术参数不同的问题，需考虑该地点的风力大小（风速与风能密度）是否与所配发电型号相适应。

1. 150W～5kW 风力发电机典型配置技术参数（表 4-4）

表 4-4　150W～5kW 风力发电机典型配置技术参数

功率	150W	200W	300W	600W	1kW	2kW	3kW	5kW
风轮直径/m	2.0	2.2	2.6	2.8	3.2	4.0	5.0	6.0
额定转速/(r/min)	400	400	400	400	400	400	240	220
额定风速/(m/s)	8	8	8	8	8	9	10	10
额定功率/W	150	200	300	600	1k	2k	3k	5k
最大功率/W	250	350	450	750	1.5k	3k	4.5k	7k
电机输出电压/V	12	24	24	24	48	96	220	220
启动风速/(m/s)	3	3	3	3	3	3	3	3
工作风速/(m/s)	3～25	3～25	3～25	3～25	3～25	3～25	3～25	3～25
塔架高/m	6	6	6	6	6	6	8	9
拉索钢管塔架型号（直径×厚度）/mm	60×3	60×3	60×3	75×4	75×4	89×4	133×5	φ159×5
控制器型号	12V40A	24V40A	24V40A	24V40A	48V60A	96V60A	220V60A	220V60A
逆变器型号	DC12V A220VC 符合市电电压频率	DC24V A220VC 符合市电电压频率	DC24V A220VC 符合市电电压频率	DC24V A220VC 符合市电电压频率	DC48V A220VC 符合市电电压频率	DC96V A220VC 符合市电电压频率	DC220V A220VC 符合市电电压频率	DC220V A220VC 符合市电电压频率
配套蓄电池容量	12V100Ah 1块	12V100Ah 2块	12V100Ah 2块	12V150Ah 2块	12V150Ah 4块	12V100Ah 8块	12V100Ah 18块	12V100Ah 18块

2. AH 系列 500W～5kW 风力发电机典型配置技术参数（表 4-5）

表 4-5　AH 系列 500W～5kW 风力发电机典型配置技术参数

型号	AH-500W	AH-1kV7	AH-1.5kW	AH-3kW	AH-5kW	AH-10kW	AH-5kW 变桨距
风轮直径/m	2.5	2.8	3.2	4	5	8	5.2
叶片材料	增强玻璃钢						
额定功率/最大功率/W	500/750	1000/1400	1500/2000	3000/4500	5000/6500	10k/15k	5k/6k
额定风速/(m/s)	9	10	10	11	11	11	11
启动风速/(m/s)	3	3	3	3	3	3	2
工作风速/(m/s)	3～25	3～25	3～25	4～30	4～30	4～30	4～30
安全风速/(m/s)	40	40	50	50	50	50	60
工作电压/V	DC24V AC220V	DC48V DC120V AC220V	DC48V DC120V AC220V	DC120V DC240V AC220V	DC120V DC240V AC220V	DC500V AC220V	DC120V DC240V AC220V
调速方式	偏航＋电磁						变桨距
停机方式	手动刹车					手动刹车＋液压制动	手动刹车
风机主体质量/kg	80	85	120	220	350	900	400
AA塔杆高度/质量/(m/kg)	6/65	6/85	7/100	8/150	8/150	10/800	8/150
AAA塔杆高度/质量/(m/kg)		6/280	7/350	7/380	8/450	10/3000	8/450

3. FD8-10kW 风力发电机典型配置技术参数（表 4-6）

表 4-6　FD8-10kW 风力发电机典型配置技术参数

风轮直径	8m	发电机	三相永磁发电机
调速方式	自动调整迎风角度	额定转速	160r/min
额定风速	12m/s	停机风速	25m/s
额定电压	DC360V	开机风速	3m/s
额定功率	10kW	塔架高度	12m
超速保护	自动调整迎风角度，不会超过额定转速		
调向方式	风速、风向传感器检测，转速检测控制器输出偏转信号		
停机	电压 450V，温度 100℃，风速超过 25m/s 自动停机		
显示项目	控制柜显示风速，电压，电流及报警状态；电池过压、电池欠压、过风速		
自动解缆	当风机连续旋转 3 圈以上，在停机状态下自动解缆，保持电缆完好		

FD8-10kW 风力发电机由风轮、电机组合体（包括发电机和回转体）、立杆、拉索式塔架、风速仪、风向传感器和智能控制器等部件组成。

① 风轮　风轮采用 3 叶片，层流翼型，升阻比高，性能优良。

② 风叶、压板、风叶法兰及导流罩　风叶、压板安装在风叶法兰上，是风能转换为动能的部件，是整个系统的动力装置。导流罩安装也在风叶法兰上，使从电机中心的风力导向风叶部分，以充分利用风能。

③ 发电机和回转体　发电机和回转体采用机电一体化设计，也就是将发电机壳体和回转体组合成一个整体，结构上互相依托连接，增加了强度，并大大减少了材料及机头质量。

④ 风速仪及风速传感器　风速仪用于检测实时风速，风速传感器将数字信号输送给控制器，实现智能控制，以实现超风速自动停机。

⑤ 风向仪及风向传感器　风向仪用于检测风力发电机的迎风角度，此部件有方向性，安装时支架向后倾斜。风向传感器将数字信号输送给控制器，实现智能控制，以实现风向自动跟踪。

⑥ 塔架　FD8-10kW 风力发电机采用 219 无缝钢管塔架，高度 12m，用 4 根拉索固定。

⑦ 智能控制器　智能控制器是风力发电机的控制中心，对发电机产生的三相交流电进行整流、调制后，输出直流电对蓄电池充电，同时检测蓄电池的工作状态，做出相应的控制；

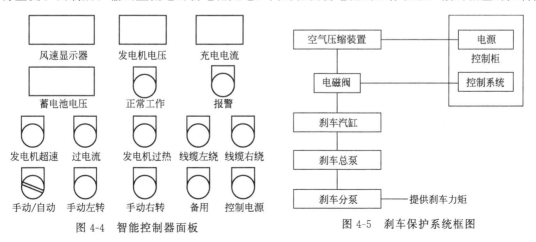

图 4-4　智能控制器面板　　　　图 4-5　刹车保护系统框图

还接收风速仪、风向仪的信号，做出相应的控制；并且将所有的风力发电机的工作状态显示出来。智能控制器面板如图 4-4 所示。

⑧ 刹车保护系统　FD8-10kW 风力发电机的刹车保护系统框图，如图 4-5 所示。

思考与练习

4kW 的小型独立运行的风力发电系统设计？

设计要求如下。

① 设计参考依据　年平均风速 4m/s 以上，有效风能密度为 200W/m² 以上；负载功率 5kW，每天工作 6h。

② 可靠性　系统在连续没有风的情况下能正常供电 3 天。

③ 系统供电参数　供电电压单相 220V AC；供电频率 50Hz。

项目五　离网风力发电系统的安装与调试

【任务导入】

风力发电机在安装时应首先选择风能较好的位置，这样才能保证风力发电机输出理想的电能。选址是一个非常复杂的问题，它包括很多因素，比如当地有效风吹刮情况、年平均风速、连续无有效风速时数、风的能量密度、强风和紊流出现的次数、雷电冰雹出现的情况、风力发电机与用户的距离（输电线路的远近）、安装维护的方便性、地形地貌等。

【相关知识】

一、离网风力发电系统风力发电机的选址

1. 地形和气象因素对风力发电机选址的影响

风力发电机安装地址的选择非常重要，性能很高的风力发电机，假如没有风，它也不会工作；而性能稍差一些的风力发电机，如果安装地址选择得好，也会使它充分发挥作用。风力发电机的选址条件包含着非常复杂的因素，原则上，在一年之中极强风及紊流少的地点应为最好的安装风力发电机的地点，但受用电负荷所处地理位置的限制，有时很难选出这样的地点。

风力发电机的装机地点对于发电量及安全运行是非常重要的，一个好的装机地点应该具有两个基本要求：较高的平均风速和较弱的紊流。选择安装场地对今后风力发电机的有效使用十分重要，大的风力发电机的选址往往需要了解多年的气象数据，并经过若干年的实测，考虑其他综合因素，才能最终确定风力发电机的安装地点。

（1）地形影响

由于风力机的能量输出与风速的三次方成正比，所以应因地制宜地选择风力机的安装地点。因为当风吹过地表时，气流会产生剪切和加速。剪切的作用会使地面上的风速比高空的风速低得多，而不受剪切影响的高度比气象站测量高度（10m）要大得多。由于风的剪切受地形影响，因此有效风能也受地形影响。也就是说，建筑物、树及其他障碍物对风的剪切和有效风能有影响。当气流通过山丘或窄谷时，气流产生加速作用，利用这一特点，可以将风

力发电机安装在这样的有利地形上，以增加风力发电机的功率输出。有关地形对风的影响如图 5-1 和表 5-1 所示。

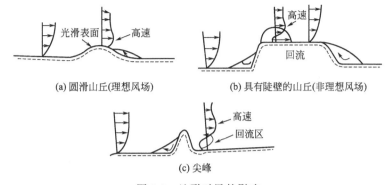

(a)圆滑山丘(理想风场)　　(b)具有陡壁的山丘(非理想风场)

(c)尖峰

图 5-1　地形对风的影响

表 5-1　地形对风的影响

风特性	对风力机的影响
不稳定	功率不稳定，有时为零，要求蓄能或备用设备
风向稳定	输出最大功率，螺旋桨风轮总对准风
由于地表面的粗糙不平和地形变化引起的风空间分布不均匀(风剪切)	必须增加塔架高度，增加强度，以防阵风和大风产生的大载荷

风洞试验表明，风力发电机之间的距离应有一定的要求，以免风力发电机的风轮之间产生干扰。试验证明，风力发电机之间的距离不应小于 6 个风轮直径。适合安装风力发电机的地点的综合特性如下：

① 具有较高的平均风速；

② 在风力机来风的方向上没有高大建筑物（其距离与高度有关）；

③ 在平地的光滑山顶或湖、海中的岛上；

④ 开阔的平坦地，开阔的海岸线；

⑤ 能产生烟囱效应的山谷。

（2）气象因素的影响

① 紊流　所谓紊流是指气流速度的急剧变化，包括风向的变化。通常这两种因素混在一起出现。紊流影响风力发电机的功率输出，同时使整个装置振动，损坏风力发电机。小型紊流多数是因地面障碍物的影响而产生的，因此在安装风力发电机时，必须躲开这种地区。

② 极强风　海上风速 30m/s 以上，内陆的风速大于 20m/s 时称为极强风。风力发电机的安装地址应选择在风速大的地方，但在易出现极强风的地区使用风力发电机，要求风力发电机具有足够的机械强度，因一旦遇有极强风，风力发电机便成为被袭击的对象。

③ 结冰和粘雪　在山地和海陆交界处设置的风力发电机容易结冰和粘雪。叶片一旦结了冰，其重量分布便会发生变化，同时翼型的改变又会引起激烈的振动，甚至引起风力发电机损坏。

④ 雷电　因为风力发电机在没有障碍物的平坦地区安装得较高，所以经常发生雷击事故，为此风力发电机应有完善的防雷装置。

⑤ 盐雾损害　在距海岸线 10～15km 以内的地区安装风力发电机，必须采取防盐雾损害措施。因为盐雾能腐蚀叶片等金属部分，并且会破坏风力发电机内部的绝缘体。

⑥ 尘沙　在尘沙多的地区，风力发电机叶片寿命明显缩短。其防护的方法通常是防止桨叶前缘的损伤，对前缘表面进行处理。尘沙有时也能侵入机械内部，使轴承和齿轮机构等机械零件受到破坏。在工厂区，空气中浮游着的有害气体，也会腐蚀风力发电机的金属部件。

2. 小型风力发电机安装场址选择技术要求

一般来说，选址应考虑的主要因素，就是对重要的风特性的利用。在实际工作中，可分两步进行。第一步，根据风能资源区划和技术标准粗略地选址；第二步，分析当地的地形特点，充分利用有利地形，确定安装地点。

（1）选址的基本技术要求

① 选择年平均风速较大的地区　尽量将小型风力发电机安装在年平均风速≥3.5m/s 的地区。

② 有较稳定的盛行风向　盛行风向是指年吹刮时间最长的风向。选址时希望盛行风向较稳定。

③ 风速的日变化、季变化要小　风速日变化、季变化小的地区，风速持续时间长，连续无有效风时间短，这样可减小蓄电池的容量，获得比较经济的能源。

④ 风力发电机高度范围内垂直切变要小　风切变是指在垂直风向的平面内的风速随空间位置（主要是高度）的变化。强切变出现的位置若小于或等于风轮直径，则叶片将受到分布不均匀的力的作用，容易造成风轮损坏。

⑤ 湍流强度要小　湍流是风速、风向的急剧变化造成的。对风力发电机危害最大的湍流，是风通过粗糙地表或障碍物时常产生的小范围急剧脉动，即平常所说的一股一股刮的风，这种脉动的湍流使风力发电机振动，缩短使用寿命。

⑥ 尽可能少的自然灾害　强风、冰雪、雷雨、极端气温、盐雾、沙尘等，会对风力发电机造成损坏，影响正常使用和维护保养。选址时要尽量减小这方面的影响。

（2）分析地形特点，利用有利地形

地形的不同，可能使风加速，也可能使风减速。所以，在根据上述 6 条要求粗略选址后，还应该分析当地具体的地形特点，充分利用有利地形，最后确定风力发电机的安装场址。根据地形特点进行选址的一般程序如图 5-2 所示。

① 平坦地形的选址　在场地周围 1.5km 的范围内没有大山丘、山脉或悬崖之类的地形，就可以认为是平坦地形。平坦地形选址比较简单，只考虑地表粗糙度和上游障碍物两个问题。

a. 均匀粗糙度　在这种地形上，如果没有障碍物（建筑物、树木或山丘等），那么同一高度的风速几乎一样。这种地形的风能资源情况，可直接采用气象部门的资料。具有均匀粗糙度的平坦地形，提高风力发电机功率输出的唯一办法是增加风轮离地面的高度。

b. 变化粗糙度　在平坦地形安装风力发电机，有时比较靠近两种类型地貌的边界层，比如从平滑地表变为粗糙地表，或者从粗糙地表变为平滑地表。当风吹过一段地表后，风速对应于新地表在某一高度产生一层很薄的"转换区"，这时会产生风速的急剧变化。如果风轮刚好处于"转换区"，叶片转动时将会受到周边风力的作用，不但影响风力发电机的功率输出，而且使风力发电机产生振动，影响使用寿命。所以应设法避开这种"转换区"。

c. 平坦地形的障碍物　平坦地形的障碍物一般是指建筑物、树林等。当风遇到障碍物时，不但风速会受到影响，而且会产生湍流。所以，风力发电机在安装时，风轮应避开下述区域：

对建筑物，在盛行风向上游大于 2 倍建筑物高度的距离，以及下游大于 20 倍建筑物高度的距离内，同时高度为建筑物高度的 2 倍的区域，为风的强扰动区，属于风轮应避开的区域。如图 5-3 所示。

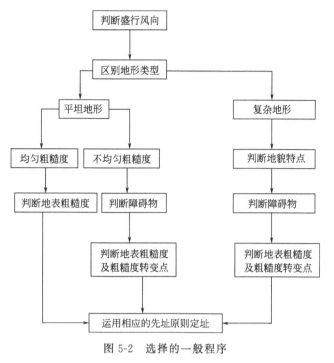

图 5-2　选择的一般程序

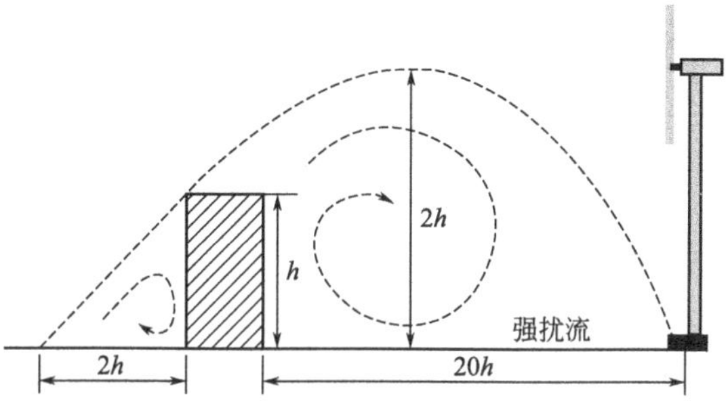

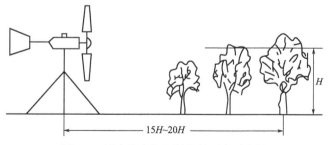

图 5-3　风的湍流示意图

对树林，在迎风面 5 倍树林高度的距离，背风面 15～20 倍树林高度的距离，为风的强扰动区，风轮应避开这个区域。如图 5-4 所示。

图 5-4　风力发电机与树林的距离示意图

②复杂地形的选址　复杂地形分为两类：一为隆升地形，如山丘、山脊和山崖等；一为低凹地形，如山谷、盆地、隘口和河谷等。

a. 隆升地形　在隆升地区的顶部有一风的加速区，但背风坡可能产生强湍流区。这种地形选址时，可选顶部并尽量靠近迎风坡前部或与盛行风相切的两侧。最后选择时要考虑障碍物和地表粗糙度变化的影响。

b. 低凹地形　首要的是考虑盛行风的情况，另外还要考虑当地"小气候"形成对风的影响，比如海风、山谷风等。

c. 山谷和峡谷选址的一般原则　选择与盛行风向平行、较宽的山谷或是山区向下延伸较长的山谷；选择山谷中出现收缩的部分，这种地段风速可能被增强；选择靠近山谷嘴的部分，这里可出现山谷风。风力发电机与塔架要足够高，使风轮靠近强风的高度。在山隘和鞍形山选址时，由于这种地形可使风加速，所以应选择在山隘中心附近和鞍形山脊的位置。

对于盆地来说，由于周围均为较高地形，所以处于低凹处的盆地，风力发电机的使用受到一定限制。

二、基础施工

（1）地基要求

根据风力发电机组型号与容量的自身特性，要求基础承载载荷也各不相同，风力发电机基础均为现浇钢筋混凝土独立基础。根据风电场场址工程地址条件和地基承载力以及基础荷载、尺寸大小不同，从结构的形式看，常用的基础可分为块状基础和框架式基础两种。

块状基础即实体重力式基础，应用广泛。对基础进行动力分析时，可以忽略基础的变形，并将基础作为刚性体来处理，而仅考虑地基的变形。按其结构剖面又可分为"凹"形和"凸"形两种："凹"形基础整个为方形实体钢筋混凝土；"凸"形与"凹"形相比，均属实体基础，区别在于扩展的底座盘上回填土也成了基础重力的一部分，这样可节省材料、降低费用。

框架式基础实为桩基群与平面板梁的组合体，从单个桩基持力特性看，又分为摩擦桩基础和端承桩基础两种：桩上的荷载由桩侧摩擦力和桩端阻力共同承受的为摩擦桩基础，桩上荷载主要由桩端阻力承受的则为端承桩基础。

根据基础与塔架（机身）连接方式，又可分为地脚螺栓式和法兰筒式两种基础类型。前者塔架用螺母与尼龙弹簧平垫固定在地脚螺栓上，后者塔架法兰与基础段法兰用螺栓对接。地脚螺栓式又分为单排螺栓、双排螺栓、单排螺栓带上下法兰圈等形式。

风力发电机组的基础用于安装、支撑发电机组，平衡风力发电机组在运行过程中所产生各种载荷，以保证机组安全、稳定的运行。因此，在设计风力发电机组基础之前，必须对机组安装的现场进行工程地质勘察，充分了解、研究地基土层的成因和构造及其物理力学性质等，从而对现场的工程地质条件作出正确的评价。这是进行风力发电机基础设计的先决条件。同时还必须注意到，风力发电机组的安装，将使地基中原有的应力状态发生变化，故还需采用应用力学的方法来研究载荷作用下地基土的变形和强度问题，以使地基基础的设计满足以下两个基本条件。

① 要求作用于地基上的载荷不超过地基容许的承载能力，以保证地基在防止整体破坏方面有足够的安全储备。

② 控制基础的沉降，使其不超过地基容许的变形值，以保证风力发电机组不因地基的变形而损坏或影响机组的正常运行。因此，风力发电机组基础设计的前期准备工作，是保证机组正常运行必不可少的重要环节。

风力发电机的地基包括混凝土塔基和混凝土拉线地锚基础，地基的体积和尺寸应根据风力机功率和安装地点的土质条件确定。小型风力发电机的支撑结构通常采用拉索式塔管结构，因此要求塔管座及拉索座应以混凝土或胶合岩石为基础，在基础施工时按照防雷要求考虑避雷设施与其同步施工。150W～20kW风力发电机的塔基、拉线地锚基础尺寸如图5-5与表5-2所示。

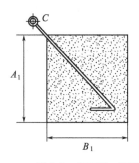
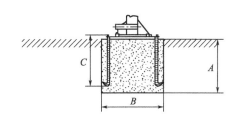

图 5-5　150W～20kW 风力发电机的塔基、拉线地锚基础尺寸

表 5-2　150W～20kW 风力发电机的塔基、拉线地锚基础尺寸

型号	150～300W	600W～2kW	3～5kW	10～20kW
地坑深度 A/m	0.7	0.7	1.0	2.0
地坑直径 B/m	0.7	0.7	1.0	2.0
底座地锚长度 C/m	0.5	0.5	0.9	1.2

小型风力发电机的拉线型号及安装尺寸如表 5-3 所示。

表 5-3　小型风力发电机的拉线型号及安装尺寸

型号	150～300W	600W～1kW	2kW	3kW	5kW	10kW	20kW
塔架高度/m	6	6	6	8	9	12	18
塔架顶端到拉线环的距离/m	1.3	1.5	2	2.5	3.0	4	6
底座地坑中心到拉线坑中心的距离/m	5	5	5	5.5	6	8	12
拉线尺寸	$\phi6\text{mm}\times30\text{m}$	$\phi8\text{mm}\times30\text{m}$	$\phi10\text{mm}\times30\text{m}$	$\phi10\text{mm}\times45\text{m}$	$\phi10\text{mm}\times45\text{m}$	$\phi12\text{mm}\times50\text{m}$	$\phi16\text{mm}\times76\text{m}$
拉线地坑的直径 B_1/m	0.7	0.7	0.7	1.0	1.0	1.5	2.0
拉线地坑的深度 A_1/m	0.7	0.7	0.7	1.0	1.0	1.5	2.0
拉线地锚的尺寸/mm	$\phi10\times45$	$\phi12\times50$	$\phi16\times50$	$\phi20\times80$	$\phi20\times80$	$\phi20\times125$	$\phi20\times125$

注：4 根拉线不得直接拉在拉线环上，防止造成倒机事故。

（2）基础开挖

① 在距离风力发电机使用地点附近，确定风力发电机基础坑及拉线地锚基础中心点，按照厂家提供的地基图的尺寸开挖基础。

② 对于土质松软的地方，挖坑时应适当加大基础坑的尺寸。

③ 对于岩石基础坑深度不够的地方，应预制基础坑。

（3）地脚螺栓、地锚布置

浇注混凝土前将地脚螺栓、地锚等除锈后置于基础坑中，把 4 根地锚用螺钉固定在底座上，把装好的底座平置坑内，销轴孔连线要对准两个拉索地基，两个边地锚的连线要和地脚上两个销孔的连线平行。底座有两个螺纹孔的一边朝向另一拉索地基，底脚螺栓应高于底座上平面，用油布纸保护好地脚螺栓，并将预埋出线管放置于基础坑内，应保证出线管两端不堵塞。

（4）基础浇制

① 浇注中应保证地脚螺栓、地锚处于正确的位置，浇注后的地脚螺栓、地锚应位置准确、牢固。浇灌拉索地基时，地锚高度和塔架底座高度必须一致，这样才能保证固定钢索间

的拉力平衡，易于调整。否则在竖立塔架时，可能使固定钢索的拉力太紧或太松，导致塔架弯曲甚至倒塌。

② 浇注使用的水泥标号不得低于安装使用说明书的规定，水泥、碎石和沙子的配合比应符合安装使用说明书的要求。冬季施工，基础表面应加覆盖物保温。中心底座放入 4 根地脚螺栓，注意与底座孔相一致，用螺栓将底座固定在事先浇好的水泥座上，如图 5-6 所示。

③ 拉索式塔架的底座基础应处于同一水平面上。

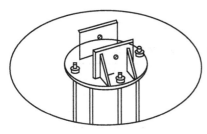

图 5-6　底座安装示意图

④ 环形地锚向着底座 60°～80° 放置，检查地锚的环钩与底座中心的距离，各地锚基本水平。

（5）基础养护

基础浇注 12h 后开始淋水养护（炎热和干燥有风天气为 3h）。养护时应在基础表面加覆盖物，淋水次数以保持基础表面湿润为好。基础养护时间为 5 天左右。混凝土至少应进行 4 天养护。在寒冷天气情况下，应更长一些；在炎热天气时，混凝土应盖上防水油布，以防干燥，经常保持混凝土潮湿。

【项目实施】　离网风光互补发电系统风力发电机的安装与调试

1. 风力发电机安装步骤

风力发电机的安装是项细致、认真、严谨的工作，故在安装时须遵守有关安全操作规程，竖立风力发电机的工作只能在风速不超过 4m/s（三级风）的情况下进行。百瓦级风力发电机多采用拉索式钢管塔架，安装一般包括立柱拉索式支架的安装、回转体的安装、尾翼和手刹车的安装、机头的安装、竖立风力发电机、电气连接等内容。

（1）安装准备

① 安装前应按风力发电机的装箱清单逐一进行清点验收，清点验收合格后可进行下一步工作。

② 安装前仔细阅读风力发电机使用说明书，熟悉图纸，掌握有关安装尺寸和全部技术要求。

③ 风力发电机的安装应聘请生产厂方技术人员或有关技术人员予以指导，必要时成立安装小组，一切安装、施工活动由安装组长统一指挥。

④ 百瓦级风力发电机因结构小巧，重量也轻，一般 3～5 人便能竖起。千瓦级风力发电机因结构重量较大，安装时一般需用吊车吊装。

⑤ 安装时应严格按照使用说明书的要求和程序进行。

⑥ 安装完后要组织验收，经全面检查，认为符合安装要求和标准后，才能进行试运转，在达到相关技术要求后才能投入使用。

⑦ 安装前按使用说明书的要求准备安装器材和必要的工具，如 5～6 根杉木；30m 卷尺用于勘测地基或测量设备；长 1m、直径 3cm 的金属棒或管子；铁铲或者其他挖土工具；成套盒装扳手；30cm 活扳手；套筒扳手；黄蜡管、绝缘胶带；万用表；螺丝刀；线钳；导线若干。

⑧ 准备好 3 套拉索杆、地锚和立杆地脚螺栓，还应准备好一段直径 20～25mm、长约 1500mm 的"L"形 PVC 绝缘套管，以及适量的水泥、沙子、石子等。按水 0.5、水泥 1、沙 1.4、石子 3.2 的配合比和制足够数量的 C25 混凝土。

（2）安装工作技术规程

为使风力发电机的安装工作安全顺利地进行，在安装中应遵守以下技术规程。

① 安装塔架所使用的杉木，质地要结实。绳索的强度要符合要求，安全系数一定要大，其长度要有适当的余量。起吊操作时要规定信号，做到统一指挥。

② 风力发电机主要零部件的安装（如起吊零部件等）要听从统一指挥，操作人员不准站在塔身下或正在举升的零部件下面，以防意外。

③ 在上塔架顶部安装时，操作人员必须系好安全带或加装其他保护装置。另外，不许手中或身上携带工具或零部件，以免不慎落下砸伤人或造成部件损坏。塔架上部安装人员所使用的工具和零件应统一用绳索吊上。

④ 安装风力发电机的工作，只能在风速不超过 4m/s（三级风）的情况下进行，以保证安装过程中人和设备的安全。

⑤ 用绞盘起吊时，应一圈挨一圈地均匀盘绕，否则外圈绳索容易从内圈滑下，致使吊件突然下落。起重绳绕在绕盘上时，也不要使绳做纵向扭曲，因为绳子扭曲后，一是通过滑轮时不容易通过，二是会降低其抗拉强度。

⑥ 安装风轮时，必须事先用绳索将风轮叶片牢固地绑在塔身上，以免风轮被风吹动旋转而碰伤安装操作人员。

⑦ 功率为 100W 和 200W 的风力发电机只将风机底座放在中心位置上，并用两个铁钎将底座钉牢即可。300W 和 750W 风力发电机底座的安装必须开挖地基并浇灌混凝土，底座螺栓应高于底座上平面 30～35mm，螺扣要予以保护。

（3）塔基施工

FD1.1-300 风力发电机按图 5-7 所示的塔基、拉索基础布置图开挖塔基地基坑，在场地中央挖掘长 80cm×宽 60cm×深 80cm 的立杆基础坑。如果地基为软松沙层，深挖 60cm，底层铺上 40cm 厚的黏土层并踏实，然后铺上 20cm 厚的混凝土。由于风力发电机的电缆是从立杆的最下端引出，因此在挖立杆基础坑时，还应该挖一条从立杆座地坑到放蓄电池组房间的地沟，地沟宽 200mm，深度可根据具体情况自行确定，但至少应在 300mm 以上。将底座穿上 4 根地脚螺钉，分别旋上

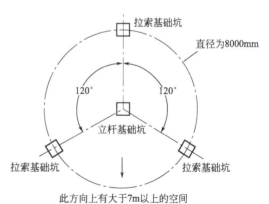

图 5-7　风力发电机塔基、拉索基础布置图

M16 螺母（旋至螺栓端部露出约 15mm），底板高于地面 40～50mm 的位置上摆平底座。将准备好的"L"形 PVC 绝缘套管的两端用布堵好，防止混凝土和泥土进入，之后将套管放入地坑和地沟中并固定好，使套管垂直的一端处于地坑的中间，在图示方向上有大于 7m 以上的空间，并高于地面约 10mm，使立杆座底盘中心上的孔对准 PVC 套管。将制好的混凝土倒入立杆座地坑中，使混凝土表面与地沟基本平齐，并抹平混凝土。按混凝土养护要求进行养护，混凝土完全硬化后，再用泥土填平地坑并踩实。

（4）拉索地基施工

4 根拉索的方位确定方法是通过底座中心用米尺打好十字交叉标线；3 根拉索的方位确定方法是通过底座中心画出一条基准线，然后找出互成 120°角的另外两条线，每条线从中心量出 3.5～4m 的距离，即是拉索地锚位置。

将拉索杆和地锚放入基础坑的中央，拉索环向上、弯钩向下，并将两个地锚呈 90°放在拉索杆弯钩中。链节倾向场地中央，先向坑底投放一层碎石，然后浇灌混凝土，这时应注意保证拉索杆上端高于地面约 70mm。扶正拉索杆，浇注混凝土的数量，以混凝土表面比地面低 200～300mm 为宜。最后将链节倾向场地中央并与水平面成 45°夹角。按混凝土养护要求进行养护，待混凝土完全硬化后，再用泥土填平地坑并踩实。

（5）立杆组装

考虑到便于运输，风力发电机立柱制造时一般都设置为 2 节或 3 节（根据风力发电机安装高度不同）。其连接方法一种是 45°角插接，一种是法兰盘对接。安装时打开包装箱，如为 45°角的插接杆，将插头处涂上防腐油，逐个插好；如是法兰盘对接杆，将每组杆法兰盘对准上好螺栓，放好弹簧垫拧紧即可。依次连接塔架各节段，组装好放置在支架上。如图 5-8 所示。

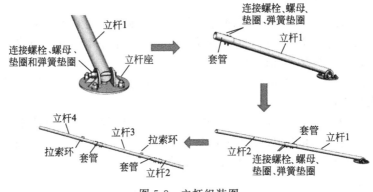

图 5-8　立杆组装图

（6）竖起立杆前的准备工作

① 用直径 2～3mm 的钢丝将电缆从立杆底部引进管内，拉出至顶端外露 200～500mm，将电缆线固定在上立杆内部的固定螺栓上，以防止电缆线下坠造成断路。同时把电缆线下端的 3 个接头拧在一起，并将连接电缆从地沟中的 PVC 绝缘套管中穿入，从立杆座的孔中穿出约 8m。

② 把底座调整成水平，在地脚螺栓上放置垫圈，拧紧螺母。

③ 将组装好的立杆倒伏在一个高约 1.8m 的简易支架上，与地面成 10°角。立杆下端上部圆孔与底座上部第一个圆孔以 M18 螺栓固定住。

④ 将安装好的立柱下部顺着底座的方向放入底座的两个连接耳内，并用销轴将立柱与底座连接好，销轴两端上好开口销，适当拧紧连接螺母（图 5-9）。

⑤ 若为 3 根拉索，将 3 根拉索分别用钢丝绳卡固定在立杆上端拉线环内（拉线绕立杆一圈，不得直接套在拉线环上，以防造成倒机事故），分 3 个方向理顺钢丝拉绳。若为 4 根拉索，把 4 根钢索的一头穿进立杆上端的拉索孔并用夹具锁死。除了对应最远一个地锚的钢索外，其他 3 根钢索的另一头连接地锚但无须锁死，待风机竖起后调节拉力。把固定钢索中的最后一根"拉起"钢索连接到一根至少 16m 长的拉索（粗绳/链索或钢索）上，拉索一头连着绞车或拖拉机。将此"拉起"钢索和拉索穿过辅助吊杆的一端。

⑥ 拉索长度确定。准确测量地坑中的拉索杆到立杆座底距离，并按下面的公式确定拉索的长度，

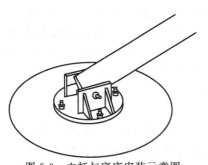

图 5-9　立杆与底座安装示意图

该长度就是立杆上的拉索环到地坑中拉索杆的距离：

$$L_1 = \sqrt{23 + L_A^2}$$
$$L_2 = \sqrt{11 + L_A^2}$$

式中　L_1——长拉索长度，m；

　　　L_2——短拉索长度，m；

　　　L_A——拉索杆到立杆座的距离，m。

先将拉索的螺旋扣的两个螺杆都旋出到最大限度并在地面上拉直，按计算的结果，确定好拉索的长度，将拉索较长的一段钢丝绳通过绳夹分别连接到立杆的拉索环上并上紧绳夹，注意长拉索连接到立杆的上拉索环上，短拉索连接到立杆的下拉索环上，然后将与拉索杆地坑相对应的两根长拉索和两根短拉索的较短的一段钢丝绳，通过绳夹分别连接到地坑中的拉索杆上并上紧绳夹。为了更安全，在用扎头夹具锁死钢丝绳前，把钢丝绳在塔架上缝绕一圈，每条钢丝绳均用两个扎头固定，且钢丝绳的末端留有 $10\sim20$cm 的余量。4 根拉线不得直接拉在拉线环上，防止造成倒机事故。

⑦ 把从发电机回转体引出的 3 线头连接到电缆线的 3 根线头上，并将发电机输出线短路连接。将电机连同回转体移到立杆顶端与上立杆插接，紧固螺栓。

（7）回转体的安装

有的风力发电机的回转体与发电机在出厂时已装配好，可直接和立杆连接。风力发电机如果是分体回转体，分为带有外滑环和手刹车机型回转体及不带外滑环和手刹车机型回转体两类。其具体安装步骤如下。

① 带有外滑环和手刹车机型回转体的安装

a. 将立柱上端的光轴位置涂上油脂，并将压力轴承放在顶端轴承座内涂好油。

b. 将外滑环套接在回转体长套的下端上口处，并用螺钉固定好，然后将上好外滑环的回转体的长套从下口套入上立柱的光轴上，套接的同时将刹车钢丝绳也穿入回转体长套里，并从上端中心孔取出固定好。此时注意压力轴承的位置，保证使压力轴承在立柱的上端轴承座与回转体上端轴承盖上的轴承座相吻合，使压力轴承压接在两轴承座中间并运转自如。

c. 手刹车的安装。在立柱拉索式支架安装时，已经完成了手刹车下部绞轮的安装，此时主要是上部的安装，即将刹车绳从回转体上端引出。如 FD2-100 机型，在回转体上平面用压夹固定一个较长的弯形弹簧运动轨道，弹簧轨道固定好后，再将手刹车钢丝绳从弹簧里穿过去，与尾翼杆上的连接螺钉相连接；FD2.1-0.2/8 机型在回转体出口处和上平面右边角处安装两组瓷套，作为钢丝绳的运动轨道，然后再将手刹车钢丝绳从瓷套里穿过去，与尾翼杆上的连接螺钉相连接。另外，小型风机刹车机构还有一种抱闸摩擦式刹车，如 FD1.5-100 机型为此种刹车，安装时主要是保证刹车带与刹车毂的间隙，并在竖机后检查并保证刹车动作灵活。

② 不带外滑环和手刹车机型回转体的安装

a. 将立柱上端的光轴位置涂上油脂，并将压力轴承放在顶端轴承座内涂好油。

b. 将输电线（防水胶线）穿入回转体中心孔（导线穿孔），然后把回转体套在上立柱的光轴上。根据机型不同，有的回转体上装有限位螺钉或限位弯板，其作用是防止回转体在立柱上窜动。安装时注意防止限位螺钉拧紧，应保证限位的同时，能够在立柱光轴上灵活转动。有碳刷的还要把碳刷安好。

（8）风力发电机的安装

发电机在出厂时已经是装配好的整体，安装时只需把发电机放在回转体平面上对准 4 个螺栓孔，上好螺栓，加弹簧垫圈拧紧，将风机连接轴插入到立杆中，并将连接轴上螺纹孔对准立杆的连接孔，然后上紧两个连接螺栓。将发电机回转法兰与塔架法兰用螺栓固定，可以用手拉葫芦吊装。注意发电机轴朝上，以便安装风叶。把发电机引出线插头与外滑环引出接线插座对接牢固，外滑环出线与输电线（防水胶线）插接好。如没有外滑环的机型，须将发电机的引出线与输电线（防水胶线）连接好。抬起风力发电机，同时从立杆座处逐渐拉出连接电缆，将发电机电缆及风向仪电缆穿进塔架，并从下节靠近地脚处的出线孔处引出。

（9）风轮的安装

① 小型风力发电机风轮的安装

小型风力发电机风轮一般分为定桨距风轮和变桨距风轮两类，其安装方法分别如下。

a. 定桨距风轮的安装　如果风轮为两片分开的叶片，安装时只把两叶片桨杆轴部插入轮毂上的安装孔中，对准键槽孔，放好弹簧垫，拧紧螺母即可，如 FD1.5-100 型风机。但要注意两片分开的叶片出厂时都是选配好的，安装时不可与其他风叶混淆，以防破坏风轮平衡和迎风角。

小型风力发电机风轮有出厂即安装好的总成件，安装时只需把风轮轴孔套在发电机轴上，然后放好弹簧垫，拧紧螺母即可。一般发电机轴都带有 1：10 的锥度，所以不会装错。最后安装迎风帽。

如果是三叶片风轮，风轮出厂时，叶片和前、后夹片为散件包装，3 个叶片都是选配好的，每个叶片根部（柄部）有 3 个螺栓孔，安装时只需与前后夹板相应的 3 个孔对准螺栓并放好弹簧垫拧紧。风轮夹板（轮毂）设有 1：10 的锥套，套在发电机轴上，放好弹簧垫，用螺母拧紧即可。

b. 变桨距风轮的安装　目前使用的变桨距风轮，出厂时均为装配好的整体。在安装时不要拆卸，只需把风轮的锥形轴套套在发电机轴上，上好弹簧垫，拧紧螺母即可。注意变桨距风轮在安装时应检查叶片是否有卡滞现象，方法是分别扭动两叶片，如果叶片活动平稳即符合要求。

② 中型风力发电机风轮的安装

a. 从包装箱内依次取出风叶、尾翼连杆、连接螺栓、前罩和尾翼。

b. 在发电机的风叶安装槽内安装风叶并上紧固定螺钉，这时一定要注意风叶的方向，应使风叶的凹面朝前，切不可装错。安装时先将风叶斜着插入到安装槽内，用橡皮锤适当敲击风叶的端部，使风叶逐渐进入到安装槽内，检查连接孔是否对正，然后从前、后将 4 个固定螺钉上紧。按同样的方法将所有风叶安装好并上紧固定螺钉。盖上风叶压板（300W 风机没有压板），拧上螺栓。

在安装风叶时要注意风叶平衡。首先不要把螺栓拧得过紧，待全部拧上后调整两两叶尖距离相等，如图 5-10 所示。保证 $L_1 = L_2 = L_3$（允许误差为 ±5mm）。拧紧风叶螺栓时使用力矩扳手，并达到规定力矩（200W、300W：15N·m+1N·m；500W、1kW、2kW：30N·m±1N·m；3kW、5kW、10kW、20kW：50N·m±1N·m）。如果在安装风叶时没有做到以上两点，将有可能导致风叶或法兰损坏。

调整各叶间距离相等后，按图 5-11 所示数字顺序拧紧，盖上导流罩，将发电机（3kW及 3kW 以上风机）上面航空插头插进风向仪下面的插座内，安装风向仪。注意风向仪的安装有方向性，必须将 5 个孔全部对上。

将风轮总成（组装风轮时，要特别注意风轮的转动方向，要用规定的扭矩将叶片固定到轮毂上）安装到发电机轴上，并牢牢将其固定。

c. 将尾翼连杆插入尾翼上的安装孔内并对准连接孔，然后上紧连接螺栓、螺母。将尾翼连杆的另一端插入风机的连接孔内，并对准连接孔，这时注意应使尾翼上有圆孔的部位向

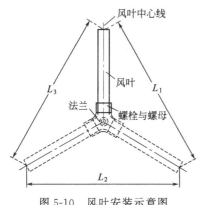

图 5-10　风叶安装示意图

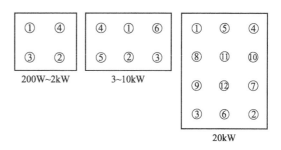

图 5-11　风叶法兰螺栓拧紧顺序

下，然后上紧连接螺栓、螺母等。把尾翼板安装到尾翼杆上，一般大头在后。尾翼板和尾翼杆已经作为一个整体连接在一起的，安装时应检查其各连接部位的螺钉是否紧固。检查好后，将尾翼杆前端长轴套放入回转体尾翼连接耳内，对准销孔并插入尾翼销轴，销轴下部穿好开口销，使其转动灵活，各部件（塔架、风轮、发电机、尾翼等）安装完毕后，竖立风机前，应做一次认真的检查：看固定部位螺栓、螺帽是否拧紧，转动部位是否灵活，刹车杆件和各连接部位是否可靠，输电线（防水胶线）是否连接可靠。

（10）竖起与立杆安装好的风力发电机的方法及步骤

① 使用人力竖起立杆和风力发电机（图 5-12）

a. 100W、200W 机型立机（4 根拉索），只要两人拉牵引绳（4 根拉索的其中一根），另外两个人，一人在立杆下部扛，另一个人用双手举立杆，这样 4 人共同协作，便能很顺利地将风机立起。

b. 300W、750W 机型立机（3 根拉索），3 根拉索上部与风机上立柱连接好，下边先将两根拉索与地锚连接固定，另一根作为牵引绳。牵引时可用人拉、（小型机可由两人拉线、两人扶杆就可立起，稍大机型可有 4～5 个人拉线，4～5 个人扶杆），也可用绞车或小型拖拉机拉起，再用 4～5 人支撑立杆，边牵引边扶立，直至立起为止。

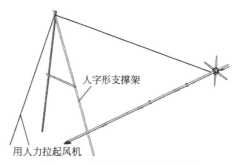

图 5-12　人力竖起立杆示意图

若用绞车或小型拖拉机，则慢慢地开动绞车或小型拖拉机，随着拉索的前行，塔架即逐渐竖起。塔架每升起 15°，要停下观察左右两边固定钢索的张力情况，避免出现不平衡的情况。继续往前拉动拉索直到塔架完全竖直，把塔架前拉索连接到拉索杆上并固定。检查调整各个固定钢索的张力，太紧会使塔架弯曲，太松会使塔架前后左右晃动。应通过旋转花篮螺栓松紧钢索，张力略微松弛的钢索要比过紧的安全得多。

c. 从地沟处的 PVC 绝缘套管处适当拉紧连接电缆，使电缆没有多余的部分突出立杆和立杆座的连接部位。然后在地沟中埋好电缆并填平踩实地沟。

② 使用吊车竖起立杆和风力发电机（图 5-13）

a. 将吊车开到合适的起吊位置，将起吊绳索绑在风力发电机和立杆的连接处，同时在起吊绳索上应捆上当风力发电机竖起后可以将起吊绳索卸下的细绳。

b. 缓慢地开动吊车起吊，随着风力发电机吊起，将吊车的吊臂逐渐向立杆座上端摆动，

图 5-13 吊车竖起立杆起吊位置

尽量保证在起吊过程中吊车的钢丝绳始终垂直。当立杆处于垂直位置时，将另外一根长拉索和一根短拉索连接到拉索杆上并上紧绳夹。旋紧 6 根拉索的螺旋扣，使拉索都拉紧，同时适当放松吊车钢丝绳。上紧立杆座和立杆的固定螺母。松开吊车的吊钩，卸下起吊绳索。

c. 同①的 c 项。

③ 通过辅助支撑架来竖起立杆和风力发电机 (5-14)。

a. 在立杆座的上方利用两根 5.5m 长、一根 3m 长的建筑上使用的脚手架钢管和扣件，搭建一个人字形的辅助支撑架，两根长钢管之间呈约 60°的角，将一根承载能力大于 100kg 的起吊绳索的一端打活结系在立杆的端部，并留出足够的长度，以便以后可以将绳索卸下，将绳索牢固固定在支撑架的交叉处，然后在地面合适的位置上挖两个深约 300mm 的坑，用人力将支撑架垂直立在坑中，之后利用人力拉起风力发电机，拉起时应有人适当拉紧已经连接好的两根拉索，防止立杆左右摇摆。

b. 当立杆处于垂直位置时，将另外一根长拉索和一根短拉索连接到拉索杆上并上紧绳夹。旋紧 6 根拉索的螺旋扣，使全部拉索都拉紧，同时适当放松拉起绳索，上紧立杆座和立杆的固定螺母。

c. 同①中的 c 项。

d. 解开拉起绳索、拆除支撑架。

④ 使用升降平台架设立杆和风力发电机

a. 在有升降平台或安装场地大小受限时，也可利用升降平台安装立杆和风力发电机。升降平台的举行高度应大于 5m，允许的载荷应大于 250kg。

b. 可以不在地面上装配立杆和风力发电机，而从立杆座开始逐段垂直安装各个立杆和套管，并在立杆的最上端安装风力发电机，装配过程与前述在地面上的装配过程相同。

在使用以上方法竖起风力发电机时需要注意以下几点：

a. 竖起风力发电机前，应先将风力发电机输出线短路，以避免风叶转动；

b. 竖起风力发电机的过程中，立杆和风力发电机的下方及周围严禁站人；

c. 竖起风力发电机并将拉索拉紧后，应用吊锤法至少从 3 个不同的方向检验立杆是否处于垂直状态，

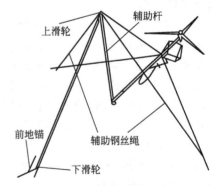

图 5-14 用辅助杆竖起 3kW 以上风力发电机塔架

并通过调整拉索，保证立杆垂直，否则可能会影响今后风力发电机的使用效果。

用卷扬机或者拖拉机拉起 3kW 以上风力发电机塔架时需要一个辅助杆，如图 5-14 所示。将辅助杆插进塔架基础元中，两个耳子上的钢索固定在两个边地锚上，然后用扎头固定。固定下滑轮到前地锚上，将最长的一根细钢索穿过辅助杆上端的滑轮，另一头穿过下滑轮，最后固定到绞车或拖拉机上。

塔架竖起的过程要注意观察左右两边钢丝绳的松紧状态，避免出现不平衡情况。竖起塔架后，紧固塔架底部的螺栓和拉索紧线器，使风机立柱保持垂直位置，并使每根拉索均处于拉紧状

态，用扎头锁死。卸下辅助钢丝绳，机械部分安装完毕。

2. 发电系统中要有防雷击设施的设计与安装（见模块三项目十五）

风力发电机安装在室外，塔架加风轮和轮毂高度达十几米，遭受雷击屡见不鲜，特别是在雷电多发地区，电闪雷鸣，释放出巨大能量，雷击会造成风力发电机叶片损坏，并常常引起发电系统过电压，造成发电机击穿、控制设备烧毁、电气设备损坏等事故，甚至危及人员安全。雷击威胁着风力发电机的安全运行，因此，在安装风力发电机时，一定要注意做好防雷击措施。

3. 蓄电池的安装（见模块一项目三）

4. 风力发电系统线路的连接与调试

风力发电系统的电气部件包括风力发电机、蓄电池、控制器、逆变器（控制逆变一体）、负载、卸荷器。它们之间连线的关系如图 5-15 所示。

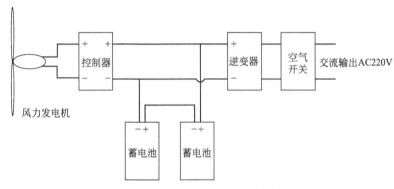

图 5-15 离网型风力发电机接线图

（1）线路连接

风力发电系统接线的顺序为先接蓄电池，再接风力发电机。拆线时先拆负载接线，然后拆风力发电机接线，最后拆蓄电池接线。

① 蓄电池的连接 把蓄电池串接达到控制器所需电压，蓄电池电压和逆变器、太阳能电池、发电机电压应一致。先将蓄电池组正负极电缆线与蓄电池组正负极接线柱连接，再将蓄电池组正负极电缆线的另一端与控制逆变器相应接口连接。蓄电池正负极电缆线一定要连接正确、牢固，逆变器与蓄电池的正负极连线不许接反。连接牢固后，将蓄电池的接线柱涂抹上凡士林油以防止接头氧化锈蚀。

② 风力发电机输电线的连接 风力发电机的 3 根电缆在接入控制器面板的接线端子前，应检查三相永磁交流发电机工作是否正常。可转动风力发电机的风轮转子，用万用表交流电压挡分别测量 3 根电缆端子的其中两根，应均有交流电压显示。通常，风力发电机总成带有一个独立的电连接器，使得控制器和三相永磁交流风力发电机之间的连接更容易和方便，通过电连接器将发电机输出电缆与控制器连接。为了减少线路的电压损耗，输电线长度最长不要超过 25m。架设时用杉杆架起，距地面 3m 左右，并从用户屋檐下引入室内，连接到配电箱（或控制/逆变器）的专用插座上。减少线损的有效方法是将导线线径增大或使导线尽量短一些。电缆选择参阅表 5-4。

表 5-4 电缆选择

机组至蓄电池的距离/m	<50	50~100	100~150	150~200	200~300
电缆线规格/mm²	4	6	10	16	20

③ 控制器的连接　将控制器正负极与蓄电池正负极连接，控制器上"接蓄电池"接线柱的正极与蓄电池的正极相连，负极与蓄电池的负极相连。连接线应固定在控制器接线板内，不应松动。从发电机插接件引下来的电缆，其中一根电缆是信号电缆，包括转向、转速、温度、缠绕、风向传感器信号线；另一根电缆是发电机输出和控制信号电缆，共计有5根线，3根较粗的标有发电机输出，2根较细的标有控制信号输出，同时分为正极和负极，全部对应接在控制器后面相应的接线柱上。

④ 逆变器的接线　将控制器/逆变器空气开关、电源开关置于关闭状态。将逆变器的正负极引出线与蓄电池连接。

⑤ 风速仪必须垂直于地面安装　风速仪的配套电缆一头插在风速仪下面的插座上，另一头连接到风速表端子上。

⑥ 卸荷器的接线　将卸荷器引线接入控制器，有逆变器的系统，卸荷器出线与逆变/控制器相应的接口连接。

⑦ 用电器的连接　风力发电系统的输出配电箱一般都设有控制器、逆变器输出，连接时，将控制器、逆变器输出端用相应规格的导线连接至配电箱的输入开关。将用电器线路按照用电器所要求的电压连接至配电箱上的相应开关。一般风力发电机配电箱（或控制器）上都设有直流12 V、24V输出插座，带有逆变器的系统有交流220V电压输出插座。在使用电器时应严格按照所要求的电压制式选用相应插座，不能插错。

风力发电系统内各部件之间电路的连接应是固定式可靠连接，部件之间不允许使用插头、插座方式互连。系统输出端与外电路的连接应当是固定连接，不应使用双向插头连接系统输出端与用户的外电路。对于系统以外的永久性电路的安装，所有可能由于暴露而受损的导线都应用导线管保护。

（2）调试

风力发电系统的电气接线完成后，应做一次全面的检测，一切正常后，将控制器/逆变器面板上的制动开关拨至"解除制动"的位置上。此时若风力达到风力发电机启动风速，风力发电机风轮开始运转，风轮应为顺时针方向旋转，此时控制器/逆变器风力发电指示灯亮。当风速增大（视蓄电池电压大小不同，相应风速大小不同）时，发电机对蓄电池组充电，此时控制器/逆变器充电指示灯亮；当控制器/逆变器稳压功能故障时，将造成蓄电池的充电电压过高，此时控制器/逆变器面板的过压指示灯亮；当蓄电池处于过放状态时，其电压低于最低放电电压，欠压指示灯亮。

通常控制器/逆变器面板有两个LED指示灯，一个为绿色，一个为红色。绿色LED是蓄电池电压指示灯，常亮表示蓄电池电压正常；慢闪烁并告警表示欠压提醒，但控制器/逆变器仍有输出；快闪烁并告警表示欠压保护，控制器/逆变器输出被关闭。红色LED是保护指示灯，慢闪烁并告警表示过载提醒，控制器/逆变器仍有输出；快闪烁并告警表示过载、浪涌短路保护，控制器/逆变器输出被关闭；常亮并告警表示过温保护，控制器/逆变器输出同样被关闭。

充电电流表指示风力发电机、充电电流，可直接从刻度上读出。交流电压表指示控制器/逆变器的输出电压，电压表指针指示在220V附近，表示控制器/逆变器已进入正常工作状态。

控制器/逆变器面板上的4个绿色的LED指示灯是电量指示，使用过程中应根据显示的用电量来调整接入的负载，如电量到40％时尽量少用电，大于40％则可以正常用电。在电量指示下边是发电量状态指示灯，闪烁时表示发电量正常；常亮表示蓄电池充满电，分流控制启动；不亮说明发电部分停止工作。

【知识拓展】　小型风力发电机组的维护与保养

为确保风力发电机组正常运转，必须对其进行日常维护保养和定期维护保养。

1. 风力发电机的日常维护

风力发电机安装之后，便始终处在大自然的严酷考验之中，除了经受风霜雨雪日晒的侵袭之外，还可能遭到雷电、冰雹和风沙的袭击和牲畜的冲撞。风力发电机的工作环境十分恶劣，因此对风力发电机的正确使用与维护显得格外重要，应建立日常使用维护、定期使用维护制度，以维持系统正常运行。

（1）日常使用与维护

日常使用与维护是指经常细致地检查风力发电机的各部紧固情况和各主要工作部件运行是否正常。在日常使用中经常注意观察机组的运行情况，发现有异常的响声及较剧烈振动，要及时调整检修。

① 注意观察风机风轮运转是否正常。平时要经常观察风机风轮运转情况，如发现运转不平稳，机头有剧烈抖动或出现异常杂音，应立即停机检查排除。对于变桨距调速的风轮，应经常查看调速螺旋槽部位回位是否一致，检查动作是否灵活。

② 检查立柱拉索式风机每条钢丝绳拉索是否牢固可靠。立柱拉索式小型风力发电机应经常检查拉索地锚是否牢靠，钢丝绳绳夹是否紧固。并且应经常检查每条钢丝绳拉索是否张紧，并及时调整拉索螺旋扣，拧紧或松弛，尤其在安装初期和大风过后。

③ 平时要经常检查风力发电机的各部件，通过看、听、查发现问题。经常检查上下立杆的紧固螺栓是否松动，固定立杆的钢丝绳、卡箍是否松动，如有松动，必须马上紧固，看、听发电机是否有剧烈抖动、异常杂音，出现问题应马上停机排除。

④ 控制器/逆变器面板上指示灯的含义在说明书上有详细的介绍。如果发生逆变器有异常响声、异味，断路器经常跳开，应立即停止用电。过载灯常亮，应检查线路是否短路，用电器是否超过逆变器的额定功率。泄荷电阻大风时发热是正常现象，上面不要覆盖任何物品。蓄电池表面应保持清洁干燥，决不允许放置金属物，以防止发生短路事故。蓄电池应放在阴凉通风的地方。

⑤ 要经常检查蓄电池接线柱与电缆线的连接是否牢固，发现松动应立即紧固。发现蓄电池接线柱锈蚀或蓄电池表面脏污应及时清理。清理蓄电池之前，必须先关闭风力发电机开关（或打开停车开关），使风力发电机停下来，接着关闭逆变器开关，再松开蓄电池正、负极电缆接头，对蓄电池进行清理。清理之后，先连接紧固好蓄电池正、负极电缆接头，然后依次打开风力发电机开关、逆变器开关，使系统恢复正常运行。

⑥ 检查塔架的拉索是否松动并及时予以张紧。在塔架安装后最初 3 个月中，应多次进行此项检查，经历大风后也应做此项检查。

⑦ 在极端恶劣的天气（如台风）来临前，为了防止不可预知的意外发生，应放倒塔架。

⑧ 定期检查引出电缆有无绞线，如果有，一般是风向仪故障，其次是风向仪与控制器之间的电缆断线。

⑨ 每次大风过后检查地基螺栓有无松动，塔架是否倾斜变形，法兰螺栓是否脱扣或松动，噪声、平衡是否异常，如有隐患及时排除。

（2）定期检修与维护

定期检修与维护是预防性的定期检修、定期润滑制度，对风力发电机的主要零部件解体清洗干净，对磨损的零件进行更换，各部间隙重新调整。风力发电机的定期维护由管理人员和有关技术负责人制定定期维护计划，要坚持使用与维护有机结合。要建立设备技术档案制度，对风力发电机、控制器、逆变器、蓄电池等使用情况、技术情况及维修情况做详细记载。建立设备技术档案，对提高风力发电系统的使用管理水平，稳定安全运行具有重要意义。

① 定期检查拉索和立杆。通过晃动立杆的拉索，检查其是否松动，如感觉比较松，则旋紧螺旋扣，使拉索有足够的张紧力。用目测或吊锤法检查立杆是否处于垂直状态，如出现倾斜，则先稍微放松倾斜方向上拉索的螺旋扣，旋紧相反方向上拉索的螺旋扣，使立杆处于垂直状态，之后再同时旋紧全部拉索的螺旋扣。这样的检查在立杆竖装后的前3天每天检查一次，以后每月检查一次。在经历大风后，应进行此项检查。

② 定期检查立杆和拉索的锈蚀情况。用目视的方法检查立杆和立杆间连接螺栓，以及拉索的钢丝、绳夹、螺旋扣的锈蚀情况。此项检查每年至少进行一次，使用5年后每年至少检查两次。当发现上述部位出现比较严重的锈蚀后，应及时更换已锈蚀的部件。

③ 定期检查风力发电机的工作情况。在有风时，观察风力发电机叶片的转动是否随风力大小的变化而及时产生变化，同时观察风力发电机是否随风向的变化而及时做出调整。此项检查每月至少进行一次，在经历大风后，应进行此项检查。

④ 定期检查电气线路。每半年检查一次电气线路，重点检查线路连接点是否牢固、连接端子有无松动。

⑤ 定期检查蓄电池。按照蓄电池使用说明书的要求定期检查并维护蓄电池。

2. 风力发电系统的定期保养

① 对所有转动部件每年检查、清洗、润滑一次。小型风力发电机的主要工作部件，如风轮、发电机、尾翼等，均安装在回转体上。回转体长套与立柱上端的光轴应保持良好的润滑，以保持尾翼顺风向灵活转动，使风轮迎风。一般风力发电机工作半年至一年应把回转体拆开，并擦洗干净（可蘸汽油清洗），重新上好润滑油（钙基黄油）。注意：立柱光轴顶端有一压力轴承也要同时清洗干净，并涂好油脂装回原位。

② 每隔3个月要进行一次润滑保养。发电机周围应设置防止牲畜碰撞的保护设施以免撞倒风力发电机。对立杆拉索式塔架，应经常检查拉索是否松动，特别是土质比较松软的地方，应在立杆旁埋上木桩或水泥桩等进行加固。

③ 每运转一年，对发电机轴承润滑保养一次。发电机前、后轴承每隔半年或一年维护一次，维护时将发电机取下，将前后端盖用改锥轻轻地撬开。注意不应旋转拆卸或猛力打开，以免损坏发电机内部线路或整流元件。前后端盖取下后用汽油清洗干净，重新上好润滑油（钙基黄油），并按前后端盖的要求装回原处即可。每年对发电机、机头回转体、风轮调速部位进行拆卸、清洗、润滑；安装时零件不可互换，以免破坏风轮的平衡。对钢丝绳、索具和所有紧固连接件，在每年雨季前进行一次清洗外表，涂敷防锈油。

④ 每两年对风力发电机所有露天部件进行一次清洁、除锈、涂漆。露天部件均采用了不锈钢材或经过特殊的长效防锈蚀处理，不必再对外表进行保养。

⑤ 发电机采用了高级轴承和高级锂基润滑脂，在运转5年后对轴承进行检查，必要时适量补充润滑脂。

⑥ 风机运行5年以后应倒机检查，检查内容有：叶片是否老化、裂痕，发电机表面是否锈蚀，轮毂立轴有无扭伤和裂痕，风向仪是否灵活和变形，轴承和伺服电机传动齿轮是否需要加油等。

3. 变桨距风力发电机定期检查与维护

① 变桨距风轮因长期在大自然中工作，致使风轮变桨距导槽滑块和弹簧等零件表面容易沾满灰尘，影响风轮变桨距调速的灵敏性和一致性。所以，每隔半年或一年应检查维护一次。维护时，将风轮取下，拆下桨叶并用汽油清洗导槽、滑块和弹簧等零件，清洗干净后装回原位即可。注意清洗后一般不要加润滑油，因润滑油裸露在外面会很快沾满尘土。另外，

两个叶片上的零件拆卸清洗后不能互换，以免破坏风轮的平衡。

② 因小型风力发电机工作时，机头回转体将在尾翼的作用下随着风向的变化经常随风旋转，致使发电机输电线在里边因缠绕而折断。为解决此问题，许多小型风力发电机的输电线都分成两段，上段从发电机引出到回转体下端外滑环，下段通过碳刷与外滑环紧紧压接。风力发电机工作时，由于外滑环不停地运转，而碳刷通过固定在立柱上的碳刷架定位，并通过弹簧紧紧地与外滑环里的铜环压接，经常处于回转摩擦和大自然风沙的侵袭之中。所以，每隔半年或一年应检查维护一次。维护时，将碳刷取下，检查磨损情况，必要时进行更换。用毛刷将外滑环里边的尘土清理干净，然后重新装回原位即可。

思考与练习

（1）风力发电系统的电气部件包括哪几部分？

（2）离网风光互补发电系统风力发电机的选址有哪些技术要求？

模块二

离网式光伏发电系统的应用设计、安装与调试

项目六　离网光伏供电系统的认识

【任务导入】

进入 21 世纪以后，能源问题日益严重，一方面是常规能源的匮乏；另一方面石油等常规能源的开发带来一系列问题，如环境污染、温室效应等。人类要想解决能源问题，实现可持续发展，只能依靠科技进步，大规模开发利用可再生能源和新能源。太阳能、风能、地热能、水能、海洋能等能源形式，都是可再生能源和新能源。从能源的稳定性、可持久性、数量、设备成本、利用条件等诸多因素考虑，太阳能将成为最为理想的可再生能源和无污染能源。

【相关知识】

一、我国太阳能资源的分布特点

1. 太阳能

太阳的基本结构是一个由炽热气体构成的球体，主要由氢和氦组成，其中氢占 80%，氦占 19%。太阳能是太阳内部连续不断的核聚变反应过程产生的能量。地球轨道上的平均太阳辐射强度为 $1367kW/m^2$。地球赤道的周长为 $40000km$，从而可计算出地球获得的能量可达 $173000TW$。在海平面上的标准峰值强度为 $1kW/m^2$，地球表面某一点 $24h$ 的年平均辐射强度为 $0.20kW/m^2$，相当于有 $102000TW$ 的能量，人类依赖这些能量维持生存，其中包括所有其他形式的可再生能源（地热能资源除外）。虽然太阳能资源总量相当于现在人类所利用能源的一万多倍，但太阳能的能量密度低，而且它因地而异，因时而变，这是开发利用太阳能面临的主要问题。太阳能的这些特点会使它在整个综合能源体系中的作用受到一定的限制。

地球上的风能、水能、海洋温差能、波浪能和生物质能以及部分潮汐能，都是来源于太阳；即使是地球上的化石燃料（如煤、石油、天然气等），从根本上说也是远古以来储存下来的太阳能，所以广义的太阳能所包括的范围非常大，狭义的太阳能则限于太阳辐射能的光热、光电和光化学的直接转换。我国太阳能资源十分丰富，全国有 2/3 以上的地区年辐照总量大于 502 万千焦每平方米，年日照时数在 2000h 以上。

太阳能的总量很大，我国陆地表面每年接受的太阳能相当于 1700 亿吨标准煤，但十分分散，能流密度较低，到达地面的太阳能每平方米只有 1000W 左右。同时，地面上太阳能还受季节、昼夜、气候等影响，时阴时晴，时强时弱，具有不稳定性，限制了太阳能的有效利用。

太阳能作为一种新能源，它与常规能源相比有三大优点：

① 它是人类可以利用的最丰富的能源，可以说是取之不尽，用之不竭；

② 地球上，无论何处都有太阳能，可以就地开发利用，不存在运输问题，尤其对交通不发达的农村、海岛和边远地区，更具有利用的价值；

③ 太阳能是一种洁净的能源，在开发和利用时不会产生废渣、废水、废气，也没有噪声，更不会影响生态平衡。

2. 我国太阳能资源分布的主要特点

从全国太阳年辐射总量的分布来看，西藏、青海、新疆、内蒙古南部、山西、陕西北部、河北、山东、辽宁、吉林西部、云南中部和西南部、广东东南部、福建东南部、海南岛东西部以及台湾地区的西南部等广大地区的太阳辐射总量很大。尤其是青藏高原地区最大，那里平均海拔高度在 4000m 以上，大气层薄而清洁，透明度好，纬度低，日照时间长。例如被人们称为"日光城"的拉萨市，年平均日照时间为 3005.7h，相对日照为 68%，年平均晴天为 108.5 天，阴天为 98.8 天，年平均云量为 4.8，太阳总辐射为 816kJ/(cm²·a)，比全国其他省区和同纬度的地区都高。全国以四川和贵州两省的太阳年辐射总量最小，其中尤其是四川盆地，那里雨多、雾多、晴天较少。例如素有"雾都"之称的成都市，年平均日照时数仅为 1152.2h，相对日照为 26%，年平均晴天为 24.7 天，阴天达 244.6 天，年平均云量高达 8.4。其他地区的太阳年辐射总量居中。

中国太阳能资源分布的主要特点如下。

① 太阳能的高值中心为青藏高原，四川盆地为低值中心。

② 太阳年辐射总量，西部地区高于东部地区，而且除西藏和新疆两个自治区外，基本上是南部低于北部。

③ 由于南方多数地区云多雨多，太阳能的分布情况与一般的太阳能随纬度而变化的规律相反，太阳能不是随着纬度的增加而减少，而是随着纬度的升高而增长。

3. 我国太阳能资源区域划分及城市标准日照时数

（1）我国太阳能资源区域划分

如表 6-1 所示。

表 6-1　我国不同地区阳光光照条件

区域划分	丰富地区	比较丰富地区	可以利用地区	贫乏地区
年总辐射量/[kJ/(cm²·a)]	≥580	500～580	420～500	≤420
地域	内蒙古西部、甘肃西部、新疆南部、青藏高原	新疆北部、东北、内蒙古东部、华北、陕北、宁夏、甘肃部分、青藏高原东侧、海南、台湾	东北北端、内蒙古呼盟、长江下游、福建、广东、广西、贵州部分、云南、河南、陕西	重庆、四川、贵州、广西、江西部分地区

续表

区域划分	丰富地区	比较丰富地区	可以利用地区	贫乏地区
连续阴雨天数	2	3	7	5
特征	年日照≥3000h 百分率≥0.75	年日照2400～3000h 百分率0.6～0.7	年日照1600～2400h 百分率0.6～0.4	年日照≤1600h 百分率≤0.4

为了按照各地不同条件更好地利用太阳能，根据各地接受太阳总辐射量的多少，将全国划分为如下5类地区。

① 一类地区　一类地区的全年日照时数为3200～3300h，辐射量在（670～837）×10^4kJ/（cm²·a），相当于225～285kg标准煤燃烧所发出的热量。主要包括宁夏北部、甘肃北部、新疆东南部、青海西部和西藏西部等地，是中国太阳能资源最丰富的地区。尤以西藏西部的太阳能资源最为丰富，全年日照时数达2900～3400h，年辐射总量高达7000～8000MJ/m²，仅次于撒哈拉大沙漠，居世界第二位，其中拉萨是世界著名的阳光城。

② 二类地区　二类地区的全年日照时数为3000～3200h，辐射量在（586～670）×10^4kJ/（cm²·a），相当于200～225kg标准煤燃烧所发出的热量。主要包括河北西北部、山西北部、内蒙古南部、宁夏南部、甘肃中部、青海东部、西藏东南部和新疆南部等地。此地区为我国太阳能资源较丰富区。

③ 三类地区　三类地区的全年日照时数为2200～3000h，辐射量在（502～586）×10^4kJ/（cm²·a），相当于170～200kg标准煤燃烧所发出的热量。主要包括山东、河南、河北东南部、山西南部、新疆北部、吉林、辽宁、云南、陕西北部、甘肃东南部、广东南部、福建南部、江苏北部和安徽北部、天津、北京和台湾西南部等地。为中国太阳能资源的中等类型区。

④ 四类地区　四类地区的全年日照时数为1400～2200h，辐射量在（419～502）×10^4kJ/（cm²·a），相当于140～170kg标准煤燃烧所发出的热量。主要包括湖南、湖北、广西、江西、浙江、福建北部、广东北部、陕西南部、江苏南部、安徽南部以及黑龙江、台湾东北部等地。是中国太阳能资源较差地区。

⑤ 五类地区　五类地区的全年日照时数约1000～1400h，辐射量在（335～419）×10^4kJ/（cm²·a），相当于115～140kg标准煤燃烧所发出的热量。主要包括四川、贵州两省。此区是我国太阳能资源最少的地区。

一、二、三类地区，年日照时数大于2000h，辐射总量高于586kJ/（cm²·a），是我国太阳能资源丰富或较丰富的地区，面积较大，约占全国总面积的2/3以上，具有利用太阳能的良好条件。四、五类地区虽然太阳能资源条件较差，但仍有一定的利用价值。

各地区资源分类见表6-2。

表6-2　各地区资源分类

类型	地区	年照时间数/h	年辐射总量 /[kcal[①]/（cm²·a）]
1	西藏西部、新疆东南部、青海西部、甘肃西部	2800～3300	160～200
2	西藏东南部、新疆南部、青海东部、宁夏南部、甘肃中部、内蒙古、山西北部、河北西北部	3000～3200	140～160
3	新疆北部、甘肃东南部、山西南部、山西北部、河北东南部、山东、河南、吉林、辽宁、云南、广东南部、福建南部、江苏北部、安徽北部	2200～3000	120～140
4	湖南、广西、江西、浙江、湖北、福建北部、广东北部、山西南部、江苏南部、安徽南部、黑龙江	1400～2200	100～120
5	四川、贵州	1000～1400	80～100

① 1cal＝4.18J。

（2）全国各大城市标准日照时数

全国各大城市标准日照时数见表6-3。

表6-3　全国各大城市标准日照时数

城市	纬度	斜面日均辐射量/(kJ/m²)	日辐射量 H/(kJ/m²)	最佳倾角
哈尔滨	45.58°	15838	12703	$\phi+3°$
长春	43.90°	17127	13572	$\phi+1°$
沈阳	41.77°	16563	13793	$\phi+1°$
北京	39.80°	18035	15251	$\phi+4°$
天津	39.10°	16722	14356	$\phi+5°$
呼和浩特	40.78°	20075	16574	$\phi+3°$
太原	37.78°	17394	15061	$\phi+5°$
乌鲁木齐	43.78°	6594	14461	$\phi+12°$
西宁	36.75°	19617	16777	$\phi+1°$
兰州	36.05°	15842	14966	$\phi+8°$
银川	38.48°	19617	16553	$\phi+2°$
西安	34.30°	12952	12781	$\phi+14°$
上海	31.17°	13691	12760	$\phi+3°$
南京	32.00°	14207	13099	$\phi+5°$
合肥	31.85°	13299	12525	$\phi+9°$
杭州	30.23°	12372	11668	$\phi+3°$
南昌	28.67°	13714	13094	$\phi+2°$
福州	26.08°	12451	12001	$\phi+4°$
济南	36.68°	15994	14043	$\phi+6°$
郑州	34.72°	14558	13332	$\phi+7°$
武汉	30.63°	13707	13201	$\phi+7°$
长沙	28.20°	11589	11377	$\phi+6°$
广州	23.13°	12702	12110	$\phi+0°$
海口	20.03°	13510	13835	$\phi+12°$
南宁	22.82°	12734	12515	$\phi+5°$
成都	30.67°	10304	13392	$\phi+2°$
贵阳	26.58°	10235	10327	$\phi+8°$
昆明	25.02°	15333	14194	$\phi+0°$
拉萨	29.70°	24151	21301	$\phi+6°$

（3）太阳能光照时间对照表

在计算太阳能电池的工作时间时，不应把日照时间看作每天有太阳光的时间，设计中应根据不同地区的光照条件，分别区分太阳能电池的有效工作时间，根据太阳光照时间对照表（表6-4）。准确计算光伏发电部分所用的太阳能电池组件的数量和可靠系数。

表6-4　太阳光照时间对照表

地区分类	年光辐照量/(kW/m²)	平均峰值时间/h	地区分类	年光辐照量/(kW/m²)	平均峰值时间/h
丰富地区	＞586	5.10～5.42	可以利用地区	419～502	3.82～4.14
比较丰富地区	502～586	4.46～4.78	贫乏地区	＜419	3.19～3.50

平均日照时数和峰值日照时数日照时间是指太阳光在一天当中从日出到日落实际的照射时间。

日照时数是指在某一地点，一天当中太阳光达到一定的辐照度（一般以气象台测定的120W/m²为标准）时开始记录，直到小于此辐照度时停止记录，期间所经过的小时数。日照时数小于日照时间。

平均日照时数是指某一地点一年或若干年的日照时数总和的平均值。例如，某地1985年到1995年实际测量的年平均日照时数是2053.6h，日平均日照时数就是5.63h。

峰值日照时数是指将当地的太阳辐射量折算成标准测试条件（辐照度 $1000W/m^2$）下的时数：

峰值日照时数＝斜面日辐射量/3600（h）

二、 光伏发电技术

太阳能发电是指太阳能光伏发电，光伏发电是利用半导光生伏特效应，将光能直接转变为电能的一种发电技术。

1. 太阳能的主要利用形式和光伏发电的运行方式

（1）太阳能的主要利用形式

目前太阳能的利用形式主要有光热利用、光伏发电利用和光化学转换三种形式。光热利用具有低成本、方便、利用效率较高等优点，但不利于能量的传输，一般只能就地使用，而且输出能量形式不具备通用性。光化学转换在自然界中以光合作用的形式普遍存在，但目前人类还不能很好地利用。光伏发电利用以电能作为最终表现形式，具有传输极其方便的特点，在通用性、可存储性等方面具有前两者无法替代的优势。且由于太阳能电池的原料——硅的储量十分丰富，太阳电池转换效率的不断提高，生产成本的不断下降，都促使太阳能光伏发电在能源、环境和人类社会未来发展中占据重要地位。

在太阳能的有效利用当中，太阳能发电系统是近些年来发展最快、也最具活力的研究领域，是其中最受瞩目的项目之一。太阳能是一种辐射能，利用太阳能发电是将太阳光直接转换成电能，它必须借助于能量转换器才能转换成为电能。太阳能发电有两种方式，一种是光—热—电转换方式，另一种是光—电直接转换方式。为此，人们研制和开发了太阳能电池，设计和建设独立和并网的光—电直接转换太阳能发电系统。

① 光—热—电转换方式是利用太阳辐射产生的热能发电，一般由太阳能集热器将所吸收的热能转换成工质蒸汽，再驱动汽轮发电机发电。前一个过程是光—热转换过程，后一个过程是热—电转换过程，其发电工艺流程与普通的火力发电一样。太阳能热能发电的缺点是效率很低而成本很高，估计它的投资至少要比普通火电站高 5～10 倍。因此，目前只能小规模地应用于特殊的场合，而大规模利用在经济上很不合算。如图 6-1 所示。

② 光—电直接转换方式是利用光电效应，将太阳辐射能直接转换成电能，光—电转换的基本装置是太阳能电池。太阳能电池是一种基于光生伏特效应，将太阳光能直接转换为电能的器件，是一个半导体光电二极管。当太阳光照到光电二极管上时，光电二极管就会把太阳的光能变成电能，在外电路上产生电流。当许多个太阳能电池串联或并联起来，就可构成

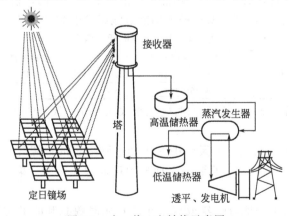

图 6-1　光—热—电转换示意图

比较大输出功率的太阳能电池方阵。太阳能电池是一种大有前途的新型电源，具有永久性、清洁性和灵活性三大优点。太阳能电池寿命长，只要太阳存在，太阳能电池就可以一次投资而长期使用。太阳能光伏发电与火力发电、核发电相比，太阳能电池不会引起环境污染。太阳能电池可以大、中、小并举，大到百万千瓦的中型电站，小到只供一户用电的独立太阳能发电系统，这些特点是其他电源无法比拟的。如图 6-2 所示。

　　光伏发电是利用太阳能电池这种半导体电子器件有效地吸收太阳光辐射能，并使之转变成电能的直接发电方式，是当今太阳光发电的主流。

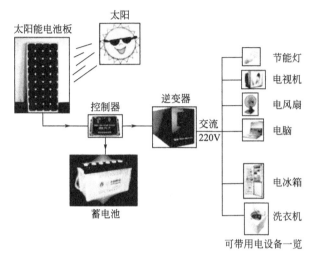

图 6-2　光—电直接转换示意图

（2）光伏发电的运行方式

　　太阳能光伏发电系统是利用太阳电池组件和其他辅助设备将太阳能转换成电能的系统。一般将太阳能光伏发电系统分为独立（离网）系统、并网系统和混合系统。如果根据太阳能光伏发电系统的应用形式、应用规模和负载的类型，对太阳能光伏发电系统进行比较细致的划分，可将太阳能光伏发电系统分为如下 7 种类型：小型太阳能光伏发电系统；太阳能光伏发电简单直流系统；大型太阳能光伏发电系统；太阳能光伏发电交流、直流供电系统；并网太阳能光伏发电系统；混合供电太阳能光伏发电系统；并网混合太阳能光伏发电系统。

2. 太阳能光伏技术的发展及应用前景

　　太阳能电池同晶体管一样，是由半导体构成的。它的主要材料是硅，也有一些其他合金材料。用于制造太阳能电池的高纯硅，要经过特殊的提纯处理制作。太阳能电池的工作原理是半导体 PN 结的光生伏特效应。所谓光生伏特效应就是当物体受光照时，物体内的电荷分布状态发生变化而产生电动势和电流的一种效应。当太阳光或其他光照射半导体的 PN 结时，产生光生电子-空穴对，在内建电场作用下，光生电子和空穴分离，太阳能电池两端出现异号电荷的积累，即产生"光生电压"，这就是"光生伏特效应"。若在内建电场的两侧引出电极并接上负载，则负载就有了"光生电流"流过，从而获得功率输出。

　　太阳能电池只要受到阳光或灯光的照射，就能够把光能转变为电能，太阳能电池可发出相当于所接收光能的 10%～20% 的电。一般来说，光线越强，发出的电能就越多。为了使太阳能电池板最大限度地减少光反射，将光能转变为电能，一般在太阳能电池板的上面都蒙上一层可防止光反射的膜，使太阳能电池板的表面呈紫色。

在太阳能发电系统中，系统的总效率由太阳能电池组件的光电转换率、控制器效率、蓄电池效率、逆变器效率及负载的效率等组成。目前太阳能电池的光电转换率只有17％左右。因此提高太阳能电池组件的光电转换率，降低太阳能光伏发电系统的单位功率造价，是太阳能光伏发电产业化的重点和难点。太阳能电池问世以来，晶体硅作为主要材料保持着统治地位。目前，对硅太阳能电池转换率的研究，主要围绕着加大吸能面，如双面电池，减小反射；运用吸杂技术和钝化工艺，提高硅太阳电池的转化效率；硅太阳能电池超薄型化等。

（1）太阳能光伏发电系统主要应用

① 为无电场合提供电源　主要为广大无电地区居民生活、生产提供电力，还有为微波中继站和移动电话基站提供电源等。如图6-3所示。

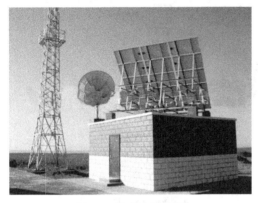

图6-3　移动电话基站

② 太阳能日用电子产品　如各类太阳能充电器、太阳能路灯和太阳能草坪灯等。如图6-4和图6-5所示。

③ 并网发电　在发达国家已经大面积推广实施，我国第一座大型并网太阳能发电站已于2010年投入运营。如图6-6所示。

（2）太阳能发电的优势

通过对生物质能、水能、风能和太阳能等几种常见新能源的对比分析，可以清晰地得出太阳能发电具有以下独特优势。

① 光伏发电具有经济优势　可以从两个方面看太阳能利用的经济性：一是太阳能取之不尽，用之不竭，而且在接收太阳能时不征收任何"税"，可以随地取用；二是在目前的技术发展水平下，有些太阳能利用已具经济性。

图6-4　太阳能路灯实际应用图

图6-5　太阳能草坪灯

② 太阳能是取之不尽的可再生能源，可利用量巨大　太阳每秒放射的能量大约是 $1.6 \times 10^{23} kW$，其中到达地球的能量高达 $8 \times 10^{13} kW$，相当于 $6 \times 10^9 t$ 标准煤。按此计算，一年内到达地球表面的太阳能总量折合标准煤共约 1.892×10^{13} 千亿吨，是目前世界主要能源探明储量的1万倍。太阳的寿命至少尚有40亿年，相对于人类历史来说，太阳能可源源不断供给地球的时间是无限的，这就决定了开发利用太阳能将是人类解决常规能源匮乏、枯竭的最有效途径。

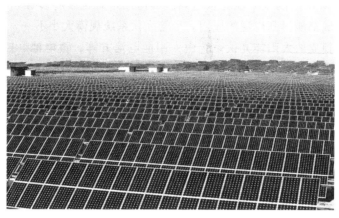

图 6-6　大型并网太阳能发电站

③ 对环境没有污染　太阳能像风能、潮汐能等洁净能源一样，其开发利用时几乎不产生任何污染，加之其储量的无限性，是人类理想的替代能源。

从目前各种发电方式的碳排放来看，不计算其上游环节：煤电为 275g，油发电为 204g，天然气发电为 181g，风力发电为 20g，而太阳能光伏发电则接近零排放。并且，在发电过程中没有废渣、废料、废水、废气排出，没有噪声，不产生对人体有害的物质，不会污染环境。

④ 转换环节最少最直接　从能量转换环节来看，太阳能光伏发电是直接将太阳辐射能转换为电能，在所有可再生能源利用中转换环节最少，利用最直接。目前，晶体硅太阳能电池的转换效率实用水平在 15%～20%，实验室水平最高目前已达 35%。

⑤ 最经济、最清洁、最环保　从资源条件尤其是土地占用来看，生物能、风能是较为苛刻的，而太阳能则很灵活和广泛。太阳能发电不需要占用更多的土地，屋顶、墙面都可成为太阳能光伏发电利用的场所，还可利用我国广阔的沙漠，通过在沙漠上建造太阳能光伏发电基地，直接降低沙漠地带直射到地表的太阳辐射，有效降低地表温度，减少蒸发量，进而使植物的存活和生长在相当程度上成为可能，既稳固并减少了沙丘，又向自然索取了需要的清洁可再生能源。

⑥ 可免费使用，且无需运输　虽然由于纬度的不同、气候条件的差异造成了太阳能辐射的不均匀，但相对于其他能源来说，太阳能对于地球上绝大多数地区具有存在的普遍性，可就地取用。这为常规能源缺乏的国家和地区解决能源问题提供了美好前景。

【项目实施】　独立（离网）的光伏发电系统的认识

太阳能电池发电系统利用以光生伏特效应原理制成的太阳能电池将太阳辐射能直接转换成电能。它由太阳能电池方阵、控制器、蓄电池组、直流/交流逆变器等部分组成。独立太阳能光伏发电系统在自己的闭路系统内部形成电路，通过太阳能电池组将接收来的太阳辐射能量直接转换成电能供给负载，并将多余能量经过充电控制器后以化学能的形式储存在蓄电池中。并网发电系统通过太阳能电池组将接收来的太阳辐射能量转换为电能，再经过高频直流转换后变成高压直流电，经过逆变器逆变后向电网输出与电网电压同频、同相的正弦交流电流。

太阳能光伏发电系统的规模和应用形式各异，系统规模跨度很大，小到 0.3～2W 的太阳能庭院灯,大到 MW 级的太阳能光伏电站。其应用形式也多种多样,在家用、交通、通信、空间等诸多领域都能得到广泛的应用。尽管光伏系统规模大小不一,但其组成结构和工作原理基本相同。独立的太阳能光伏系统由太阳能电池方阵、蓄电池、控制器、DC/AC 逆变器和用电负载构成。独立太阳能光伏系统构成如图 6-7 所示。

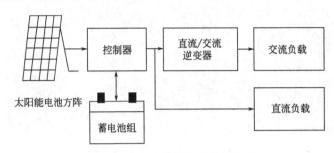

图 6-7 独立太阳能光伏系统构成

（1）光伏组件方阵

在太阳能光伏发电系统中最重要的是太阳能电池,它是收集太阳光的核心组件,大量的太阳能电池通过串并联构成光伏组件或太阳能电池光伏组件方阵。太阳能电池主要划分为晶体硅电池(包括单晶硅、多晶硅、带状硅)、非晶硅电池、非硅电池(包括硒化铜铟、碲化镉),如图 6-8 所示。太阳能电池的类型及特性如表 6-5 所示。

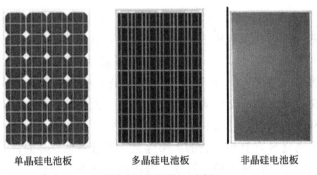

单晶硅电池板　　　　　多晶硅电池板　　　　　非晶硅电池板

图 6-8 太阳能电池板

表 6-5 太阳能电池的类型及特性

类型	单晶硅	多晶硅	非晶硅
转换效率	12%～17%	10%～15%	6%～8%
使用寿命	15～20 年	15～20 年	5～10 年
平均价格	昂贵	较贵	较便宜
稳定性	好	好	差(会衰减)
颜色	黑色	深蓝	棕
主要优点	转换效率高、工作稳定、体积小	工作稳定,成本低,使用广泛	价低,弱光性好,多数用于计算器,电子表等
主要缺点	成本高	转换效率较低	转换效率最低,会衰减。相同功率的面积比晶体硅大一倍以上

由于技术和材料原因,单一太阳能电池的发电量是十分有限的,实际应用中的太阳能电池是单一电池经串、并联组成的电池系统,称为电池组件。近年来,作为太阳能电池主流技术的晶体硅电池的原材料价格不断上涨,从而导致晶体硅电池的成本大幅攀升,这使得非晶硅电池成本优势更加明显。另外,薄膜电池(大大节约原材料的使用,从而大幅降低成本)已成为太阳能电池的发展方向,但是其技术要求非常高,而非晶硅薄膜电池作为目前技术最

成熟的薄膜电池，是目前薄膜电池中最富增长潜力的品种。

（2）蓄电池

蓄电池组是太阳能光伏发电系统中的储能装置，由它将太阳能电池方阵从太阳辐射能转换来的直流电转换为化学能储存起来，供负载应用。由于太阳能光伏发电系统的输入能量极不稳定，所以一般需要配置蓄电池才能使负载正常工作。太阳能电池产生的电能以化学能的形式储存在蓄电池中，在负载需要供电时，蓄电池将化学能转换为电能供应给负载。蓄电池的特性直接影响太阳能光伏发电系统的工作效率、可靠性和价格。蓄电池容量的选择一般要遵循以下原则：首先在能够满足负载用电的前提下，把白天太阳能电池组件产生的电能尽量储存下来，同时还要能够储存预定的连续阴雨天时负载需要的电能。

蓄电池容量受到末端负载需用电量及日照时间（发电时间）的影响。蓄电池瓦时容量和安时容量，由预定的负载需用电量和连续无日照时间决定，因此蓄电池的性能直接影响着太阳能光伏发电系统的工作特性。目前，太阳能光伏发电系统常用的是阀控密封铅酸蓄电池、深放电吸液式铅酸蓄电池等。

（3）控制器

控制器的作用是使太阳能电池和蓄电池高效安全可靠地工作，以获得最高效率并延长蓄电池的使用寿命。控制器对蓄电池的充、放电进行控制，并按照负载的电源需求控制太阳能电池组件和蓄电池对负载输出电能，是整个太阳能发电系统的核心部分。通过控制器对蓄电池充、放电条件加以限制，防止蓄电池反充电、过充电及过放电。另外，它还应具有电路短路保护、反接保护、雷电保护及温度补偿等功能。由于太阳能电池的输出能量极不稳定，对于太阳能光伏发电系统的设计来说，控制器充、放电控制电路的质量至关重要。如图 6-9 所示。

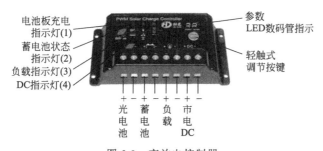

图 6-9 充放电控制器

控制器的主要功能是使太阳能光伏发电系统始终处于发电的最大功率点附近，以获得最高效率。而充电控制通常采用脉冲宽度调制技术即 PWM 控制方式，使整个系统始终运行于最大功率点 P_m 附近区域。放电控制主要是指当蓄电池缺电、系统故障，如蓄电池开路或接反时切断开关。目前研制出了既能跟踪调控点 P_m，又能跟踪太阳移动参数的"向日葵"式控制器，将固定太阳能电池组件的效率提高了 50% 左右。随着太阳能光伏产业的发展，控制器的功能越来越强大，有将传统的控制部分、变换器及监测系统集成的趋势。

（4）DC/AC 逆变器

在太阳能光伏发电系统中，如果含有交流负载，那么就要使用 DC/AC 逆变器将太阳能电池组件产生的直流电或蓄电池释放的直流电转化为负载需要的交流电。太阳能电池组件产生的直流电或蓄电池释放的直流电，经逆变主电路的调制、滤波、升压后，得到与交流负载额定频率、额定电压相同的正弦交流电，提供给系统负载使用。逆变器按激励方式，可分为自励式振荡逆变器和他励式振荡逆变器。逆变器具有电路短路保护、欠压保护、过流保护、反接保护及雷电保护等功能。DC/AC 逆变器如图 6-10 所示。逆变器的种类及特点如表 6-6 所示。

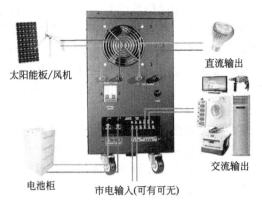

图 6-10　DC/AC 逆变器

表 6-6　逆变器种类及特点

种类	方波逆变器	修正波逆变器	正弦波逆变器
交流电压波形	方波	阶梯波	正弦波
优点	线路简单,价格便宜,维修方便	比方波有明显改善、高次谐波含量减少,当阶梯达到 17 个以上时输出波形可实现准正弦波,当采用无变压器输出时,整机效率很高	输出波形好、失真度很低,对收音机及通信设备干扰小、噪声低,此外还有保护功能齐全、整机性能高等优点
缺点	高次谐波多,损耗大,噪声大,对收音机及通信设备干扰大	线路比较复杂,对收音机和某些通信设备仍有一些高频干扰	线路相对复杂、对维修技术要求高、价格较昂贵

（5）用电负载

太阳能光伏发电系统按负载性质分为直流负载系统和交流负载系统。其系统框图如图 6-11 所示。

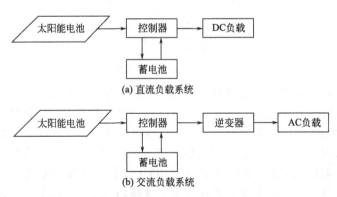

图 6-11　太阳能光伏发电直流和交流负载系统框图

独立光伏发电系统目前面临以下两个问题：

① 能量密度不高,整体的利用效率较低,前期的投资较大；

② 独立发电系统的储能装置一般以铅酸蓄电池为主,蓄电池成本占太阳能光伏发电系统初始设备成本的 25% 左右,若对于蓄电池的充、放电控制比较简单,容易导致蓄电池提前失效,增加了系统的运行成本。大多数蓄电池不能达到设计的使用寿命,除了蓄电池本身的缺陷和控制器的技术性能不佳外,蓄电池运行管理不合理是导致蓄电池提前失效的重要原

因。因此，对于独立太阳能光伏发电系统，提高能量利用率，研究科学的系统能量控制策略，可以降低独立光伏系统的投资费用。

【知识拓展】　并网光伏发电系统简介

并网光伏发电系统中的系统配置如图 6-12 所示。

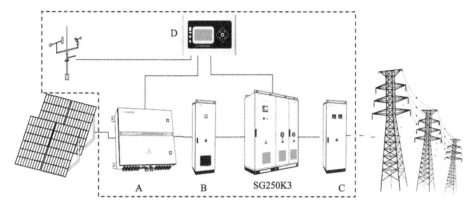

图 6-12　并网光伏发电系统图

A—汇流箱；B—直流配电柜；SC—并网逆变器；C—交流配电柜；D—光伏监控系统

并网太阳能光伏发电系统由光伏电池方阵、控制器、并网逆变器组成，不经过蓄电池储能，通过并网逆变器直接将电能馈入公共电网。因直接将电能输入电网，免除配置蓄电池，省掉蓄电池储能和释放的过程，减少了能量损耗，节省其占用的空间及系统投资与维护成本；另外，发电容量可以做得很大，并可保障用电设备电源的可靠性，但降低了整个系统的供电可靠性。由于逆变器输出与电网并联，必须保持两组电源电压、相位、频率等电气特性的一致性，否则会造成两组电源相互间的充放电，引起整个电源系统的内耗和不稳定。

太阳能并网发电系统的主要组件是逆变器或电源调节器（PCU）。PCU 把太阳能光伏发电系统产生的直流电转换为符合电力部门要求的标准交流电，当电力部门停止供电时或公共电网故障时，PCU 会自动切断电源。在光伏系统交流输出与公共电网的并网点设置并网屏，当太阳能光伏发电系统输出的电能超过系统负载实际所需的电量时，将多余的电能传输给公共电网。当太阳能光伏发电系统输出的电能小于系统负载实际所需的电量时，可通过公共电网补充系统负载所需要的电量。同时也要保证在公共电网故障或维修时，太阳能光伏发电系统不会将电能馈送到公共电网上，以使系统运行稳定可靠。

并网运行的太阳能光伏发电系统，要求逆变器具有同电网连接的功能。并网型光伏发电系统的优点是可以省去蓄电池，而将电网作为储能单元。太阳能光伏发电并网系统如图6-13所示。由于太阳能电池板安装的多样性，为了使太阳能的转换效率最高，要求并网逆变器具有多种组合运行方式，以实现最佳方式的太阳能转换。现在世界上比较通行的太阳能逆变方式为集中逆变器、组串逆变器、多组串逆变器和组件逆变器。

（1）集中逆变器

集中逆变器一般用于大型太阳能光伏发电站中（>10kW），很多并行的光伏单元的输出端被连到同一台集中逆变器的直流输入端，功率大的逆变器使用三相的 IGBT 功率模块，功率较小的逆变器使用场效应晶体管，同时使用具有 DSP 的控制器来控制逆变器输出电能的质量，使它非常接近于正弦波电流。集中逆变器的最大特点是系统的功率高，成本低。集中逆变式光伏发电系统受光伏组件的匹配和部分遮影的影响，使整个光伏发电系统的效率下降，同时整个光伏发电系统的可靠性也受某一光伏单元组工作状态不良的影响。最新的研究

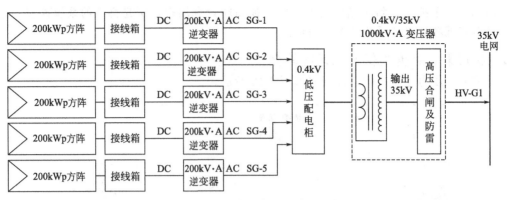

图 6-13   太阳能光伏发电并网系统

方向是运用空间矢量的调制控制，以及开发新的逆变器拓扑连接，以获得集中逆变式光伏发电系统的高效率。

SolarMax（索瑞·麦克）集中逆变器可以附加一个光伏阵列的接口箱，对每一个光伏组件进行监控，如光伏阵列中有一个光伏组件工作不正常，系统将会把这一信息传到远程控制器上，同时可以通过远程控制将这一光伏组件停止工作，从而不会因为某一个光伏组件故障而降低和影响整个光伏系统的功率输出。

（2）组串逆变器

组串逆变器已成为现在国际市场上最流行的逆变器，组串逆变器基于模块化基础，每个光伏单元组（1～5kW）通过一个逆变器，在直流端具有最大功率峰值跟踪，在交流端与公共电网并网。许多大型太阳能光伏发电厂都使用组串逆变器。组串逆变器的优点是不受组串间模块差异和遮影的影响，同时减少了光伏组件最佳工作点与逆变器不匹配的情况，从而增加了发电量。技术上的这些优势不仅降低了系统成本，也增加了系统的可靠性。同时，在组串间引入"主-从"概念，使系统在单组光伏组件不能满足单个逆变器工作的情况下，将几组光伏组件连在一起，让其中一个或几个组件工作，从而产出更多的电能。最新的概念为几个逆变器相互组成一个"团队"来代替"主-从"概念，使系统的可靠性又进了一步。

目前，无变压器式组串逆变器已在太阳能光伏发电系统中占了主导地位。

（3）多组串逆变器

多组串逆变器利用了集中逆变器和组串逆变器的优点，避免了其缺点，可应用于几千瓦的光伏发电站。在多组串逆变器中，包含了不同的单独的功率峰值跟踪和 DC/DC 转换器，而直流通过直流到交流的逆变器转换成交流电，与公共电网并网。光伏组串的不同额定值（如不同的额定功率、每组串不同的组件数、组件的不同的生产厂家等）、不同的尺寸或不同技术的光伏组件、不同方向的组串（如东、南和西）、不同的倾角或遮影，都可以被连在一个共同的逆变器上，同时每一个组串都工作在它们各自的最大功率峰值上。同时，可减少直流电缆的长度，将组串间的遮影影响和由于组串间的差异而引起的损失减到最小。

（4）组件逆变器

组件逆变器是将每个光伏组件与一个逆变器相连，同时每个组件有一个单独的最大功率峰值跟踪，这样组件与逆变器的配合更好。该逆变器通常用于 50～400W 的光伏发电站，总效率低于组串逆变器。由于是在交流处并联，增加了逆变器交流侧接线的复杂性，维护困难。另外需要解决的是怎样更有效地与电网并网，简单的办法是直接通过普通的交流电断路器进行并网，这样可以减少成本和设备的安装，但各地的电网安全标准不允许这样做，电力公司反对发电装置直接和普通用户的普通断路器相连。另一个和安全有关的因素是是否需要使用隔离变压器（高频或低频），或者允许使用无变压器式的逆变器。

　　并网光伏系统最大的特点，是太阳电池组件产生的直流电经过并网逆变器，转换成符合市电电网要求的交流电之后，直接并入公共电网。并网系统中太阳能光伏方阵所产生的电能除了供给系统内的交流负载外，多余的电力反馈给电网。在阴雨天或夜晚，太阳能电池组件没有产生电能或者产生的电能不能满足负载需求时，就由电网给系统内的负载供电。因为直接将电能输入电网，免除了配置蓄电池，省掉了蓄电池储能和释放的过程，可以充分利用光伏方阵所发出的电能，从而减小了能量的损耗，并降低了系统的成本。但是系统中需要专用的并网逆变器，以保证输出的电力满足电网对电压、频率等电性能指标的要求。因为逆变器效率的问题，还是会有部分的能量损失。这种系统通常能够并行使用市电和太阳能光伏发电系统作为本地交流负载的电源，降低了整个系统的负载缺电率。而且并网光伏发电系统可以对公用电网起到调峰作用。但并网光伏发电系统作为一种分散式发电系统，也会对公共电网产生一些不良的影响，如谐波污染、孤岛效应等。

思考与练习

　　（1）我的家乡在哪里？太阳能资源的利用情况如何？
　　（2）独立的光伏发电系统由什么组成？
　　（3）说明并网光伏系统主要组成部分的作用。
　　（4）独立太阳能光伏系统主要用途是什么？

项目七　光伏组件（方阵）应用的设计与安装

【任务导入】

　　单体太阳电池不能直接作电源使用。作电源必须将若干单体电池串、并联连接和严密封装成组件。光伏组件（也叫太阳能电池板）是太阳能发电系统中的核心部分，也是太阳能发电系统中最重要的部分。其作用是将太阳能转化为电能，或送往蓄电池中存储起来，或推动负载工作。本单元所涉及的光伏电池及光伏电池组件，主要以硅系光伏电池作为对象。

【相关知识】　太阳能电池组件

1．太阳能电池基础知识

　　太阳能电池单体是光电转换的最小单元，尺寸一般为 $4\sim100\mathrm{cm}^2$ 不等。太阳能电池单体的工作电压约为 $0.5\mathrm{V}$，工作电流约为 $20\sim25\mathrm{mA/cm}^2$，一般不能单独作为光伏电源使用。将太阳能电池单体进行串并联封装后，就成为太阳能电池组件，其功率一般为几瓦至几十瓦，是可以单独作为光伏电源使用的最小单元。太阳能电池组件再经过串并联组合安装在支架上，就构成了太阳能电池方阵，可以满足太阳能光伏发电系统负载所要求的输出功率，如图 7-1 所示。

　　（1）硅太阳能电池单体

　　常用的太阳能电池主要是硅太阳能电池。晶体硅太阳能电池由一个晶体硅片组成，在晶体硅片的上表面紧密排列着金属栅线，下表面是金属层。硅片本身是 P 型硅，表面扩散层

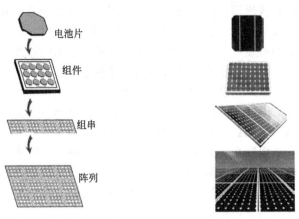

图 7-1 太阳能电池单体、组件和方阵

是 N 区，在这两个区的结合处就是所谓的 PN 结。PN 结形成一个电场。太阳能电池的顶部被一层抗反射膜所覆盖，以减少太阳能的反射损失。

将一个负载连接在太阳能电池的上下两表面间时，将有电流流过该负载，于是太阳能电池就产生了电流；太阳能电池吸收的光子越多，产生的电流也就越大。光子的能量由波长决定，低于基能能量的光子不能产生自由电子，一个高于基能能量的光子将仅产生一个自由电子，多余的能量将使太阳能电池发热，伴随热能损失使太阳能电池的转换效率下降。

（2）硅太阳能电池种类

目前世界上有三种已经商品化的硅太阳能电池：单晶硅太阳能电池、多晶硅太阳能电池和非晶硅太阳能电池。对于单晶硅太阳能电池，由于所使用的单晶硅材料与半导体工业所使用的材料具有相同的品质，使单晶硅的使用成本比较昂贵。多晶硅太阳能电池的晶体方向是无规则性的，意味着正负电荷对并不能全部被 PN 结电场所分离，因为电荷对在晶体与晶体之间的边界上可能由于晶体的不规则而损失，所以多晶硅太阳能电池的效率一般要比单晶硅太阳能电池低。多晶硅太阳能电池用铸造的方法生产，所以它的成本比单晶硅太阳能电池低。非晶硅太阳能电池属于薄膜电池，造价低廉，但光电转换效率比较低，稳定性也不如晶体硅太阳能电池。

一般产品化单晶硅太阳能电池的光电转换效率为 13%～15%；产品化多晶硅太阳能电池的光电转换效率为 11%～13%；产品化非晶硅太阳能电池的光电转换效率为 5%～8%。

2. 光伏组件及光伏方阵

（1）光伏组件介绍

光伏组件也称太阳能电池组件，英文名称 "Solar Module 或 PV Module"，它是将多个单体的太阳能电池片，根据需要串、并联起来，通过专用材料及特殊工艺封装后得到，其功率一般用 W_p 表示，其中 p 是英文 peak，"峰值"的意思。

光伏组件根据用途不同，分为普通型太阳能组件和建材型太阳能组件，其中建材型太阳能组件又分为双面玻璃夹胶电池组件、中空玻璃电池组件以及光伏瓦电池组件等。

普通型太阳能组件如图 7-2 所示，常见的普通型太阳能组件为单晶硅组件、多晶硅组件、非晶硅组件，用于普通光伏电站的建设。

双面玻璃夹胶电池组件，电池片夹在两层玻璃之间，组件的受光面采用低铁超白钢化玻璃。背面采用普通钢化玻璃。这种玻璃一般用于光伏采光顶与光伏幕墙，如图 7-3 所示。

中空玻璃电池组件除了有采光和发电的功能外，还具有隔音、隔热、保温的功能，常作

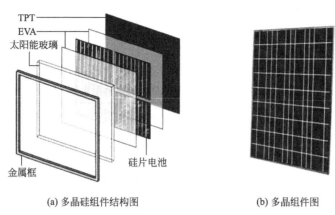

(a) 多晶硅组件结构图　　　　　(b) 多晶组件图

图 7-2　普通多晶硅组件

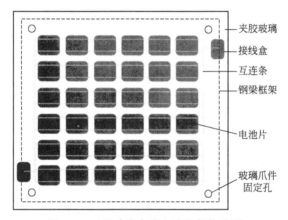

图 7-3　双面玻璃夹胶电池组件构造图

为各种光伏建筑一体化发电系统的玻璃幕墙电池组件。这种组件在组件与玻璃间装有干燥剂的空心铝隔条隔离，并用丁基胶、结构胶等进行密封处理，把接线盒及正负极引线等也都用密封胶密封在前后玻璃的边缘夹层中，与组件形成一体，使组件安装和组件间线路连接都非常方便，如图 7-4 所示。

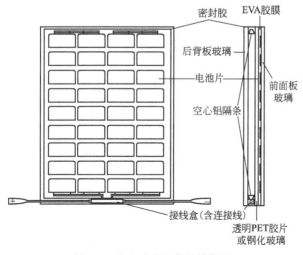

图 7-4　中空玻璃组件的结构图　　　　图 7-5　光伏瓦图示及运用

光伏瓦是采用合成材料（工程材料）制作的瓦片，通过自动化安装工艺与晶硅太阳能组件结合，形成具有光伏发电功能的瓦片，具有隔热、保温、防水、能发电的特点，如图7-5所示。

几种光伏组件结构及用途如表7-1所示。

表 7-1 按结构和用途分光伏组件的类型

组件类型 / 用途	常规光伏组件	夹层玻璃光伏组件	中空玻璃光伏组件	瓦式光伏组件
典型结构	边框 接线盒 钢化玻璃 EVA 太阳能电池 EVA	接线盒 钢化玻璃 EVA或PVB 太阳能电池 EVA或PVB 钢化玻璃	接线盒 钢化玻璃 EVA或PVB 太阳能电池 钢化玻璃 空气膜 钢化玻璃 PVB	边框 接线盒 钢化玻璃 EVA 太阳能电池
墙体	√			
阳台	√		√	
屋面	√			√
采光顶		√	√	
遮阳	√	√		
雨篷	√	√	√	
护栏	√	√	√	
幕墙	√	√	√	
门窗		√	√	

（2）光伏组件性能

光伏组件的性能主要是组件输入与输出特性，称 I-U 特性，即电流-电压特性。它是检验组件性能的重要参数，是衡量由光能转化为电能转换率的重要指标，其特性图如7-6所示，曲线图反映了当组件接受太阳光照时，电池组件的输出电压、输出电流及输出功率的关系。

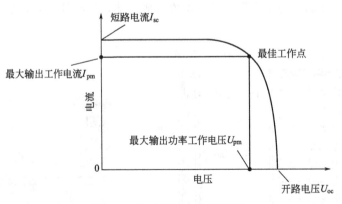

图 7-6 电池组件 I-U 特性图

光伏组件的几个重要性能参数如下。

① 短路电流（I_{sc}） 当将太阳能电池组件的正负极短路，使 $U=0$ 时，其电流就是电池组件的短路电流，单位是 A。短路电流随着光强的变化而变化。

② 开路电压（U_{oc}） 当太阳能电池组件的正负极不接负载时，组件正负极间的电压就是开路电压，单位是 V。

③ 峰值电流（I_m）　峰值电流也叫最大工作电流或最佳工作电流。峰值电流是指太阳能电池组件输出最大功率时的工作电流，单位是 A。

④ 峰值电压（U_m）　峰值电压也叫最大工作电压或最佳工作电压。峰值电压是指太阳能电池片输出最大功率时的工作电压，单位是 V。组件的峰值电压随电池片串联数量的增减而变化，36 片电池片串联的组件峰值电压为 17～17.5V。

⑤ 峰值功率（P_m）　峰值功率也叫最大输出功率或最佳输出功率。峰值功率是指太阳能电池组件在正常工作或测试条件下的最大输出功率，也就是峰值电流与峰值电压的乘积：$P_m = I_m U_m$，单位是 W。

太阳能电池组件的峰值功率取决于太阳辐照度、太阳光谱分布和组件的工作温度，因此太阳能电池组件的测量要在标准条件下进行，测量标准为欧洲委员会的 101 号标准，其条件是：辐照度 1000W/m^2、光谱 AM1.5、测试温度 25℃。

⑥ 填充因子（FF）　填充因子也叫曲线因子，是指太阳能电池组件的最大功率与开路电压和短路电流乘积的比值：

$$FF = \frac{P_m}{I_{sc} U_{oc}} \tag{7-1}$$

填充因子是评价太阳能电池组件所用电池片输出特性好坏的一个重要参数，它的值越高，表明所用太阳能电池组件输出特性越趋于矩形，电池组件的光电转换效率越高。太阳能电池组件的填充因子 FF 的值始终小于 1，一般在 0.5～0.8 之间。

FF 可由下列经验公式给出：

$$FF = U_{oc} - \frac{\ln(U_{oc} + 0.72)}{U_{oc} + 1} \tag{7-2}$$

⑦ 转换效率（η）　转换效率是指太阳能电池组件受光照时的最大输出功率与照射到组件上的太阳能量功率的比值。即：

$$\eta = \frac{P_m}{P_{in}} = \frac{FF \times I_{sc} \times U_{oc}}{P_{in}} \tag{7-3}$$

其中，P_{in} 为太阳入射功率，对于地面应用的太阳能电池，太阳功率密度为 1000W/m^2（海平面），对于太空电池，太阳功率密度为 135W/m^2。

（3）光伏方阵

太阳能电池方阵也称光伏阵列（Solar Array 或 PV Array）。太阳能电池方阵是为满足高电压、大功率的发电要求，由若干个太阳能电池组件通过串并联连接，并通过一定的机械方式固定组合在一起。除太阳能电池组件的串并联组合外，太阳能电池方阵还需要防反充（防逆流）二极管、旁路二极管、电缆等对电池组件进行电气连接，还需要配备专用的、带避雷器的直流接线箱。有时为了防止鸟粪等沾污太阳能电池方阵表面而产生"热斑效应"，还要在方阵顶端安装驱鸟器。另外电池组件方阵要固定在支架上，支架要有足够的强度和刚度，整个支架要牢固地安装在支架基础上。

① 相同性能太阳能电池组件的串、并联组合　太阳能电池方阵的连接，有串联、并联和串、并联混合几种方式。组件串联连接时，当每个单体的电池组件性能一致时，可在不改变输出电流的情况下，使方阵输出电压成比例地增加；组件并联连接时，则可在不改变输出电压的情况下，使方阵的输出电流成比例地增加；串、并联混合连接时，既可增加方阵的输出电压，又可增加方阵的输出电流。

如图 7-7 所示，每个单体的电池组件性能一致 12V、3A 的组件，其 2 串 3 并联后总电

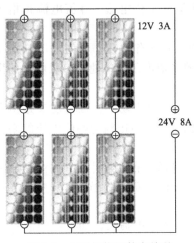

图 7-7　相同性能组件串并联
总电流与总电压情况

压与电流为 24V、9A。

② 不同性能太阳能电池组件的串、并联组合
组成方阵的所有电池组件性能参数不可能完全一致，
所有的连接电缆、插头插座接触电阻也不相同，于
是会造成各串联电池组件的工作电流受限于其中电
流最小的组件；而各并联电池组件的输出电压又会
被其中电压最低的电池组件钳制。因此方阵组合会
产生组合连接损失，使方阵的总效率总是低于所有
单个组件的效率之和，具体情况如下：

a. 两个性能不同的组件（A、B）串联时，电压
仍相加，电流将被限制到略高于电流最小的组件
（组件 B）的电流值，如图 7-8 虚线所示；

b. 两个性能不同的组件（A、B）并联时，电
流将增加，但是电压只是两者的平均值，如图 7-9
虚线所示。

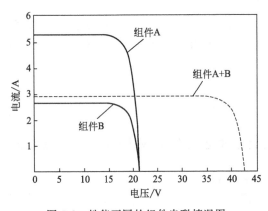

图 7-8　性能不同的组件串联情况图

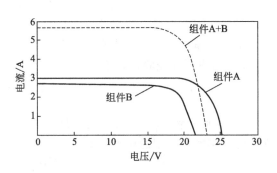

图 7-9　性能不同的组件并联情况图

【项目实施】

1. 光伏组件（方阵）的设计

为了满足工业生产、生活用电所需的功率，太阳能电池组件一般含有足够多的串联单体
电池，以便能产生足以给蓄电池组充电的电压。组件串联可以增加系统的输出电压，而并联
可以增加系统的输出电流。组件的设计（方阵）即对组件的串并联数目、尺寸进行设计，以
减小组件功率的损耗。

现行商业应用的太阳能光伏组件，主要以晶硅太阳能电池为主，这里将以此来介绍光伏
组件的设计。

光伏组件的最小单元是太阳能电池，晶硅太阳能电池的主要尺寸是 5in 和 6in 两种常用
规格，但不管其尺寸多大，其工作电压都在 0.5V 左右，与它的面积没有关系，而工作电流
则与电池面积成正比。

（1）光伏发电系统对组件的要求

光伏组件必须满足光伏发电系统的以下要求：

① 有一定的标称工作电流输出功率；

② 工作寿命长，能正常工作 20～30 年，因此要求组件所使用的材料、零部件及结构，在使用寿命上相互一致，避免因一处损坏而使整个组件失效；

③ 有足够的机械强度，能经受住运输、安装和使用过程中发生的冲击、振动及其他应力；

④ 耐日照及极限温度变化；

⑤ 易于安装、维护、更换；

⑥ 组合引起的电性能损失小；

⑦ 组合成本低。

（2）光伏发电的电压要求

光伏发电系统根据系统类型的不同，对光伏阵列的电压要求也不一样。太阳能电池组件和其他电源一样，也是由电压值和电流值标定的。对于独立的光伏系统而言，光伏组件的电压主要是与蓄电池的电压对接。只有当太阳能电池组件的电压等于或略高于合适的浮充电压时，才能达到最佳的充电状态。组件输出电压低于蓄电池浮充电压，方阵就不能对蓄电池充电；组件输出电压远高于浮充电压时，充电电流也不会有明显的增加。目前，为了对标称 12V 蓄电池充电，要求光伏方阵输出电压高于蓄电池标称电压。对于铅酸蓄电池组，要使一个标称 12V 的蓄电池完全充足电，需要 1.25～1.4 倍以上的电压。如果使用硅阻塞二极管，最少还需加上 0.6V，以使其正向偏置。温度每升高 1℃，组件的开路电压下降约 0.4%。不同的组件设计会使电池在现场的工作温度不同。组件安装成背面空气可以循环的，比非这种方式安装的温度要低一些。目前，市场上给标称 12V 蓄电池充电的太阳能电池组件的电压一般为 18V。以此推算，对 48V、110V 和 220V 的蓄电池组进行充电，其要求的光伏阵列电压分别为 72V、165V 和 330V。

对于并网发电系统，其系统电压一般要求高达几百伏，例如现在进行系统设计时，系统电压的一般规格有 110V、220V、600V 等，那么系统要求光伏阵列的电压要高于这个电压，因此光伏组件的电压一般设计为 18V 的整数倍。现在常用组件的电压规格主要是 18V 和 36V 两种。

2. 光伏组件（方阵）组合的设计

① 总体要求 根据用户要求确定用电器及用电量，选择合适的系统。太阳能电池方阵是根据负载需要将若干个组件通过串联和并联进行组合连接，得到规定的输出电流和电压，为负载提供电力的。方阵的输出功率与组件串并联的数量有关，串联是为了获得所需要的工作电压，并联是为了获得所需要的工作电流。太阳能电池组件的设计原则是要满足平均天气条件（太阳辐射量）下负载每日用电量的需求，也就是说太阳能电池组件的全年发电量要等于负载全年用电量。

② 设计方法 根据各种数据直接计算出太阳能电池组件或方阵的功率，根据计算结果选配或定制相应功率的电池组件，进而得到电池组件的外形尺寸和安装尺寸。另一种方法是选定尺寸符合要求的电池组件，根据该组件峰值功率、峰值工作电流和日发电量等数据，结合各种数据进行设计计算，在计算中确定电池组件的串、并联数及总功率。下面主要是介绍第二种设计方法。

（1）光伏组件（方阵）的串联

太阳能电池组件按一定数目串联起来，电流值不变，电压将增加，这样就可获得所需要的工作电压。光伏组件的电压一般是 18V 或者 36V，要得到系统要求的高电压，必须对光伏组件进行串联，以达到系统要求的电压。

例如，当要求系统的电压为 220V 时，每个光伏板的电压为 36V，因此需要 7 块或者 8 块组件串联才能得到合适的系统输出电压。将系统的标称电压除以太阳电池组件的标称电压，就可以得到太阳电池组件需要串联的太阳电池组件数，使用这些太阳电池组件串联就可以产生系统负载所需要的电压。

独立系统光伏组件（方阵）串联数量的计算方法如下：

$$N_\text{S} = \frac{U_\text{R}}{U_\text{OC}} = \frac{U_\text{f} + U_\text{D} + U_\text{C}}{U_\text{OC}} \tag{7-4}$$

式中，U_R 为太阳能电池方阵输出的最小电压；U_OC 为太阳能电池组件的最佳工作电压，也为蓄电池浮充电压；U_D 为二极管压降，一般取 0.6V；U_C 为其他因素引起的压降。蓄电池的浮充电压和所选的蓄电池参数有关，应等于在最低温度下所选蓄电池单体的最大工作电压乘以串联的电池数。一般带蓄电池的光伏独立发电系统方阵的输出电压为蓄电池组标称电压的 1.43 倍，则计算公式：

$$\text{电池组件的串联数 } N_\text{S} = \frac{\text{系统工作电压（V）} \times \text{系数 } 1.43}{\text{组件峰值工作电压（V）}} \tag{7-5}$$

如果系统为并网系统，则要确保光伏阵列的系统电压不超过逆变器的最大电压，同时满足光伏组件在较高工作温度下（例如 75℃），其输出电压不低于逆变器的输入电压。

（2）光伏组件（方阵）并联

太阳能电池组件按一定数目并联起来，电压值不变，电流值将增加，这样就可获得所需要的工作电流。以独立系统为例，太阳能电池组件设计的基本思想就是满足年平均日负载的用电需求。太阳能电池组件的基本计算方法是用负载平均每天所需要的能量（安时数），除以一块太阳能电池组件在一天中可以产生的能量（安时数），这样就可以算出系统需要并联的太阳能电池组件数，使用这些组件并联就可以产生系统负载所需要的电流。其基本计算公式如下：

$$\text{并联的组件数量 } N_\text{P} = \frac{\text{日平均负载（A·h）}}{\text{组件的输出（A·h）}} \tag{7-6}$$

光伏组件的输出，会受到一些外在因素的影响而降低，根据上述基本公式计算出的太阳能电池组件，在实际情况下通常不能满足光伏系统的用电需求，为了得到更加正确的结果，有必要对上述基本公式进行修正。

首先，将太阳能电池组件的输出降低 10%。在实际情况下，太阳能电池组件的输出会受到外在环境的影响而降低。泥土、灰尘的覆盖和组件性能的逐渐衰变都会降低太阳能电池组件的输出。因此通常在计算的时候以减少太阳电池组件输出的 10% 来解决上述不可预知和不可量化因素导致的问题。这可以看成光伏系统设计时需要考虑的工程上的安全系数。又因为光伏供电系统的运行还依赖于天气状况，所以有必要对这些因素进行评估和技术估计，因而设计上留有一定的余量，可使得系统年复一年地长期正常使用。

其次，将负载增加 10% 以应付蓄电池的库仑效率。在蓄电池的充放电过程中，铅酸蓄电池会电解水，产生气体逸出，也就是说太阳能电池组件产生的电流中将有一部分不能转化储存起来，而是耗散掉了。所以可以认为必须有一小部分电流用来补偿损失，通常认为有 5%～10% 的损失，因此保守设计中有必要将太阳能电池组件的功率增加 10%，以抵消蓄电池的耗散损失。

（3）完整的太阳电池组件设计计算

综合考虑以上因素，电池组件的并联设计公式可修正如下：

$$\text{并联的组件数量} = \frac{\text{日平均负载（A·h）}}{\text{库仑效率} \times [\text{组件日输出（A·h）} \times \text{衰减因子}]} \tag{7-7}$$

$$串联组件数量 = \frac{系统电压(V)}{组件电压(V)} \tag{7-8}$$

太阳能组件（方阵）的输出功率

$$P = P_0 N_S N_P \tag{7-9}$$

方阵的输出功率与组件串并联的数量有关，串联是为了获得所需要的工作电压，并联是为了获得所需要的工作电流，适当数量的组件经过串并联即组成了所需要的太阳能电池方阵。

利用上述公式进行太阳电池组件的设计计算时，还要注意以下一些问题。

① 考虑季节变化对光伏系统输出的影响，逐月进行设计计算。

对于全年负载不变的情况，太阳电池组件的设计计算是基于辐照最低的月份。如果负载的工作情况是变化的，即每个月份的负载对电力的需求是不一样的，那么在设计时采取的最好方法就是按照不同的季节或者每个月份分别来进行计算，计算出的最大太阳电池组件数目即为所求。例如，可能计算出冬季需要的太阳电池组件数是 10 块，但是在夏季可能只需要5 块，但是为了保证系统全年的正常运行，必须安装较大数量的太阳电池组件，即 10 块组件来满足全年的负载的需要。

② 根据太阳电池组件电池片的串联数量选择合适的太阳电池组件。

太阳电池组件的日输出与太阳电池组件中电池片的串联数量有关。太阳电池在光照下的电压会随着温度的升高而降低，从而导致太阳电池组件的电压会随着温度的升高而降低。根据这一物理现象，太阳电池组件生产商根据太阳电池组件工作的不同气候条件，设计了不同的组件：36 片串联组件与 33 片串联组件。

36 片太阳电池组件主要适用于高温环境，36 片太阳电池组件的串联设计使得太阳电池组件即使在高温环境下也可以在 I_{mp} 附近工作。通常，使用的蓄电池系统电压为 12V，36 片串联就意味着在标准条件（25℃）下太阳电池组件的 U_{mp} 为 17V，大大高于充电所需的 12V电压。当这些太阳电池组件在高温下工作时，由于高温太阳电池组件的损失电压约为 2V，这样 U_{mp} 为 15V，即使在最热的气候条件下也足够给各种类型的蓄电池充电。采用 36 片串联的太阳电池组件最好是应用在炎热地区，也可以使用在安装了峰值功率跟踪设备的系统中，这样可以最大限度地发挥太阳电池组件的潜力。

33 片串联的太阳电池组件适宜于在温和气候环境下使用。33 片串联意味着在标准条件（25℃）下太阳电池组件的 U_{mp} 为 16V，稍高于充电所需的 12V 电压。当这些太阳电池组件在 40～45℃下工作时，由于高温导致太阳电池组件损失电压约为 1V，这样 U_{mp} 为 15V，也足够给各种类型的蓄电池充电。但如果在非常热的气候条件下工作，太阳电池组件电压就会降低更多。如果到 50℃或者更高，电压会降低到 14V 或者以下，就会发生电流输出降低。这样对太阳电池组件没有害处，但是产生的电流就不够理想，所以 33 片串联的太阳电池组件最好用在温和气候条件下。

③ 使用峰值小时数的方法估算太阳电池组件的输出。

因为太阳电池组件的输出是在标准状态下标定的，但在实际使用中，日照条件以及太阳电池组件的环境条件是不可能与标准状态完全相同，因此有必要找出一种可以利用太阳电池组件额定输出和气象数据来估算实际情况下太阳电池组件输出的方法。可以使用峰值小时数的方法估算太阳电池组件的日输出。

该方法是将实际倾斜面上的太阳辐射转换成等同的利用标准太阳辐射 $1000W/m^2$ 照射的小时数。将该小时数乘以太阳电池组件的峰值输出，就可以估算出太阳电池组件每天输出的安时数：

太阳电池组件的输出发电量 $Q=$ 峰值小时数×峰值功率$=P_mh$（W·h）

太阳电池组件的输出为峰值小时数×峰值功率。例如：如果一个月的平均辐射为 5.0kW·h/m²，可以将其写成 5.0h×1000W/m²，而 1000W/m² 正好也就是用来标定太阳电池组件功率的标准辐射量，那么平均辐射为 5.0kW·h/m²，就基本等同于太阳电池组件在标准辐射下照射 5.0h。这当然不是实际情况，但是可以用来简化计算。

因为 1000W/m² 是生产商用来标定太阳电池组件功率的辐射量，所以在该辐射情况下的组件输出数值可以很容易从生产商处得到。为了计算太阳电池组件每天产生的安时数，可以使用峰值小时×太阳电池组件的峰值电流 I_{mp}：

太阳电池组件的输出发电量 $Q=$ 峰值小时数×太阳电池组件的峰值电流

$$I_{mp}=I_{mp}×h \quad (A·h)。$$

例如，假设在某个地区倾角为 30° 的斜面上，按月平均每天的辐射量为 5.0kW·h/m²，可以将其写成 5.0h×1000W/m²。对于一个典型的 75W 太阳电池组件，I_{mp} 为 4.4A，就可得出每天发电的安时数为 5.0×4.4A＝22.0A·h/天。

例如，某个地区年度的平均日照时间为 5.4h/d，按照太阳能电池板 100W/m² 的能量密度计算，某个地区太阳能电池板平均日发电量 0.540kW·h。

使用峰值小时方法存在一些缺点，因为在峰值小时方法中做了一些简化，导致估算结果和实际情况有一定的偏差。但总的来说，在已知本地倾斜斜面上太阳能辐射数据的情况下，峰值小时估计方法是一种对太阳电池组件输出进行快速估算很有效的方法。

下面举例说明如何使用上述方法计算光伏供电系统需要的太阳电池组件数。

一个偏远地区建设的光伏供电系统，使用直流负载，负载为 24V，400A·h/天。该地区最低的光照辐射是一月份，如果采用 30° 的倾角，斜面上的平均日太阳辐射为 3.0kW·h/m²，也就是相当于 3 个标准峰值小时。对于一个典型的 75W 太阳电池组件，每天的输出为：

组件日输出＝3.0 峰值小时×4.4A＝13.2A·h/天

假设蓄电池的库仑效率为 90%，太阳电池组件的输出衰减为 10%，根据前述公式：

$$并联组件数量=\frac{日平均负载（A·h）}{库仑效率×[组件日输出(A·h)×衰减因子]}$$
$$=\frac{400（A·h）}{0.9×[13.2（A·h）×0.9]}=37.4$$

$$串联组件数量=\frac{系统电压(V)}{组件电压(V)}=\frac{24(V)}{12(V)}=2$$

根据以上计算数据，可以选择并联组件数量为 38 块，串联组件数量为 2 块，所需的太阳电池组件数为：

总的太阳电池组件数＝2 串×38 并＝76 块

【知识拓展】 太阳能电池组件的安装

1. 太阳能电池组件的安装

太阳能电池组件安装图如图 7-10 所示。

(1) 太阳能电池方阵的方位角与倾斜角

① 方位角　太阳能电池方阵的方位角是方阵的垂直面与正南方向的夹角（向东偏设定为负角度，向西偏设定为正角度）。一般在北半球，方阵朝向正南时（即方阵垂直面与正南的夹角为 0°），太阳能电池发电量最大。在偏离正南（北半球）30° 时，方阵的发电量将减少

图 7-10　组件安装图

10%～15%；在偏离正南（北半球）60°时，方阵的发电量将减少 20%～30%。但是，在晴朗的夏天，太阳辐射能量的最大时刻是在中午稍后，因此方阵的方位稍微向西偏一些时，在午后时刻可获得最大发电功率。

在不同的季节，各个方位的日辐射量峰值产生时刻是不一样的。太阳能电池方阵的方位稍微向东或向西偏一些，都有获得发电量最大的时候。太阳能电池方阵设置场所受到许多条件的制约，如果要将方位角调整到在一天中负载的峰值时刻与发电峰值时刻一致时，可参考下述公式：

$$方位角＝[一天中负载的峰值时刻(24 小时制)－12]×15＋(经度－116) \qquad (7-10)$$

② 倾斜角　太阳能电池方阵通常面向赤道放置，相对地平面有一定倾角，即太阳能电池方阵平面与水平地面的夹角。对于全年负载均匀的固定式太阳能电池方阵，如果设计斜面的辐射量小，意味着需要更多的太阳能电池来保证向用户供电；如果各个月份太阳能电池方阵面接收到的太阳辐射量差别很大，意味着需要大量的蓄电池来保证太阳辐射量低的月份的用电供应。这些都会提高整个系统的成本。因此，确定太阳能电池方阵的最优倾角，是风光互补发电系统中不可缺少的一个重要环节。

对于太阳能电池方阵倾角的选择，应结合以下要求进行综合考虑。

a. 连续性　一年中太阳辐射总量大体上是连续变化的，多数是单调升降，个别也有少量起伏，但一般不会大起大落。

b. 均匀性　选择倾角，最好使方阵表面上全年接收到的日平均辐射量比较均匀，以免夏天接收辐射量过大，造成浪费；而冬天接受到的辐射量太小，造成蓄电池过放以致损坏，降低系统寿命，影响系统供电稳定性。

c. 极大性　选择倾角时，不但要使太阳能电池方阵表面上辐射量最弱的月份获得最大的辐射量，同时还要兼顾全年日平均辐射量不能太小。

同时，对特定的情况要做具体分析。如有些特殊的负载（灌溉用水泵、制冷机等），夏天消耗功率多，太阳能电池方阵倾角的取值应使太阳能电池方阵夏日接收辐射量相对冬天要多才合适。可用一种较近似的方法来确定太阳能电池方阵倾角。一般在我国南方地区，太阳能电池方阵倾角可取比当地纬度增加10°～15°；在北方地区倾角可比当地纬度增加 5°～10°，纬度较大时，增加的角度可小一些。在青藏高原，倾角不宜过大，可大致等于当地纬度。同时，为了太阳能电池方阵支架的设计和安装方便，方阵倾角常取成整数。

以上所述为方位角、倾斜角与发电量之间的关系，对于具体设计，某一个太阳能电池方阵的方位角和倾斜角还应同实际情况结合起来考虑。对于固定式光伏系统，一旦安装完成，太阳能电池方阵倾斜角和方位角就无法改变。而安装了跟踪装置的光伏系统，太阳能电池方阵可以随着太阳的运行而跟踪移动，使太阳能电池一直朝向太阳，增加了太阳能电池方阵接受的太阳辐射量。但是目前在光伏系统中使用跟踪装置的相对较少，因为跟踪装置比较复杂，初始成本和维护成本较高。

（2）阴影对太阳能电池方阵的影响

一般情况下，在计算太阳能电池发电量时，是在太阳能电池方阵面完全没有阴影的前提下得到的。因此，如果太阳能电池不能被日光直接照到时，那么只有散射光用来发电，此时的发电量比无阴影时要减少10%～20%。针对这种情况，要对理论计算值进行校正。通常，在太阳能电池方阵周围有建筑物及山峰等物体时，太阳出来后，建筑物及山的周围会存在阴影，因此在选择安装太阳能电池方阵的地点时，应尽量避开阴影。如果实在无法躲开，也应从太阳能电池的接线方法上进行解决，使阴影对发电量的影响降低到最低程度。另外，如果太阳能电池方阵是前后放置时，后面的太阳能电池方阵与前面的太阳能电池方阵之间距离接近后，前边太阳能电池方阵的阴影会对后边太阳能电池方阵的发电量产生影响。如有一个高为 L_1 的竹竿，其南北方向的阴影长度为 L_2，太阳高度（仰角）为 A，在方位角为 B 时，假设阴影的倍率为 R，则

$$R = \frac{L_2}{L_1} = \cot A \times \cos B \tag{7-11}$$

式（7-11）应按冬至那一天进行计算，因为那一天的阴影最长。例如，太阳能电池方阵的上边缘的高度为 h_1，下边缘的高度为 h_2，则方阵之间的距离

$$a = (h_1 - h_2)R \tag{7-12}$$

当纬度较高时，太阳能电池方阵之间的距离应加大，相应的设置场所的面积也会增加。对于有防积雪措施的方阵来说，其倾斜角度大，因此使太阳能电池方阵的高度增大，为避免阴影的影响，相应地也会使太阳能电池方阵之间的距离加大。通常在排布太阳能电池方阵时，应分别选取每一个太阳能电池方阵的构造尺寸，将其高度调整到合适值，从而利用其高度差使太阳能电池方阵之间的距离调整到最小。具体的太阳能电池方阵的设计，在合理确定方位角与倾斜角的同时，还应进行全面的考虑，才能使太阳能电池方阵达到最佳状态。

（3）太阳能电池组件支架

太阳能电池方阵支架用于支撑太阳能电池组件，太阳能电池方阵的结构设计要保证太阳能电池组件与支架的连接牢固可靠，并能很方便地更换太阳能电池组件。太阳能电池方阵及支架必须能够抵抗 120km/h 的风力而不被损坏。

在安装太阳能电池方阵支架时，所有方阵的紧固件必须有足够的强度，以便将太阳能电池组件可靠地固定在支架上。太阳能电池方阵可以安装在屋顶上，但支架必须与建筑物的主体结构相连接，而不能连接在屋顶材料上。对于地面安装的太阳能电池方阵，太阳能电池组件与地面之间的最小间距要在 0.3m 以上。立柱的底部必须牢固地连接在基础上，以便能够承受太阳能电池方阵的重量并能承受设计风速。

在太阳能电池组件支架结构设计中，一个需要非常重视的问题就是抗风设计。依据太阳能电池组件厂家的技术参数资料，太阳能电池组件可以承受的迎风压强为 2700Pa。若抗风系数选定为 27m/s（相当于 10 级台风），根据非黏性流体力学，太阳能电池组件承受的风压只有 365Pa。所以，组件本身是完全可以承受 27m/s 的风速而不致损坏的。因此，设计中关键要考虑的是太阳能电池组件支架设计、基础设计和支架与基础的连接设计。太阳能电池组件支架与基础的连接设计，应使用螺栓固定连接方式。

组件安装结构要经得住风雪等环境应力，安装孔要保证安装调整方便，并要承受一定的机械应力，使用正确的安装结构材料可以使组件框架、安装结构和材料的腐蚀减至最小。太阳能电池组件工作时，其安装方向应保证最大限度地接收日光照射，考虑一天内阳光入射方向的变化和一年内冬季和夏季太阳距地平线高度的不同。一般情况下，组件应朝赤道方向倾斜安装，即北半球组件受光面应朝向南方，南半球组件受光面应朝向北方。一般情况下其组件与地面的夹角应参照当地纬度±(5°～10°)。

太阳能电池组件若安装在风力发电机的塔架上，应将太阳能电池组件支架与塔架可靠连接，太阳能电池组件支架应安装在离风力机叶片 30cm 以上位置，太阳能电池组件与太阳能电池支架用螺栓固定。在吊装塔架前，应对太阳能电池组件输出端电压进行测试，并对连接线路进行检查。

2. 太阳能电池组件的安装施工

① 安装位置的确定　在光伏发电系统设计时，就要在计划施工的现场进行勘测，确定安装方式和位置，测量安装场地的尺寸，确定电池组件方阵的方位角和倾斜角。太阳能电池方阵的安装地点不能有建筑物或树木等遮挡物，如实在无法避免，也要保证太阳能方阵在上午 9 时到下午 16 时能接收到阳光。太阳能电池方阵与方阵的间距等都应严格按照设计要求确定。

② 光伏电池方阵支架的设计施工

a. 杆柱安装类支架的设计施工（图 7-11）

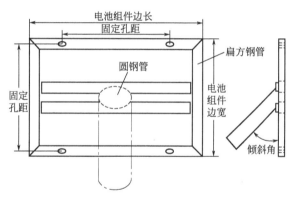

图 7-11　杆柱安装类支架设计示意图

b. 屋顶类支架的设计施工（图 7-12）

图 7-12　屋顶支架设计示意图

◆ 对于斜面屋顶　设计与屋顶斜面平行的支架，支架的高度离屋顶面 10cm 左右，以利通风散热；或根据最佳倾斜角角度设计支架，以满足电池组件的太阳能最大接收量。

◆ 对于平面屋顶　一般要设计成三角形支架，支架倾斜面角度为太阳能电池的最佳接收倾斜角。

◆ 支架在屋顶的固定方法 支架为混凝土基础，对屋顶二次防水处理；角钢支架固定电池组件。支架在屋顶的固定方法示意图如图 7-13 所示。

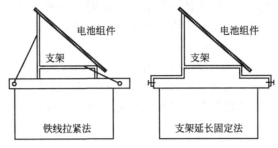

图 7-13 支架在屋顶的固定方法示意图

c. 地面方阵支架的设计施工 地面用光伏方阵支架一般都是用角钢制作的三角形支架，其底座是水泥混凝土基础，方阵组件排列有横向排列和纵向排列两种方式，如图 7-14 所示。

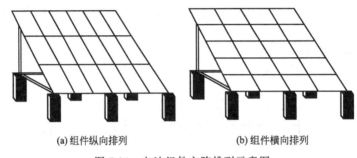

图 7-14 电池组件方阵排列示意图

③ 太阳电池组件的安装

a. 太阳能光伏电池组件在存放、搬运、安装等过程中，不得碰撞或受损，特别要注意防止组件玻璃表面及背面的背板材料受到硬物的直接冲击。

b. 组件安装前应根据组件生产厂家提供的出厂实测技术参数和曲线，对电池组件进行分组，将峰值工作电流相近的组件串联在一起，将峰值工作电压相近的组件并联在一起，以充分发挥电池方阵的整体效能。

c. 将分组后的组件依次摆放到支架上，并用螺钉穿过支架和组件边框的固定孔，将组件与支架固定。

d. 按照方阵组件串并联的设计要求，用电缆将组件的正负极进行连接。

e. 安装中要注意方阵的正负极两输出端不能短路，否则可能造成人身事故或引起火灾。阳光下安装时，最好用黑塑料薄膜、包装纸片等不透光材料，将太阳能电池组件遮盖。

f. 安装斜坡屋顶的建材一体化太阳能电池组件时，互相间的上下左右防雨连接结构必须严格施工，严禁漏雨、漏水，外表必须整齐美观，避免光伏组件扭曲受力。

g. 太阳能电池组件安装完毕之后要先测量总的电流和电压，如果不合乎设计要求，应该对各个支路分别测量。为了避免各个支路互相影响，在测量各个支路的电流与电压时，各个支路要相互断开。

④ 太阳电池方阵前、后安装距离设计 为了防止前、后排太阳能电池方阵间的遮挡，太阳能电池方阵前、后排间应保持适当距离。

思考与练习

1. 选择题

(1)（　　）是影响光伏组件输出特性的一个重要因素。

A. 湿度　　　　　　　B. 风速　　　　　　　C. 温度　　　　　　　D. 高度

(2) 太阳能电池组件是由许多（　　）串联而成的。

A. 硅片　　　　　　　B. 方阵　　　　　　　C. 太阳能电池　　　　D. 蓄电池

(3) 双玻组件是一种应用比较广泛的（　　）太阳能电池组件。

A. 建材型　　　　　　B. 柔性　　　　　　　C. 不透光　　　　　　D. 环保型

(4) 在光伏组件温度不变的情况下，光电流随着光强的增长而（　　）。

A. 下降　　　　　　　B. 线性增长　　　　　C. 曲线上升　　　　　D. 不变

(5) 在光伏组件温度不变的情况下，光照强度对光电压的影响（　　）。

A. 很小　　　　　　　B. 不变　　　　　　　C. 线性增长　　　　　D. 曲线上升

(6) 在光伏组件温度不变的情况下，光伏组件的最大输出功率随（　　）的增加而增大。

A. 海拔　　　　　　　B. 太阳辐射强度　　　C. 湿度　　　　　　　D. 风速

(7) 在标准测试条件下，光伏组件所输出的最大功率被称为（　　）。

A. 有功功率　　　　　B. 无功功率　　　　　C. 峰值功率　　　　　D. 最大功率

(8) 一般太阳能电池组件要保证长达（　　）年的使用寿命。

A. 5　　　　　　　　　B. 25　　　　　　　　C. 50　　　　　　　　D. 100

(9) 标准太阳能电池组件的上盖板材料通常采用（　　）。

A. 低铁钢化玻璃　　　B. 钢化玻璃　　　　　C. 有机玻璃　　　　　D. 钠铁玻璃

(10) 现行商业应用太阳能光伏组件主要以（　　）为主。

A. 柔性太阳能电池　　B. 晶硅太阳能电池　　C. 薄膜电池　　　　　D. 燃料敏化电池

2. 简答题

(1) 有哪些因素影响了太阳能电池的转换效率？

(2) 为什么要进行光伏组件（方阵）设计？其方法有哪些？

项目八　离网光伏供电系统应用的设计方法与实例

【任务导入】

离网型太阳能光伏发电系统，也叫独立太阳能光伏发电系统，其安装功率小的不足 1W，例如太阳能手机充电器、太阳能计算器等，大到 MW 级。这里讲的离网型太阳能光伏发电系统，指的是安装在国家电网或地区电网未覆盖区域，安装容量通常在数百瓦以上的光伏发电系统，主要由光伏组件、充放电控制器、逆变器（用于交流负载）、蓄电池及附属设施等构成。

光伏发电系统的设计要本着合理性、实用性、高可靠性和高性价比（低成本）的原则，做到既能保证光伏系统的长期可靠运行，充分满足负载的用电需要，同时又能使系统的配置最合理、最经济，特别是确定使用最少的太阳能电池组件功率，协调整个系统工作的最大可靠性和系统成本之间的关系，在满足需要、保证质量的前提下节省投资，达到最好的经济效益。

【相关知识】

一、太阳能光伏发电应用的设计思路

1. 离网系统设计原则

离网系统的设计工作，从收集气象数据和计算负载大小开始，然后确定系统中控制器、逆变器、蓄电池各设备的规格及容量，使系统各设备匹配完善，使设备工作在最佳工作状态，一方面保证系统正常运行，另一方面延长设备的使用寿命，同时还要保证用户的正常使用。离网光伏电站系统的设计方法很多，有比较简易的设计，有比较详细的设计，本节通过实例进行比较简易和详细设计两种方法的设计。

离网光伏电站设计应根据下面几点设计原则：

① 组件要满足平均天气条件下负载的每天用电需求，组件设计不能考虑尽可能快地给蓄电池充满电，如果要求快速充电，必须要求很大的太阳能组件，同时如果快速充满，太阳组件的发电量会造成浪费；

② 组件要满足光照最差季节的需要，太阳能组件输出要等于全年负载需求的平均值；

③ 蓄电池的设计要保证在太阳光照连续低于平均值的情况下负载仍可以正常工作；

④ 自给天数是系统在没有任何能源来源的情况下，负载仍能正常工作的天数；

⑤ 在设计系统前，尽量去实地考察，了解安装地点，这样对设备布置走线才能设计合理。

2. 离网系统设计的内容

离网光伏电站系统设计内容概括起来包括两个方面：

① 蓄电池与蓄电池组的计算与设计；

② 太阳能电池组件与太阳能方阵的计算与设计。

3. 离网系统设计需考虑的因素

① 系统设计中主要考虑的几个参量 负载功率（W）、负载每天连续工作时间（H）、系统使用地区最低有效日照时数（A）、当地最长连续阴雨天数（D）、当地连续阴雨天间隔系数（B）。

② 衰减因子 在考虑以上主要参数的前提下，还需要考虑系统综合效率。离网型光伏发电系统的综合效率，主要考虑组件匹配损耗、太阳能辐射损耗、系统偏离最大功率点损耗、太阳能组件衰减损耗、电缆损耗、倾角及朝向损耗、控制系统损耗、蓄电池衰减损耗、其他因素损耗对太阳能组件的影响等。

在实际项目中，太阳能电池组件的输出会受到外在环境的影响而降低，如泥土、灰尘的覆盖和组件性能的慢慢衰变等。通常的做法是在计算的时候减少太阳能电池组件的输出的10%，来解决上述不可预知和不可量化的因素。对于交流发电系统，还应该考虑交流逆变器的转换效率，一般按10%损失计算。

③ 库仑效应 在蓄电池的充放电过程中，蓄电池会电解水产生气体逸出，太阳能电池组件产生的电流中，将有5%～10%的部分不能转化储存起来而是耗散掉，用蓄电池的库仑效率来评估这种电流损失。所以保守设计中有必要将太阳能电池组件的功率增加10%，以抵消蓄电池的耗散损失。

④ 放电率对蓄电池容量的影响 一般蓄电池可根据生产厂家提供的蓄电池在不同放电

率下的容量，对蓄电池容量进行修正。对于慢放电率 $50 \sim 200h$（小时率）光伏系统蓄电池的容量进行估算，一般取蓄电池标称容量的 $105\% \sim 120\%$，相应放电率修正系数取 $0.95 \sim 0.8$。光伏系统的放电率要经过计算得到，其公式为：

$$平均放电率 h = \frac{连续阴雨天数（D）\times 负载工作时间（H）}{最大放电深度} \qquad (8\text{-}1)$$

对于有多个负载的光伏发电系统，负载工作时间需要采用加权平均的方法进行计算，加权负载工作时间的计算方法为：

$$加权负载工作时间 = \frac{\sum 负载功率 \times 负载工作时间}{\sum 负载功率} \qquad (8\text{-}2)$$

⑤ 环境温度对蓄电池影响　安装地点的最低气温很低时，设计时需要蓄电池的容量比正常温度时的容量要大，这样才能保证系统在最低温度时也能提供所需的能量。因此，在设计时一定要参照温度与容量修正系数，将此修正系数纳入计算公式。一般也可根据经验确定修正系数，0℃时修正系数可取 $0.95 \sim 0.9$ 之间，$-10℃$ 时修正系数可取 $0.9 \sim 0.8$ 之间，$-20℃$ 时修正系数可取 $0.8 \sim 0.7$ 之间。

另外，环境温度过低还会对最大放电深度产生影响。当环境气温在 $-10℃$ 以下时，浅循环蓄电池的最大放电深度可由常温时的 50% 调整为 $35\% \sim 40\%$，深循环蓄电池的最大放电深度可由常温时的 75% 调整为 60%。

二、离网光伏发电系统应用设计方法

下面以实例形式详细讲解离网光伏系统设计方法。

例　在江苏南京地区建一光伏离网发电系统，项目要求负载的总耗电量为 $4000W \cdot h/d$，每天全天候用电，选择的逆变器效率为 90%，连续阴雨天数为 4 天，蓄电池的放电深度为 70%，系统电压为 48V，请根据用户需要进行电站的设计。

（1）负载与蓄电池容量匹配设计

第一步，蓄电池容量简单计算公式为：

$$蓄电池容量 = \frac{负载日平均用电量（A \cdot h）\times 自给天数}{最大放电深度} \qquad (8\text{-}3)$$

式（8-3）没有考虑系统各种因素的影响，设计过程中必须将相关因素系数纳入到公式中，蓄电池容量设计才算比较完整，完整公式：

$$蓄电池容量 = \frac{负载日平均用电量（A \cdot h）\times 自给天数 \times 放电率修正系数}{最大放电深度 \times 低温修正系数 \times 逆变器效率} \qquad (8\text{-}4)$$

式（8-4）中，负载平均用电量（$A \cdot h$）没有直接给出，但题目中给出了系统电压为 48V，可以根据 $P = UI$ 求出。可根据式（8-1）求出系统放电小时率，再根据所选蓄电池厂家提供的蓄电池在不同放电率下的容量进行修正。

$$平均放电率 h = \frac{连续阴雨天数 \times 负载工作时间}{最大放电深度} = \frac{4 \times 24}{70\%} = 137 \text{ 小时率}$$

这时负载工作时间取 24 小时，则放电率修正系数可取 0.8。

第二步，确定温度修正系数。

通常，铅酸蓄电池的容量是在 25℃ 时标定的。随着温度的降低，0℃ 时的容量大约下降到额定容量的 90%，而在 $-20℃$ 的时候大约下降到额定容量的 80%。所以必须考虑蓄电池的环境温度对其容量的影响。南京地区全年最低气温大约为 $-4 \sim -6℃$，根据温度与容量修正系数得出在此温度下，蓄电池的容量会下降 10% 左右。

第三步，数据代入式（8-4），计算蓄电池实际容量

$$蓄电池容量=\frac{负载日平均用电量(A·h)\times 自给天数\times 放电率修正系数}{最大放电深度\times 低温修正系数\times 逆变器效率}$$

$$=\frac{4000\times 4\times 0.8}{70\%\times 90\%\times 90\%\times 48}=470A·h$$

（2）确定蓄电池的串并联方式

每个蓄电池都有它的标称电压。为了达到负载工作的标称电压，必须将蓄电池串并联起来给负载供电，需要串联的蓄电池的个数等于负载的标称电压除以蓄电池的标称电压。这里选用24V、200A·h的胶体蓄电池。

$$串联蓄电池数=\frac{负载标称电压}{蓄电池标称电压} \tag{8-5}$$

$$并联蓄电池=\frac{总蓄电池容量}{单个蓄电池容量} \tag{8-6}$$

则蓄电池串联数为48/24＝2。蓄电池并联数为470/200＝2.35，取3。

综上所述，使用24V、200A·h型胶体蓄电池，蓄电池串联2块，并联3块，共6块达到系统需求，连接方式如图8-1所示。

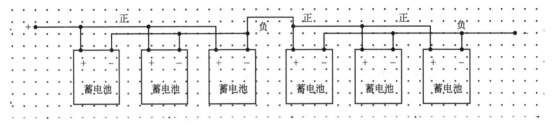

图8-1　2串3并蓄电池接线图

（3）太阳能电池组件及方阵的设计

① 太阳能电池组件（方阵）的方位角与倾斜角

a. 太阳能电池方位角的选择　我国处于北半球，太阳能电池的方位角一般选择正南稍微向西偏5°～10°方向，能使太阳能电池单位容量的发电量最大。

b. 太阳能电池倾斜角的选择　最理想的倾斜角是使太阳能电池年发电量尽可能大，而冬季和夏季发电量差异尽可能小的倾斜角。如最佳组件倾角可以根据当地纬度粗略确定太阳能电池倾角。太阳能板倾角的选择取决于站点的位置，一般会选择比其所处地区纬度大20°的倾角。表8-1为推荐方阵倾角与纬度的关系。

表8-1　方阵倾角与纬度的关系

当地纬度 ϕ	0°～15°	15°～20°	20°～30°	30°～35°	35°～40°	＞40°
方阵倾角 β	15°	ϕ	$\phi+5°$	$\phi+10°$	$\phi+15°$	$\phi+20°$

由于江苏南京纬度为32°，则最佳倾角选择37°。

② 组件一般设计方法　太阳电池组件设计的基本要求，就是满足年平均日负载的用电需求。计算太阳电池组件的基本方法，是用负载平均每天所需要的能量（A·h），除以一块太阳电池组件在一天中可以产生的能量（A·h），使用这些组件并联就可以产生系统负载所需要的电流。

基本公式为：

$$串联电池组件数=\frac{系统工作电压(V)\times 系数1.43}{组件峰值工作电压(V)} \tag{8-7}$$

式中系数 1.43 是太阳能电池组件峰值工作电压与系统工作电压的比值。

$$并联电池组件数 = \frac{负载平均日耗电量（A \cdot h）}{组件平均日发电量（A \cdot h）} \qquad (8\text{-}8)$$

其中

$$组件平均日发电量(A \cdot h) = 选定组件峰值工作电流(A) \times 峰值日照时数(h) \times$$
$$倾斜面修正系数 \times 组件衰降损耗修正系数 \qquad (8\text{-}9)$$

式（8-9）中，峰值日照时数和倾斜面修正系数都是指光伏发电系统安装地的实际数据，组件衰降损耗修正系数主要指因组件组合、组件功率衰减、组件灰尘遮盖、充电效率等的损失，一般取 0.8。

$$负载平均日耗电量 = \frac{负载功率 \times 每天工作小时数}{负载工作电压} \qquad (8\text{-}10)$$

$$太阳能电池方阵功率 = 选定电池组件的峰值输出功率 \times 电池组件的串联数 \times$$
$$电池组件的并联数 \qquad (8\text{-}11)$$

这里选择英利 250Wp 组件，峰值电流 8.24A，峰值电压 30.4V，开路电压 38.4V，短路电流 8.79A。南京日平均峰值日照时数为 3.94h，组件倾角采用最佳倾角，修正系数取 1，逆变器效率系数 0.9，则：

$$串联组件数 = \frac{系统工作电压 \times 系数\ 1.43}{组件日平均发电量} = \frac{48 \times 1.43}{30.4} = 2.26 \quad 取\ 3$$

$$并联组件数 = \frac{负载日平均耗电量（A \cdot h）}{组件日平均发电量（A \cdot h）}$$

$$= \frac{负载日平均耗电量（A \cdot h）}{组件峰值工作电流(A) \times 峰值日照时数(h) \times 倾斜面修正系数 \times 组件衰降损耗修正系数}$$

$$= \frac{4000}{48 \times 8.24 \times 3.94 \times 1 \times 0.8 \times 0.9}$$

$$= 3.57 \quad 取\ 4$$

则

$$组件总数 = 串联组件数 \times 并联组件数 = 3 \times 4 = 12\ 块$$
$$总功率 = 12 \times 250 = 3000 Wp$$

（4）直流接线箱的选型

直流接线箱也叫直流配电箱，小型太阳能光伏发电系统一般不用直流接线箱。直流接线箱主要用于中、大型太阳能光伏发电系统中，用于把太阳能电池组件方阵的多路输出电缆集中输入，分组连接，不仅使连线井然有序，而且便于分组检查、维护。当太阳能电池方阵局部发生故障时，可以局部分离检修，不影响整体发电系统的连续工作。

本项目采用 3 串 4 并电池组件实现，选用四进一带有防雷功能汇流箱，其具体参数如表8-2 所示。

表 8-2　汇流箱参数表

电气参数		电气参数	
光伏阵列电压范围	200~100V DC	通信接口	RS-485
光伏阵列输入列数	≤24	防护等级	IP54、IP65
每路输入最大电流	20A	宽×高×深	630mm×450mm×180mm
环境温度	−40~+85℃	重量	15kg
环境湿度	0~99%		

（5）光伏控制器的选型

光伏控制器要根据系统功率、系统直流工作电压、电池方阵输入路数、蓄电池组数、负载状况及用户的特殊要求等确定光伏控制器的类型。一般小功率光伏发电系统采用单路脉冲宽度调制型控制器，大功率光伏发电系统采用多路输入型控制器或带有通信功能和远程监测控制功能的智能控制器。

控制器选择时要特别注意其最大工作电流，必须同时大于太阳能电池组件或方阵的短路电流和负载的最大工作电流。

选择 Bosin BX-C10048 型号的控制器，参数如表 8-3 所示。

表 8-3　Bosin BX-C10048 控制器参数

型号	BX-C10048	蓄电池过放电压恢复点	50.0V
光伏组件总额定功率	5kW	静态损耗电流	≤100mA
额定充电电流	50A	使用环境温度	−20～+50℃
蓄电池组额定电压	48V	使用海拔	≤2000m
最大充电电流	≤225A	防护等级	IP20
蓄电池过充电压点	57.6V	设备外形尺寸	355mm×380mm×150mm
蓄电池过充电压恢复点	52.0V	设备净重	8.0kg
蓄电池过放电压点	42.0V		

（6）光伏离网逆变器的选型

光伏离网逆变器选型时，一般是根据光伏发电系统设计确定的直流电压，来选择逆变器的直流输入电压，根据负载的类型确定逆变器的功率和相数，根据负载的冲击性决定逆变器的功率余量。逆变器的持续功率应该大于使用负载的功率，负载的启动功率要小于逆变器的最大冲击功率。在选型时还要考虑为光伏发电系统将来的扩容留有一定的余量。在独立光伏发电系统中，系统电压的选择应根据负载的要求而定。这里选用 SOlar B48P5K-1 型逆变器，其技术参数如表 8-4 所示。

表 8-4　B48P5K-1 型逆变器参数

型号	TLS-4KVA	输出电压	220V AC±3%
额定功率	5000W	输出频率	50Hz±0.05Hz
电池电压	48V	空载电源	≤0.8A DC
最大放电电流	20A	波形失真（THD）	≤5%（线性负载）
输出电流	18A	逆变效率	≥90%
充电电流	按电池容量的10%计	工作环境温度	−10～60℃
瞬时最大功率	150%技术指标,10s	工作环境海拔	<1000m

【项目实施】

1. 光伏系统以峰值日照时数和两段阴雨天间隔天数为依据的计算方法

在考虑连续阴雨天因素时，还要考虑两段连续阴雨天之间的间隔天数，以防止有些地区第一个连续阴雨天到来使蓄电池放电后，还没有来得及补充足，就又来了第二个连续阴雨天，使系统根本无法正常供电。因此，在连续阴雨天比较多的南方地区，设计时要把太阳电池和蓄电池的容量都考虑得稍微大一些。下面介绍的计算方法，把两段阴雨天之间的最短间隔天数纳入了计算公式中。其计算步骤如下。

（1）系统蓄电池组容量的计算

$$\text{蓄电池组容量}(A \cdot h) = \frac{\text{安全系数} \times \text{负载日平均耗电量}(A \cdot h) \times \text{最大连续阴雨天数} \times \text{低温修正系数}}{\text{蓄电池最大放电深度系数}}$$

式中，安全系数根据情况在 1.1～1.4 之间选取；低温修正系数在环境温度为 0℃ 以上时取 1，-10℃以上时取 1.1，-20℃以上时取 1.2；蓄电池最大放电深度系数，浅循环蓄电池取 0.5，深度循环蓄电池取 0.75，碱性镍镉蓄电池取 0.85。蓄电池组的组合设计和串并联计算等按照前面介绍的方法和公式计算即可。

（2）太阳电池方阵的设计与计算

① 太阳电池组件串联数的计算公式：

$$电池组件串联数 = \frac{系统工作电压（V）× 系数 1.43}{选定组件峰值工作电压（V）}$$

② 太阳电池组件平均日发电量的计算：

组件平均日发电量(A·h)＝选定组件峰值工作电流(A)×峰值日照时数(h)×
倾斜面修正系数×组件衰降损耗修正系数

式中，峰值日照时数和倾斜面修正系数，都是指光伏发电系统安装地的实际数据，无法获得实际数据时，也可参照选择接近地区的数据参考计算。组件衰降损耗修正系数主要指因组件组合、组件功率衰减、组件灰尘遮盖、充电效率等的损失，一般取 0.8。

③ 两段连续阴雨天之间的最短间隔天数需要补充的蓄电池容量的计算：

补充的蓄电池容量(A·h)＝安全系数×负载日平均耗电量(A·h)×最大连续阴雨天数

④ 太阳电池组件并联数的计算方法。在这个并联计算公式中，纳入了两段连续阴雨天之间的最短间隔天数的数据，这是本方法与其他计算方法的不同之处，具体公式为：

$$电池组件的并联数 = \frac{补充的蓄电池容量＋负载日平均耗电量×最短间隔天数}{组件平均日发电量×最短间隔天数}$$

其中　　负载日平均耗电量＝负载功率/每天工作电压×每天工作小时数

这个公式的含义：并联的太阳电池组件的组数，在两段连续阴雨天之间的最短间隔天数内所发电量，不仅要提供负载所需正常用电量，还要补足蓄电池在最大连续阴雨天内所亏损的电量。两段连续阴雨天之间的最短间隔天数越短，需要提供的发电量就越大，并联的电池组件数就越多。

⑤ 太阳电池方阵功率的计算：

太阳电池方阵功率＝选定电池组件的峰值输出功率×电池组件的串联数×
电池组件的并联数

2. 设计实例

广州某气象监测站监测设备，工作电压为 24V，功率为 55W，每天工作 18h，当地最大连续阴雨天数为 15 天，两段最大连续阴雨天之间的最短间隔天数为 32 天。选用深循环放电型蓄电池，选用峰值输出功率为 50W 的电池组件，其峰值工作电压为 17.3V，峰值工作电流为 2.89A，计算蓄电池组容量及太阳电池方阵功率。

查有关数据，广州地区的平均峰值日照时数为 3.52h，斜面修正系数 K_{op} 为 0.885。

① 计算蓄电池组容量

蓄电池组容量＝1.2×(55W/24V)×18h×15×1/0.75＝990A·h

② 计算电池组件串联数

电池组件串联数＝24V×1.43/17.3V＝2

③ 计算太阳电池组件平均日发电量

组件平均日发电量＝2.89A×3.52h×0.885×0.8＝7.2A·h

④ 计算两段连续阴雨天之间的最短间隔天数需要补充的蓄电池容量

补充的蓄电池容量＝1.2×(55W/24V)×18h×15＝742.5A·h

⑤ 计算电池组件的并联数

电池组件的并联数＝(742.5A・h＋41.3A・h×32)/(7.2A・h×32)＝2064.2/230.4＝8.96≈9

⑥ 计算太阳电池组件方阵的总功率

$$电池组件方阵总功率＝50W×2×9＝900W$$

根据计算结果拟选用 2V/500A・h 铅酸蓄电池 24 块，12 块串联 2 串并联组成电池组，总电压为 24V，总容量为 1000A・h。

选用峰值功率 50W 太阳电池组件 18 块，2 块串联 9 串并联构成电池方阵，总功率为900W。

3. 应用简易设计实例

某农户家庭所用负载情况如表 8-5 所示。当地的年平均太阳总辐射量为 6210MJ/（m²・a），连续无日照用电天数为 3 天，试设计太阳能光伏供电系统。

表 8-5 400W 家庭电源系统

设备	规格	负载	数量	日工作时间/h	日耗电量/W・h
照明	节能灯	200V/15W	3	4	180
卫星接收器		200V/25W	1	4	100
电视	25in	220V/110W	1	4	440
洗衣机(感性负载)	2L	220V/250W	1	0.8	200
合计					920

系统配置 3 个阴雨天

设计过程

① 用电设备总功率 P_L

$$P_L＝15W×3＋25W＋110W＋250W＝430W$$

② 用电设备的用电量 Q_i（W・h）

节能灯用电量 $Q_1＝15W×3×4h＝180W・h$

卫星接收器用电量 $Q_2＝25W×4h＝100W・h$

电视机用电量 $Q_3＝110W×4h＝440W・h$

洗衣机用电量 $Q_4＝250W×0.8＝200W・h$

总用电量 Q_L

$$Q_L＝180＋100＋440＋200＝920（W・h）$$

③ 光伏系统直流电压 U 的确定　本系统功率较小，选择 $U＝12V$(系统工作电压选择的一般原则：户用系统为 12V DC 或 24V DC；通信系统为 48V DC；电力系统为 110V DC；大型电站为 220V DC 或更高)。

④ 蓄电池容量 C　蓄电池容量的计算方法一般用下式计算基本公式：

$$蓄电池容量 C_W＝\frac{负载日平均用电量 Q_L（W・h）×连续阴雨天数 d×放电率修正系数 F}{最大放电深度 D×低温修正系数 K}$$

式中　C_W——蓄电池的容量，W・h；

d——最长无日照用电天数；

F——蓄电池放电容量的修正系数（充入安时数/放电安时数），通常 F 取 1.2；

Q_L——所有用电设备总用电量，W・h；

D——蓄电池放电深度，通常 D 取 0.5；

K——包括逆变器在内的交流回路的损耗率，通常 K 取 0.8。

若按通常情况取系数，则公式可简化为

$$C_W＝3×d×Q_L（W・h）$$

根据负载功率，确定系统的直流电压（即蓄电池电压）。确定的原则是：

a. 在条件允许的情况下，尽量提高系统电压，以减少线路损失；

b. 直流电压的选择要符合我国直流电压的标准等级，即 12V、24V、48V 等；直流电压的上限最好不要超过 300V，以便于选择元器件和充电电源。

用确定的系统电压（U）去除 C_w，即可得到用 A·h 表示的蓄电池容量 C：

$$C = C_w/U = 3 \times d \times Q_L/U$$
$$C_w = 3 \times d \times Q_L = 3 \times 3 \times 920 = 8280 \text{（W·h）}$$

蓄电池电压 $U = 12V$，则其安时（A·h）容量为

$$C = C_w/U = 8280\text{W·h}/12\text{V} = 690\text{A·h}$$

根据计算结果，假设选用蓄电池 12V/120A·h 的 VRLA 蓄电池，则

太阳能电池蓄电池的串联数 N_s＝系统直流电压/蓄电池组电压＝$12 \div 12\text{V} = 1$ 块

蓄电池并联数＝蓄电池总容量/蓄电池标称容量＝$690 \div 120 = 5.75 = 6$ 块

根据计算结果，蓄电池选用 12V/120A·h 的 VRLA 蓄电池 6 只并联。

⑤ 太阳电池方阵功率 P_L 的确定

a. 平均峰值日照时数（为简便起见，用水平面数据，而不用斜面数据）　峰值日照时数是将一般强度的太阳辐射日照时数，折合成辐射强度 1000W/m² 的日照时数。太阳方阵倾斜面上的平均峰值日照时数（在水平面辐射量）：

$$峰值日照小时数(T_m) = K_{op} \times 辐射量 \div (3.6 \times 365)$$

式中　年均太阳总辐射量——当地 8～10 年气象数据，MJ/m²；

K_{op}——斜面辐射最佳辐射系数；

3.6——单位换算系数。

故代入数据得：

$$T_m = 6210/(3.6 \times 365) = 4.72(\text{h})$$

b. 太阳电池方阵功率

$$P_L = \frac{Q_L F}{K T_m}$$

式中　F——蓄电池放电容量的修正系数，通常 F 取 1.2；

Q_L——所有用电设备总用电量，W·h；

K——包括逆变器在内的交流回路的损耗率，通常 K 取 0.8。

代入 $F = 1.2$，$K = 0.8$，则上式可简化为太阳能电池方阵功率

$$P_F = \frac{1.5 \times Q_L}{T_m}$$

代入数据得：

$$P_L = \frac{1.5 \times Q_L}{T_m} = \frac{1.5 \times 920\text{W·h}}{4.72\text{h}} \approx 392.4\text{W}$$

若太阳能电池方阵选用 80W（36 片串联，电压约 17V，电流约 4.8A）组件，则需

电池组件串联数　$N_s = \dfrac{系统工作电压(\text{V}) \times 系数1.43}{组件峰值工作电压(\text{V})} = \dfrac{12 \times 1.43}{17} \approx 1(块)$

电池组件并联数　$N_P = \dfrac{P_L}{N_s P_m} = \dfrac{392}{1 \times 80} \approx 5(块)$

所以，需选用太阳能电池方阵 80W（36 片串联，电压约 17V，电流约 4.8A）组件 5 块并联。

⑥ 控制器的确定

a. 方阵最大电流（短路电流）　控制器所能控制的太阳能方阵最大电流

$$I_{Fsc} = N_P I_{sc} \times 1.25 \tag{8-12}$$

式中，I_{sc} 为组件的短路电流；1.25 为安全系数。

代入数据得：

$$I_{Fsc} = N_P I_{sc} \times 1.25 = 5 \times 4.8A \times 1.25 = 30A$$

b. 最大负载电流

控制器的最大负载电流

$$I = \frac{1.25 \times P_L}{KU} \tag{8-13}$$

式中　P_L——用电设备的总功率；

U——控制器负载工作电压（即蓄电池电压）；

K——损耗系数，K 取 0.8。

则式（8-13）可简化为

$$I = \frac{1.56 \times P_L}{U} \tag{8-14}$$

式中　P_L——用电设备的总功率；

U——控制器负载工作电压（即蓄电池电压）。

代入数据得：

$$I = \frac{1.56 \times P_L}{U} = \frac{1.56 \times 430W}{12V} = 55.9A$$

⑦ 逆变器的确定

逆变器的功率＝阻性负载功率×（1.2～1.5）＋感性负载功率×（5～7）

方波逆变器和准正弦波逆变器大多用于 1kW 以下的小功率光伏发电系统；1kW 以上的大功率光伏发电系统，多数采用正弦波逆变器。

代入数据得：

逆变器的功率＝阻性负载功率（1.2～1.5）＋感性负载功率（5～7）

＝230W×1.5＋200W×6＝1545W

故控制器和逆变器可选用 2000V·A 的控制-逆变一体机，最好是正弦波。

⑧ 系统配置方案　见表 8-6。

表 8-6　系统配置方案

部件	型号及规格	数量	备注
太阳能电池板	80Wp/17V	5 块	单晶硅
储能蓄电池	120A·h/12V	6 只	太阳能专用
光伏逆变控制器	2000V·A	1 台	控制-逆变一体机

【知识拓展】　光伏油机混合系统的设计

混合光伏系统中，除了使用太阳能外，还有多种能量来源，常见的能源方式有风力、柴油发电机、生物质能等。混合光伏系统在使用光伏发电的基础上，还要综合利用这些能源给负载供电。常见的两种混合光伏系统是风光互补供电系统和光伏油机混合系统，如图 8-2

所示。

对于没有足够风力资源的地方，且负荷较大的光伏供电系统，如果考虑到要在暴风雨天气或者较长的坏天气后蓄电池不至于过放电，或者能够很快地恢复蓄电池的 SOC，可以采用两种方法，一种方法是采用很大的光伏系统，即很大的太阳能电池组件和很大的蓄电池容量；另外一种方法就是考虑使用混合系统，给该系统添加一个备用能源（通常是柴油机，或者汽油机），在冬天或者在

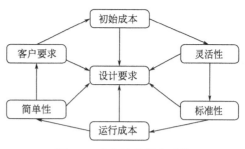

图 8-2　光伏油机混合系统

较长的坏天气里每隔几天就将蓄电池充满，在夏天备用电源可能根本就不会使用。到底是采用较大的光伏系统，还是采用光伏油机混合系统，其关键因素是系统成本。

光伏油机混合系统有更大的弹性，适合不同的系统需求，有很多种不同的方法设计混合系统。对系统进行设计时，必须在初始设计阶段作出正确的选择。在整个设计过程中必须时刻牢记整个系统的运行过程。混合系统不同部分之间的交互作用很多，设计者必须保证满足所有的重叠要求。不管按照什么方法进行设计，首先必须使光伏油机混合系统的功能，恰好满足负载需求，然后综合考虑各种因素，平衡好各方面因素对系统的影响。

1. 光伏油机混合系统的设计

（1）负载工作情况

与独立光伏系统设计一样，混合系统中总载荷的确定也同样重要。对于交流负载，还需要知道频率、相数和功率因子。需要了解的不仅仅是负载的功率大小，负载每小时的工作情况都是很重要的。系统必须满足任何可能出现的峰值情况，采用确定的控制策略满足负载工作的需求。

（2）系统的总线结构

选择交流还是直流的总线，取决于负载和整个系统工作的需要。如果所有的负载都是直流负载，那么就使用直流总线。如果负载大部分都是交流负载，那么最好使用交流总线结构。如果发电机要供给一部分的交流负载，那么选择交流总线结构就比较有利。总的来说，采用交流总线需要更加复杂的控制，系统的操作也较为复杂，但是更加有效率，因为发电机产生的交流电直接供给负载，不像在直流总线结构下，发电机输出的电流需要经过整流器将交流转化为直流，然后又经过逆变器将直流转换为交流，满足交流负载的需要而产生很大的能量损失。进行设计的时候必须仔细进行这些比较，确定最佳的系统总线结构。

（3）蓄电池总线电压

在混合系统中，蓄电池的总线电压会对系统的成本和效率产生很大的影响。通常，蓄电池的总线电压应该在设备允许电压和当地的安全法规规定的电压下尽量取高的值。因为较高的电压会降低工作电流，从而降低损失，提高系统效率（因为功率的损失与电流的平方成正比）。而且因为电缆、保险、断路器和其他一些设备的成本都和电流的大小有关，所以较高的电压能够降低这些设备的成本。对于直流总线系统，通常负载的直流工作电压决定了总线的电压。如果有多种负载，最大的负载电压为总线电压，这样可以减少 DC/DC 滤波器的容量。对于有交流负载的系统，蓄电池电压由逆变器的输入电压决定。通常，除了最小的系统以外，其他的应该使用最小为 48V 的电压，较大的系统应该使用 120V 或者 240V。目前商用的最大的光伏-柴油机混合系统为 480V。

（4）蓄电池容量

独立光伏系统经常提供 5～7 天或更多的自给天数。对于混合系统，因为有备用能源，蓄电池通常会比较小，自给天数为 2～3 天。当蓄电池的电量下降时，系统可以启动备用能源，如柴油发电机给蓄电池充电。在独立系统中，蓄电池是作为能量的储备，该能量储备必须充分以随时满足天气情况不好时的能量需求。在混合系统中，蓄电池的作用稍稍有所不同。它的作用是使得系统可以协调控制每种能源的利用。通过蓄电池的储能，系统在充分利用太阳能的同时，还可以控制发电机在最适宜的情况下工作。好的混合系统设计必须在经济性和可靠性方面把握好平衡。

（5）发电机和蓄电池充电设计

发电机和蓄电池的充电控制应该进行匹配设计，因为在混合系统中这两个部分联系紧密。首先，蓄电池的容量决定了蓄电池的充电器大小。充电器不能用过大的电流给蓄电池充电，通常最大充电率为 $C/5$。发电机的功率必须能够满足蓄电池充电的需要。较小的蓄电池会降低系统的初始成本，但会导致更为频繁的柴油机工作和启动，从而增加燃油消耗和柴油机维护成本。在计算发电机大小的时候，还要考虑负载的能量需求和功率因数。如果系统使用的是交流总线，那么还要考虑直接接到发电机的交流负载。使用较大的发电机，会减少发电机工作的时间，但是并不一定会降低太阳能电池组件发电量占系统总发电量的百分比。减少发电机的工作时间，可以降低系统的维护成本，并且提高系统的燃油经济性。所以使用较大功率的发电机会有很多优点。理论上，可以选择发电机的功率为系统负载的 75%～90%，这样就可以有比较低的系统维护成本和较高的系统燃油经济性。

在选择发电机的时候还需注意到发电机的额定功率，是在特定的温度、海拔和湿度条件下测定的。如果发电机在不同的条件下工作，那么发电机的输出功率就会降低。一般情况下，发电机的输出功率随着海拔的升高而降低，通常每升高 300m 就降低 3.5%。温度（相对额定温度，一般为 30℃）每升高 1℃，则输出功率降低 0.36%，而湿度可能导致的功率下降最高为 6%。

（6）燃油发电机发电与太阳能电池组件能量贡献的分配

在光伏-燃油发电机混合系统设计中，燃油发电机发电与太阳能电池组件能量贡献的分配非常关键，它决定了太阳能电池组件的大小和燃油发电机年度的能量贡献，直接影响到系统成本和系统工作情况。发电机提供的能量越大，则所需的太阳能电池组件就越小，这样可以降低系统的初始成本，但燃油发电机的工作时间会增加，从而导致系统的维护成本和燃油淌耗量升高，它是整个系统各项容量设计的基础。决定该分配，需要综合考虑系统所在地的气象因素、系统成本、系统维护等各项因素。可以根据经验进行简单的估计，如果想得到精确的估计，就需要使用计算机进行过程模拟。通常认为太阳能电池组件的能量贡献，应该在总负载需求的 25% 到 75% 之间，系统的初始成本和维护成本就会比较低。但是对于不同的实际情况，需要对整个系统的效率和能量损失进行仔细考虑，对贡献比例加以修正。

在确定了燃油发电机发电与太阳能电池组件能量贡献的分配之后，就可以根据负载每年的耗电量，计算出太阳能电池组件的年度供电量和燃油发电机的年度供电量，由太阳能电池组件的年度供电量，就可以计算出需要的太阳能电池组件容量，由发电机的年度供电量可以计算出每年的工作时间，从而估算燃油发电机的维护成本和燃油消耗。

（7）光伏系统倾角的设计

对于独立光伏系统，为了降低蓄电池用量和系统成本，需要在冬季获得最大的太阳能辐照量，这样就需要将太阳能电池组件的倾角设置成比当地纬度大 10°～20°。但是在混合系统中，因为备用油机可以给蓄电池充电，所以可以不考虑季节因素对太阳能电池组件的影响。

太阳能电池组件的设计，只需要考虑使得太阳能电池组件在全年中的输出功率最大，就可以更为有效地利用太阳能。将太阳能电池组件的倾角设置为当地的纬度，就可以得到最大的太阳能辐照量。但是在设计的时候需要注意的一点是，因为在混合系统中使用的蓄电池容量比较小，在太阳辐射较强的夏季，对于那些光伏能量贡献占较大比例的光伏系统，有可能无法完全储存太阳能电池组件产生的能量，会造成一定的能量浪费，从而导致系统的能源利用效率降低，影响系统的经济性。所以实际上，在太阳辐射最好的月份，应该将太阳能的贡献比例控制在 90% 左右。在某些情况下，在特定的季节对能量贡献有指定的要求，这就需要对太阳能电池组件进行调节。

2. 混合系统的设计方法

偏远地区的一个通信基站，用户对柴油发电机的使用没有经验。负载为直流 30A 的连续负载，电压为 48V。一个 600W/220V 的交流负载，不定时使用。安装地点的海拔为 1500m，夏季的平均温度为 30℃，气候很干燥，所以不必考虑湿度对发电机的影响，日平均太阳辐射为 5.5kW·h/m²。

① 负载情况　负载的年度耗电量为

$$30A \times 48V = 1440W$$

$$1440W \times 24h = 34.56kW \cdot h/d = 12614kW \cdot h/a$$

因为交流负载的工作时间很短，所以可以单独使用一套控制系统，直接将交流负载接在柴油发电机上，也就是将交流负载和直流负载分开供电。因为直流负载是连续负载，所以系统采用直流总线结构较好。

② 总线电压　因为直流负载的电压为 48V，所以选择直流总线电压为 48V。

③ 蓄电池　因为是混合系统，所以选择自给天数为 3 天，选择深循环蓄电池，放电深度为 0.8。

$$34.6kW \cdot h \times \frac{3}{0.8} = 129.75kW \cdot h$$

$$\frac{129.75kW \cdot h}{48V} = 2703A \cdot h$$

可以选择 3000A·h 的蓄电池，作为自给 3 天的蓄电池容量。蓄电池的最大充电率为 C/5，所以最大充电电流为 $\frac{3000}{5} = 600A$。

④ 蓄电池充电器和发电机　可以选择 400A 的三相整流器，输入功率为 24kW。虽然电流比最大允许充电率要低一点，但实际上仍然可以满足适当的蓄电池充电率需要。

下面来确定发电机的功率。首先，计算满足 75%~90% 负载需要的发电机功率。$\frac{24}{0.75} = 32kW$，$\frac{24}{0.90} = 26.7kW$，所以发电机功率范围为 26.7~32kW。

考虑海拔和温度的影响：

温度为　　　　　　　　$-0.36\%/℃ \times (30-25) = -1.8\%$

海拔为　　　　　　　　$-\frac{3.5\%}{300} \times (1500-900) = -7.0\%$

总计为　　　　　　　　$1.8\% + 7.0\% = 8.8\%$

额定功率的下降导致发电机功率为

$$\frac{26.7}{1-0.088} = \frac{26.7}{0.912} = 29.3kW$$

所以选择 30kW 的三相柴油发电机。

用户若不希望发电机的工作时间过长，可以选择 200h 作为发电机一年中工作的最长时间（通常一年维修一次）。

整流器的输出为 $\qquad$ 400A×48V＝19.2kW

假设系统的额外损失为 10%，蓄电池的总效率为 80%，可以计算出整流器发电机组合的能量输出为

$$200×19.2×0.90×0.80＝2764kW\cdot h/a$$

⑤ 太阳能电池组件　太阳能电池组件将提供余下的能量，为

$$12629－2764＝9865kW\cdot h/a$$

年平均辐射为 5.5 个峰值小时，并假设如下的系数：高温降低因子＝0.85；灰尘降低因子＝0.9；蓄电池效率＝0.8，则太阳能电池组件的计算：

$$\frac{太阳能电池组件年度电量（kW\cdot h/a）}{峰值小时数×365天×0.85×0.9×0.8}＝\frac{9865}{5.5×365×0.85×0.9×0.8}$$

$$＝8.03kWp＝8030Wp$$

如果使用 SM50（50Wp）的太阳能电池组件，那么需要的总组件数为

$$\frac{8030}{50}＝160.6$$

由于太阳能电池组件的系统电压为 48V，SM50 的标称系统工作电压为 12V，所以太阳能电池组件的串联数为 48V/12V＝4，而并联数为 160.6/4＝40.15≈41，总共 164 块。

思考与练习

(1) 某地建设一个移动通信基站的太阳能光伏供电系统，该系统采用直流负载，负载工作电压 48V。该系统有两套设备负载，一套设备工作电流为 15A，每天工作 24h；另一套设备工作电流 4.5A，每天工作 12h。该地区的最低气温是 −20℃，最大连续阴雨天数为 6 天，选用深循环型蓄电池，计算蓄电池组的容量和串并联数量及连接方式。

根据上述条件，确定最大放电深度系数为 0.6，低温修正系数为 0.7。

(2) 某地建设一个移动通信基站的太阳能光伏供电系统，该系统采用直流负载，负载工作电压 48V，用电量为每天 150A·h，该地区最低的光照辐射是 1 月份，其倾斜面峰值日照时数是 3.5h，选定 125W 太阳能电池组件，其主要参数：峰值功率 125W，峰值工作电压 34.2V，峰值工作电流 3.65A，计算太阳能电池组件使用数量及太阳能电池方阵的组合设计。

根据上述条件，确定组件损耗系数为 0.9，充电效率系数也为 0.9。该系统是直流系统，所以不考虑逆变器的转换效率系数。

(3) 设计：（以学者居住地区为准）设计某地区一个小型的离网型光伏发电系统，该光伏系统交流负载功率为 200W，每天工作时间为 10h，需要连续 3 个阴雨天正常工作，连续阴雨天之间的间隔天数为 30 天，间隔系数取 0.75；负载标称电压为直流 48V。请为本项目设计太阳能组件阵列与蓄电池组。

项目九 太阳能路灯的设计实例与配置选型

【任务导入】

随着太阳能电池转换效率和生产技术的不断提高，太阳能发电的应用越来越广泛。在照明领域，太阳能路灯作为节能环保系统，在国内大规模使用。该照明系统不需挖沟埋线，不需要输变电设备，不消耗市电，安装任意，维护费用低，低压无触电危险，使用的是洁净可再生能源，是真正的环保节能高科技产品，它代表着未来城市道路照明的发展方向。如图 9-1 所示。

【相关知识】

一、太阳能道路照明系统

1. 太阳能路灯简介

太阳能路灯是一种利用太阳能作为能源的路灯，白天太阳能电池板给蓄电池充电，晚上蓄电池给灯源供电使用，无需复杂昂贵的管线铺设，可任意调整灯具的布局，安全、节能、无污染，无需人工操作工作稳定可靠，节省电费免维护。

图 9-1 太阳能路灯

太阳能路灯系统工作原理，就是利用光生伏特效应原理制成的太阳能电池板，白天电池板接收太阳辐射能并将其转化为电能，经过充放电控制器储存在蓄电池中，夜晚当照度逐渐降低至设定值时，太阳能电池板开路电压 4.5V 左右，充放电控制器自动检测到这一电压值后发出制动指令，蓄电池开始对灯头放电。蓄电池放电 8.5h 后，充放电控制器发出制动指令，蓄电池放电结束。

直流控制器能确保蓄电池组不因过充或过放而被损坏，同时具备光控、时控、温度补偿及防雷、反极性保护等功能。如图 9-2 所示。

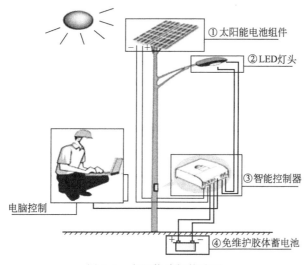

图 9-2 太阳能路灯构造图

太阳能路灯系统是由太阳能电池组件、光源、太阳能控制器、蓄电池（包括蓄电池保温箱）和灯杆等几部分构成。太阳能电池组件一般选用单晶硅或者多晶硅太阳能电池组件。太

121

阳能路灯采用何种光源是太阳能灯具是否能正常使用的重要指标，一般太阳能灯具采用低压节能灯、低压钠灯、无极灯、LED 光源。控制器一般放置在灯杆内，具有光控、时控制、过充过放保护及反接保护。高级控制器具备四季调整亮灯时间功能、半功率功能、智能充放电功能等，除此之外，还具有自动开关照明灯的功能，通常使用定时和光控来对太阳能路灯的工作时间进行控制。定时控制可以是模拟线路或单片机控制两种方法，可以根据实际的需要，事先设定路灯每天晚上的工作时间，通过调整电子或者机械计时器的接通或断开时刻，路灯便可以自动开关了。另外一种控制方式是光控，可以单独安装光敏器件，也可利用太阳电池本身作为光敏器件，即在周围环境暗到一定程度时自动开灯，一直到天亮时再自动关灯。蓄电池一般放置于地下，或者设置专门的蓄电池保温箱，可采用阀控式铅酸蓄电池、胶体蓄电池、铁铝蓄电池或者锂电池等。太阳能灯具全自动工作，不需要挖沟布线，但灯杆需要装置在预埋件（混凝土底座）上。灯杆是整个系统的支撑部分，有别于常规的路灯，它既要支撑灯头，又要支撑太阳电池组件。在现阶段最好采用高转换率的晶体硅太阳电池组件和高效光源 LED。

2. 太阳能路灯照明的参考标准

（1）我国的道路照明标准

我国现在将城市道路分为快速路、主干路、次干路、支路和居住区道路。

① 快速路　城市中距离长、交通量大，对向车行道之间设有中间分车带。

② 主干路　连接城市各主要分区的干路，采用机动车与非机动车分隔形式，例如三幅路或四幅路。

③ 次干路　与主干路结合组成路网、起集散交通作用的道路。

④ 支路　次干路与居住区道路之间的连接道路。

⑤ 居住区道路　居住区内的道路及主要供行人和非机动车通行的街巷。

在机动车道路照明中，主要分为快速路与主干路、次干路、支路三级，见表 9-1。

表 9-1　我国道路照明标准

级别	道路类型	路面亮度			路面照度		眩光限制阀值增量 $TI/\%$ 最大初始值	环境比 SR 最小值
		平均亮度 L_M /(cd/m²)	总均匀度 U_0 最小值	纵向均匀度 U_L 最小值	平均照度 E_{AV} /lx 维持值	平均度 U_E 最小值		
Ⅰ	快速路、主干路(含迎宾路、通向政府机关和大型公关建筑的主要道路,位于市中心或商业中心的道路)	1.5/2.0	0.4	0.7	20/30	0.4	10	0.5
Ⅱ	次干路	0.75/1.0	0.4	0.5	10/15	0.35	10	0.5
Ⅲ	支路	0.5/0.75	0.4	—	8/10	0.3	15	—

注：1. 表中所列的平均照度仅适用于沥青路面。若是水泥混凝土路面，其平均照度值可相应降低约 30%。

2. 计算路面的维持平均亮度或维持平均照度时，应根据光源种类、灯具防护等级和擦拭周期，确定维护系数。

3. 表中各项数值仅适用于干燥路面。

4. 表中对每一级道路的平均亮度和平均照度给出了两档标准值，"/"的左侧为低档值，右侧为高档值。

根据道路标准，路灯灯具的选择主要考虑反射性、照度、维护系数，道路照明的质量一般可用路面亮度、均匀度、眩光这 3 个指标衡量。

① 亮度水平　道路平均亮度按道路等级有不同的亮度要求。一般快速路和主干道需要 2cd/m² 以上的亮度要求，次干道和辅道或小区道路相对较低。

② 平均照度 平均照度指路面所有照度的平均值，是照明强度的单位，一般用 L_M 表示。

③ 眩光 由于视野中的亮度分布或者亮度范围的不适宜，或存在极端的对比，以致引起不舒适感觉或降低视察目标或细部的能力的视觉现象。道路照明应努力将不舒适眩光限制在一定范围内，一般用 G 值表示。一般情况下，$G=7$。

太阳能路灯的照明由于系统各方面的限制，不可能按照市电的照明标准来要求，目前可以借鉴的主要是一些地方标准，如北京市的地方标准《太阳能光伏室外照明装置技术规范》（DB11/T 542—2008），其中对于照明标准方面规定：乡村街道、道路维持水平平均照度在 3～4lx，水平照度均匀度为 0.1～0.2；灯具的类型采用半截光型灯具等。具体路灯灯具的选择还要根据我国的道路照明标准和人行道照明标准设计计算来确定。

（2）人行道照明标准

人行道照明主要是为行人提供一个安全的照明环境，使得行人在夜晚行走时能看清道路和周围情况，以保证其安全，或者说能辨别路面存在的障碍物或者察觉可能逼近的危险。人行道照明对于均匀性的要求并不严格，但是对于路面最小照度有要求，具体要求如表 9-2 所示。同时，为了帮助行人看清道路上的障碍物，对于垂直照度也有相应的要求。

表 9-2 不同人行道类型的照明标准

夜间行人流量	区域	路面平均照度 E_{AV}/lx 维持值	路面最小照度 E_{min}/lx 维持值	最小垂直照度 E_{vmin}/lx 维持值
流量大的道路	商业区	20	7.5	4
	居住区	10	3	2
流量中的道路	商业区	15	5	3
	居住区	7.5	1.5	1.5
流量小的道路	商业区	10	3	2
	居住区	5	1	1

二、 太阳能路灯的设计

1. 现场勘查

太阳能路灯由于采用太阳能辐射进行发电，因此对于路灯安装的具体地点具有特殊要求，并且在安装前必须对安装地点进行现场勘查。勘查的主要内容如下。

① 察看安装路段道路两侧（主要是南侧或东、西两侧）是否有树木、建筑物等遮挡。有树木或者建筑物遮挡可能影响采光的，要测量其高度以及与安装地点的距离，计算并确定其是否影响太阳能电池组件的采光。对太阳能光照的一般要求是至少能保证上午 9：00 至下午 3：00 之间不能有遮挡物影响采光。

② 观察太阳能灯具安装位置上空是否有电缆、电线或其他影响灯具安装的设施。注意：严禁在高压线下方安装太阳能灯具。

③ 了解太阳能路灯基础及电池舱部位地底下是否有电缆、光缆、管道或其他影响施工的设施，是否有禁止施工的标志等。安装时应尽量避开以上设施，当确实无法避开时，请与相关部门联系，协商同意后方可进行施工。

④ 避免在低洼处或容易造成积水的地段安装太阳能路灯。

⑤ 对安装太阳能路灯地段应事先进行现场拍照。

⑥ 测量路段的宽度、长度、遮挡物高度和距离等参数，记录路向，并将其和照片等资料一起提供给方案设计者以供参考。

2. 安装布置

在安装布置太阳能路灯时，应遵循以下准则。

① 根据道路的宽度、照明要求来选择安装布灯的方式。太阳能路灯布置常用的三种方式如图 9-3 所示。

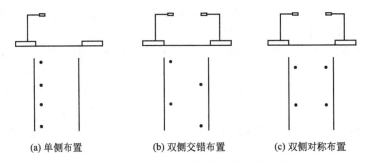

    (a) 单侧布置   (b) 双侧交错布置   (c) 双侧对称布置

图 9-3　太阳能路灯安装布置的三种方式

② 灯具的悬臂长度不宜超过安装高度的 1/4，灯具的仰角不宜超过 15°。

③ 灯具的安装高度 (H)、间距 (S)、路宽 (W) 和布置方式间的关系如表 9-3 所示。

表 9-3　灯具的安装高度、间距、路宽和布置方式间的关系

灯具布置方式	安装高度 H	间距 S
单侧布置	$(0.8\sim1)W$	$(4\sim5)H$
双侧交错布置	$(0.6\sim0.7)W$	$(4\sim5)H$
双侧对称布置	$(0.4\sim0.5)W$	$(4\sim5)H$

3. 光源的选择

太阳能路灯光源的选择原则是适合环境要求、光效高、寿命长。同时为了提高太阳能发电的使用效率，尽量选择直流输入光源，避免由于引入逆变器而带来的功率损失（小型逆变器的效率比较低，一般低于 80%）。

常用的光源类型有三基色节能灯、高压钠灯、低压钠灯、LED、陶瓷金卤灯、无极灯等。下面针对应用最多的太阳能灯具光源加以分析比较，表 9-4 为常见的直流输入光源特性。

表 9-4　常见直流输入光源特征一览表

光源种类	光效/(lm/W)	显色指数 Ra	色温/K	平均寿命/h	特点
三基色节能灯	60	80～90	2700～6400	5000	光效高、光色好、成本低、应用广泛
高压钠灯	100～120	40	2000～2400	24000	光效高、寿命长、透雾性强、更加适合道路照明
低压钠灯	150 以上	30	1800	28000	光效特高、寿命长、透雾性好，显色性差
无极灯	55～70	85	2700～6500	40000	寿命长、无频闪、显色性好
LED	60～80	80	6500(白色)	30000	寿命长、无紫外红外辐射、低电压工作、可辐射多种光色、可调功率
陶瓷金卤灯	80～110	90	3000～4000	12000	寿命长、光效高、显色性好

在具体选用太阳能路灯光源时可参照道路状况和客户要求进行选择。需要注意的是，各种光源都有一定的功率限制和常用规格，选择光源功率时尽量选择常用光源功率。近年来也出现了一些新型光源，如混光型节能路灯灯具，将高显色性、高色温的金卤灯和高效光源低压钠灯两种光源系统一体化置于灯具电器仓内，不仅使整体光效及显色性、色温明显提高，而且在一定程度上也提高了照明质量。如表 9-4 和图 9-4 所示。

(a) 三基色节能灯

(b) 高压钠灯

(c) 低压钠灯

(d) 无极灯

(e) LED

(f) 陶瓷金卤灯

图 9-4 常见直流输入光源

LED 作为半导体光源，节能、使用寿命长。其发展势头强劲，是未来太阳能路灯较为理想的光源，随着半导体技术的发展其应用将会越来越广泛。

4. 系统配置的计算

太阳能路灯系统配置的计算一般是按照独立光伏系统的设计方法进行的，下面介绍太阳能路灯系统配置的简单估算方法。

（1）峰值日照时数的计算

峰值日照时数的计算公式如下：

$$峰值日照时数 = \frac{A}{3.6 \times 365} \tag{9-1}$$

式中，A 为倾斜西的上年辐照总量，MJ/m^2。

例如，某地的方阵面上的年辐照量为 $6207MJ/m^2$，则年峰值日照时数为

$$峰值日照时数 = \frac{6207}{3.6 \times 365} = 4.72h$$

（2）系统电压的确定

① 将太阳能路灯光源的直流输入电压作为系统电压，一般为 12V 或 24V。特殊情况下也可以选择交流负载，但必须增加逆变器才能工作。

② 选择交流负载时，在条件允许的情况下，应尽量提高系统直流电压，以减少线损。

③ 选择系统直流输入电压时要兼顾控制器、逆变器等器件的选型。

（3）太阳能板的容量计算

$$太阳电池组件容量 = \frac{负载功率 \times 负载工作时间}{平均日照时数 \times PV \text{ 充电效率} \times 蓄电池充电效率 \times 系统匹配损失} \tag{9-2}$$

根据每天负载需要的用电量除以当地的最低有效日照时数，参考系统综合效率 η，考虑连续阴雨天间隔系数，就可以得出实际需用的太阳能组件功率，基本公式为：

$$太阳能组件功率 = \frac{WH}{AB\eta} \tag{9-3}$$

式中，W 为负载功率；H 为负载每天连续工作时间；A 为系统使用地区最低有效日照时数；B 为当地连续阴雨天间隔系数。

（4）蓄电池容量的计算

首先根据当地的阴雨天情况来确定选用的蓄电池类型和蓄电池的存储天数。太阳能路灯设置阴雨天数要根据各地的天气气候而定，一般北方选择的存储天数为 3～5 天，西部少雨地区可以选用 2 天，南方的多雨地区存储天数可以适当增加，长江以南地区要在 5 天以上，具体天数还要根据当地的日照指数来确定。

蓄电池的容量计算公式如下：

$$蓄电池容量 = \frac{负载功率 \times 日工作时间 \times (存储天数 + 1)}{放电深度 \times 系统电压} \tag{9-4}$$

式中，蓄电池容量的单位为 A·h；负载功率的单位为 W；日工作时间的单位为 h；存储天数的单位为 d；放电深度一般取 0.7 左右；系统电压的单位为 V。

例如，光源功率为 18W，每天工作 8h，蓄电池存储天数为 3d，系统电压为 12V，则

$$需要的蓄电池容量 = \frac{18 \times 8 \times (3 + 1)}{0.7 \times 12} = 68 A \cdot h$$

然后再根据系统电压和容量的要求来选配蓄电池。

以上计算没有考虑温度的影响，若蓄电池的最低工作温度低于 -20℃，则应对蓄电池的放电深度加以修正。

(5) 平均照度的计算

在对道路进行照明设计时，对照度、亮度及均匀度的计算是必不可少的，一般情况下可以采用道路照明设计软件或照明计算表进行计算，也可以根据灯具的配光曲线进行简单的计算。下面给出常用道路的平均照度计算公式，读者可以以此公式进行照度计算，或者根据照度来计算路灯的间距及光源功率等参数：

$$E = \frac{FUKN}{WS} \tag{9-5}$$

式中，F 为光源的总光通量，lm；U 为利用系数（由灯具利用系数曲线查出）；K 为维护系数；W 为道路宽度，m；S 为路灯安装间距，m；N 为与排列方式有关的数值（当路灯采用单侧排列或交错排列时，$N = 1$；当路灯采用相对矩形排列时，$N = 2$）。

(6) 灯杆的设计

太阳能路灯常用的是钢质锥形灯杆，其特点是美观、坚固、耐用，且便于做成各种造型，加工工艺简单，机械强度高。常用锥形灯杆的截面形状有圆形、六边形、八边形等，锥度多为 1∶90 和 1∶100，壁厚可根据灯杆的受力情况一般选取 3～5mm。

由于太阳能路灯工作的环境是室外，为了防止灯杆生锈腐蚀而降低结构强度，必须对灯杆进行防腐蚀处理。防腐蚀处理的方法主要是针对锈蚀原因来采取预防措施，主要是要避免或减缓潮湿、高温、氧化、氯化物等因素的影响。常用的方法有热镀锌和喷塑处理。

此外，由于太阳能灯杆内安装有控制器等电气件（有的蓄电池也安装在灯杆内），设计太阳能灯杆除了要满足强度和造型方面的要求外，还必须注意灯杆的防水性能和防盗性能，防止雨水进入灯杆内造成电气故障，避免采用常规的工具就能打开维护门（如使用内六角螺栓、钳子等），防止人为进行破坏或盗窃。

【项目实施】

以实例形式详细讲解太阳能 LED 路灯的设计方法、系统相关计算和配置的选用。

1. 太阳能路灯系统设计实例 1

负载输入电压 24V，功耗 34.5W，每天工作时数 85h，保证连续阴雨天数 7 天。西南地区某地 20 年年均辐射量 107.7kcal/cm²。经简单计算此地区峰值日照时数约为

$$峰值日照时数=\frac{辐射量\times 0.0116}{365}=\frac{107700\times 0.0116}{365}\approx 3.424h$$

注意：辐射量的单位为 cal/cm²。

两个连续阴雨天数之间的设计最短天数为 20 天。

$$负载日耗电量=\frac{34.5}{24}\times 85=12.2A\cdot h$$

$$所需太阳能组件电流=\frac{1.05\times 12.2\times \frac{20+7}{20}}{3.424\times 0.85}=5.9A$$

式中，1.05 为太阳能电池组件系统综合损失系数；0.85 为蓄电池充电效率。

$$太阳能组件的最少总功率=17.2\times 5.9=102W$$

太阳能电池组件的最佳工作电压为 17.2V，选用单块峰值输出功率为 55Wp 的标准电池组件两块并联，可以保证路灯系统在一年大多数情况下正常运行。

根据上面的计算知道，负载 U 耗电量为 12.2A·h。在蓄电池充满的情况下，可以连续工作 7 个阴雨天，再加上第一个晚上的工作，蓄电池容量为：

$$蓄电池容量=12.2\times(7+1)=97.6A\cdot h$$

选用 2 组 12V、100A·h 的蓄电池就可以满足要求了。

我国地域广阔，气候差异很大，蓄电池白天储存的电能应能满足夜晚照明的需求，同时应该满足当地连续阴雨天气时夜晚照明的需求。但是，所选蓄电池容量也不必过大，否则蓄电池经常处于亏电状态，将影响蓄电池的寿命，造成不必要的浪费。

对蓄电池容量大小的选择，我国西部地区应高出照明灯日耗电量的 4 倍以上，北方地区应高出照明灯日耗电量 5 倍以上，南方地区应高出照明灯日耗电量 6 倍以上。

2. 太阳能路灯系统设计实例 2

若太阳能路灯光源功率为 30W，要求路灯每天工作 8h，保证连续 7 个阴雨天能正常工作。当地东经 114°，北纬 23°，年平均水平日太阳辐射为 3.82kW·h/m². 年平均月气温为 20.5℃，两个连续的阴雨天间隔时长 25 天。

根据以上资料，计算出光伏组件倾斜角 26，标准峰值时数约 3.9h。

① 负载日耗电量

$$Q=\frac{Wh}{U}=\frac{30\times 8}{12}=20A\cdot h$$

式中，U 为系统蓄电池标称电压。

② 满足负载日用电的太阳能电池组件的充电电流

$$I_1=\frac{Q\times 1.05}{h\times 0.85\times 0.9}=7.04A$$

式中，1.05 为太阳能充电综合损失系数；0.85 为蓄电池充电效率；0.9 为控制器效率。

③ 蓄电池容量的确定。满足连续 10 个阴雨天正常工作的电池容量 C

$$C=\frac{Q\times(d+1)}{0.75}\times 1.1=\frac{20\times 8}{0.75}\times 1.1=235A\cdot h$$

式中，0.75 为蓄电池放电深度；1.1 为蓄电池安全系数。

电池容量为 235A·h，选取 2 节 2V、120A·h 的电池组成电池组件。

④ 连续阴雨天过后需要恢复蓄电池容量的太阳能电池组件充电电流 I_2：

$$I_2=\frac{C\times 0.75}{hD}=\frac{240\times 0.75}{3.9\times 25}=1.85A$$

式中，0.75 为蓄电池放电深度。

⑤ 太阳能电池组件的功率为：

$$(I_1+I_2)\times18=(1.85+7.04)\times18=160\text{Wp}$$

式中，18 为太阳能电池组件工作电压。

选取 2 块峰值功率为 80Wp 的太阳能电池组件。

3. 太阳能路灯系统设计实例 3

① 计算负荷电流。如 12V 蓄电池系统，30W 的灯 2 只，共 60W，则

$$电流=60\text{W}/12\text{V}=5\text{A}$$

② 计算蓄电池容量需求　如路灯每夜累计照明时间需要为满负载 7h，晚上 8：00 开启，夜间 11：30 关闭 1 路，凌晨 4：30 开启 2 路，凌晨 5：30 关闭。需要满足连续阴雨天 5 天的照明需求（5 天另加阴雨天前一夜的照明，计 6 天）。

$$蓄电池=5\text{A}\times7\text{h}\times(5+1)天=5\text{A}\times42\text{h}=210\text{A}\cdot\text{h}$$

另外，为了防止蓄电池过充和过放，蓄电池一般充电到 90% 左右，放电预留 20% 左右。所以 210A·h 也只是应用中真正标准的 70% 左右。

③ 计算电池板的需求峰值（W_P）　太阳能路灯每夜累计照明时间需要为 7h；电池板平均每天接受有效光照时间为 4.5h（4.5h 每天光照时间为长江中下游附近地区日照系数）；最少放宽对电池板需求 20% 的预留额。

$$W_P=\frac{5\text{A}\times7\text{h}\times120\%\times17.4\text{V}}{4.5\text{h}}=162（\text{W}）$$

另外，在太阳能路灯组件中，线损、控制器的损耗及恒流源的功耗各有不同，实际应用可能在 5%～25% 左右。所以 162W 也只是理论值，根据实际情况需要有所增加。

【知识拓展】　太阳能供电系统路灯技术方案与典型配置方案

1. 项目概况

计划在北京某度假村安装独立式太阳能庭院灯、草坪等，并且做一个独立供电系统，为某套客房的照明提供太阳能电力。

表 9-5　北京气象条件

月份	各月水平面上的平均日辐射 /[kW·h/(m²·d)]	月平均温度 /℃	各月光伏阵列水平面上的平均日辐射 /[kW·h/(m²·d)]
一月	2.08	−4.3	3.33
二月	2.89	−1.9	3.98
三月	3.72	5.1	4.36
四月	5.00	13.6	5.27
五月	5.44	20.0	5.28
六月	5.47	24.2	5.14
七月	4.22	25.9	4.03
八月	4.22	24.6	4.24
九月	3.92	19.6	4.36
十月	3.19	12.7	4.08
十一月	2.22	4.3	3.33
十二月	1.81	-2.2	2.97

2. 气象条件（表9-5）

根据上述资料，为保证系统能够全年正常工作，以平均标准日照3.3h计算，连续阴雨天3天以上能够正常工作。

3. 设计依据

太阳能电源系统的制造、验收和交接试验应符合国家标准及行业标准，如表9-6所示。

表9-6　国家标准及行业标准

序号	序列号	国家标准及行业标准
1	GB/T 9064	家用太阳能电源系统技术条件和试验方法
2	GB/T 9535	地面用晶体硅光伏组件设计鉴定和定型
3	GB/T 18479	地面用光伏(PV)发电系统概述和导则
4	GB 50054	低压配电设计规范
5	GB 17478	低压直流电源设备的特性和安全要求
6	GB 6495	光伏器件
7	GB/T 17626	电磁兼容试验和测量技术
8	GB 13337.1	固定型防酸式铅酸蓄电池技术条件
9	YD 799	通信用阀控式密封铅酸电池
10	GB 191	包装贮运标志
11	GBJ 232—82	电气装置安装工程施工及验收规范
12	GBJ 17—88	钢结构技术规范
13	GBJ 9—87	建筑结构荷载规范
14	GB/T 7000.1—2002	灯具一般安全要求与试验
15	CJJ 89—2001	城市道路照明工程施工与验收标准
16	CJJ 45—9	城市道路照明设计标准
17	GB/T 11373—89	热喷涂金属件表面处理通则

4. 独立式太阳能庭院灯的设计

根据客户提供的图纸，建议在道路两边安装4.5m庭院灯。光源采用DC12V、15W三基色节能灯（如果是双灯头灯型，选用2盏7W节能灯）。每天工作6～8h。连续阴雨天3天以上仍能够正常工作。

（1）灯具和光源的设计选型

根据图纸，建议选用DC12V、15W三基色节能灯，发光效率大于50lm/W，寿命大于6000h，通过国家电光源质量监督检验中心检测，参数如下：

类型	负载功率	工作电压/V	工作时间/h	备电天数/d	负载消耗电量/W·h
节能灯	15W节能灯	12	8	3	90

（2）太阳能电池组件容量设计选型

$$太阳电池组件容量 = \frac{负载功率 \times 负载日工作时间}{平均日照时数 \times 充电效率 \times 蓄电池充电效率 \times 系统匹配损失}$$

$$= \frac{15 \times 8}{3.3 \times 0.7 \times 0.95 \times 0.95} = 57.6 \text{Wp}$$

实际选择太阳电池组件容量为60Wp。

（3）蓄电池的设计选型

DOD蓄电池的放电深度为60%。

蓄电池容量计算公式如下：

$$蓄电池容量 = \frac{负载耗电量 \times 备电时间}{蓄电池放电深度 \times 系统工作电压}$$

$$=\frac{15\times8\times4}{0.6\times12}=66\mathrm{A\cdot h}$$

实际选择蓄电池的容量为 12V、65A·h。

（4）路灯控制器的设计选型

系统额定电压为 DC12V。

$$输入电流=\frac{60\mathrm{W}}{17\mathrm{V}}\times1.25=4.5\mathrm{A}$$

实际选择控制器容量为 5A。主要技术参数如表 9-7 所示。

表 9-7　主要技术参数

型号	12V/10A 路灯专用太阳能控制器
总额定充电电流	5A
总额定负载电流	5A
系统电压	12V
过载	1.25 倍额定电流 60 秒、1.5 倍额定电流 5 秒时过载保护动作
短路保护	≥3 倍额定电流短路保护动作
空载损耗	≤6mA（含指示灯 LED 功耗）
充电回路压降	不大于 0.26V
放电回路压降	不大于 0.15V
超压保护	17V
工作温度	工业级 −35～+55℃
提升充电电压	14.6V（维持时间：10min）（仅当出现过放电时调用）
直充充电电压	14.4V（维持时间：10min）
浮充	13.6V（维持时间：直至降到充电返回电压动作）
充电返回电压	13.2V
温度补偿	−5mV/℃/2V（提升、直充、浮充、充电返回电压补偿）
欠压电压	12.0V
过放电压	11.1V，放电率补偿修正的初始过放电压（空载电压）
过放返回电压	12.6V
控制方式	充电为优化 PWM 脉宽调制

（5）主体灯杆的设计选型

作为太阳能路灯设备，由于太阳能电池板面积比较大，且考虑安全及采光等因素，都放在杆顶部，因此风力对杆体的作用力主要考虑太阳能电池板上，在灯杆主体设计过程中必须考虑整个结构的风荷载因素对结构的影响，通过风荷载计算，选择灯杆主体结构为：上细下粗变径杆，下部粗杆为直径 140mm 钢管，上部细杆部分为 76mm 钢管，表面镀锌喷塑处理；杆体通过下部法兰与水泥基础紧固。灯杆高度 4.5m。

（6）抗风设计

在太阳能路灯系统中，一个需要非常重视的问题就是抗风设计。抗风设计主要分为两方面，一为电池组件支架的抗风设计，二为灯杆的抗风设计。

① 太阳能电池组件支架的抗风设计　本项目太阳能电池组件可以承受的迎风压强为 2400Pa。抗风系数选定为 27m/s（相当于 10 级风），考虑组件的结构安装方式（倾斜安装），根据非黏性流体力学，电池组件承受的风压只有 332Pa，所以，组件本身是完全可以承受 27m/s 的风速而不至于损坏，设计中关键要考虑的是电池组件支架与灯杆的连接。

本项目乡村道路太阳能路灯的设计中电池组件支架与灯杆的连接设计使用 Q235-4.8 级 M8 国标螺栓 8 个固定连接，抗拉力为 170MPa。根据上述风荷载值为 332Pa，则实际每个螺栓的受力为 332Pa/4＝83Pa≪170MPa，能够满足抗风能力的要求。

② 路灯灯杆的抗风设计　路灯的参数如下：电池板倾角 $A=45°$，灯杆高度＝4.5m，设

计选取灯杆底部焊缝宽度 $\delta=3.5mm$，灯杆底部外径 $=140mm$。

如图 9-5 所示，焊缝所在面即灯杆破坏面。灯杆破坏面抵抗矩 W 的计算点 P 到灯杆受到的电池板作用荷载 F 作用线的距离为：

$$PQ=\frac{4500+(140+6)}{\tan45度}\times\sin45度$$
$$=3285mm=3.285m$$

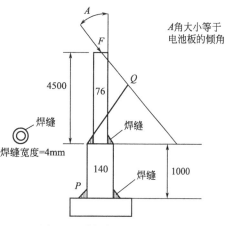

图 9-5　路灯灯杆抗风设计图

所以，风荷载在灯杆破坏面上的作用矩 $M=F\times3.285$。

本项目单灯头太阳能路灯灯电池板的基本荷载为 332N，所以

$$M=F\times3.285=332\times3.285=1090N$$

根据数学推导，圆环形破坏面的抵抗矩

$$W=\pi\times(3r^2\delta+3r\delta^2+\delta^3) \qquad (9-6)$$

式中，r 是圆环内径；δ 是圆环宽度。

破坏面抵抗矩

$$W=\pi\times(3r^2\delta+3r\delta^2+\delta^3)/4=\pi\times(3\times35^2\times3.5+3\times35\times3.5^2+3.5^3)/4$$
$$=12385mm^3=12.39\times10^{-6}m^3$$

风荷载在破坏面上作用矩引起的应力

应力 $=M/W=1090/(12.39\times10^{-6})=97.66\times10^6Pa=87.97MPa\ll215MPa$

其中，215MPa 是 Q235 钢的抗弯强度。所以，设计选取的焊缝宽度满足要求。

本项目采用静电涂装新技术，以 FP 专业建材涂料为主，可以满足客户对产品表面色彩及环境协调一致的要求，同时产品自洁性高、抗蚀性强，耐老化，适用于任何气候环境。加工工艺设计为热浸锌的基础上涂装，使产品性能大大提高。

（7）太阳能路灯地基基础的设计

根据灯杆主体的技术要求，地基基础设计应保障在风力不超过 27m/s 时，保证灯杆主体能够承受风力的影响，保障灯体结构稳定性。太阳能路灯设备基础设计如图 9-6 所示。

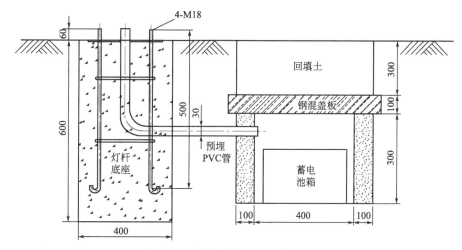

图 9-6　太阳能路灯地基结构示意图

路灯基础外形尺寸为 $400mm\times400mm\times600mm$，混凝土重量 $G=0.4\times0.4\times0.6\times$

$25kN/m^3$（混凝土密度）＝2400N，根据上述计算风荷载最大上拔力为780N≪G，能够满足稳固性要求。

路灯基础混凝土强度等级不低于C25，机械搅拌，机械振捣施工。和灯杆连接的地脚螺栓为M18，经过防腐处理。基础内部预埋直径30mm的PVC管，并连接到蓄电池室。管内穿蓄电池到控制器的电缆。施工完毕后密封管口，并在管与蓄电池室预留孔周围涂密封胶，做防潮处理。

蓄电池室采用混凝土现场浇注，强度等级不低于C25，上表面距离地表300mm以上。内部放置装蓄电池的玻璃钢箱体，以加强防水能力。内表面做防渗处理。

太阳能路灯系统配置如表9-8所示。

表9-8　太阳能路灯系统配置

名称	规格	单位	数量	备注
太阳能电池板	60Wp	块	1	
路灯控制器	12V、5A	台	1	光控＋8H
蓄电池	12V、65A·h	块	1	
蓄电池箱	玻璃钢	只	1	
橡套线	$2×1.5mm^2$	米	15	
照明光源	15W节能灯	套	1	PHOCOS
灯杆	4.5m	套	1	

思考与练习

结合学者本地实际情况，设计一个可以支持5～7天阴雨天60W路灯的设计技术方案。

项目十　太阳能路灯的安装与调试

【任务导入】

太阳能路灯供电系统，利用光生伏特效应原理制成的太阳能电池，白天电池板接收太阳辐射能并转化为电能输出，经过充放电控制器储存在蓄电池中，夜晚当照度逐渐降低、太阳能电池板工作电压小于4V时，充放电控制器侦测到这一电压值后动作，蓄电池对LED路灯放电。蓄电池放电至天亮照度升高，太阳能电池板工作电压大于4V时，充放电控制器动作，蓄电池放电结束。充放电控制器的主要作用是保护蓄电池。如图10-1所示。

【相关知识】

一、太阳能路灯的地基施工与方案实例

1. 太阳能路灯系统的地基施工

太阳能路灯在安装前先要进行地基施工。地基施工主要是进行地脚笼和地埋箱预埋施工，应做到：

① 在施工前，应预备好制作太阳能路灯地基所需的工具，选用具有施工经验的施工人员

② 严格依照太阳能路灯地基图选用合适的水泥，土壤酸碱度较高的地方必须选用耐酸碱的特殊水泥、细沙及石子中不得混有泥土等影响混凝土强度的杂质；

太阳能路灯安装说明　　　　　　　太阳能电池板安装说明

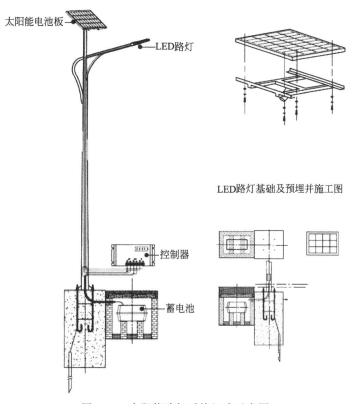

图 10-1　太阳能路灯系统组成示意图

③ 严格按照太阳能路灯地基图尺寸（由施工人员确定施工尺寸），沿道路走向开挖地坑；

④ 地坑开挖完毕后应放置 1～2 天，察看是否有地下水渗出，若有地下水渗出，则应立刻停止施工；

⑤ 地基中放置蓄电池舱的槽底必须添加 $5×\phi80mm$ 的排水孔，或依据图纸要求添加排；水孔；

⑥ 地基中埋置地笼的上表面处必须确保水平（采用水平仪进行测量、检测），地笼中的地脚螺栓必须与地基上表面垂直（采用角尺进行测量、检测）；

⑦ 在施工前，穿线管两端必须封堵，避免在施工过程中或施工后异物进入或堵塞线管，而导致安装时穿线困难或无法穿线；

⑧ 地基四周土壤必须夯实；

⑨ 太阳能路灯地基制作完毕后需养护 2～7 天（依据天气情况确定），经验收合格后方可进行太阳能路灯的安装。

2. 太阳能照明灯具基础预埋施工方案

地脚笼和地埋箱水泥混凝土基础设计要求如图 10-2 和表 10-1 所示。

（1）地脚笼施工方案

① 在立灯位置预留/挖掘符合标准的预埋坑（如果灯杆较高、安装地风力较大或地面以下土质松软，挖掘深度应适当加深）。

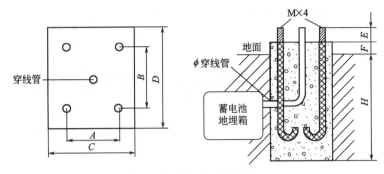

图 10-2 蓄电池地埋箱图

表 10-1 杆柱类安装基础尺寸

杆柱高度/m	$A \times B$/mm	$C \times D$/mm	E/mm	F/mm	H/mm	M/mm
3~4.5	160×160	300×300	40	40	≥500	14
5~6	200×200	400×400	40	40	≥600	16
6~8	220×220	400×400	50	50	≥700	18
8~10	250×250	500×500	60	60	≥800	20
10~12	280×280	600×600	60	60	≥1000	24

② 使用胶带将地脚笼的四个螺栓包裹好，防止后续施工中溅上水泥残渣。

③ 将地脚笼放置在预埋坑正中，注意保持地脚笼垂直安放且地脚笼平板上表面与原地面在同一水平面上，这样方可保证灯杆竖立后端正而不偏斜，如图 10-3 所示。

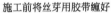

施工前将丝芽用胶带缠好

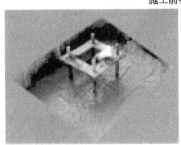

为了穿线方便，施工前将线管的两端封好

图 10-3 地脚笼施工图

④ 如蓄电池地下侧埋，基础中有穿线管。穿线管两端需包紧、扎实，避免溅入水泥影响穿线。

⑤ 穿线管（推荐选用内嵌铁丝蛇皮管）直径 $\phi \geq 50$mm，长 1500~2000mm。

⑥ 用 C20 混凝土浇筑固定地脚笼，浇筑过程中要不断使用震动棒震动混凝土，以保证混凝土凝固后整体的密实性、牢固性。

⑦ 施工完毕后，及时清理地脚笼平板上残留的泥渣等。

⑧ 混凝土凝固过程中，要定时浇水养护，待混凝土完全凝固，方可进行照明灯具的安装。

⑨ 光源距地面 6m 太阳能路灯地脚笼尺寸 300mm×300mm×800mm；光源距地面 8m 太阳能路灯地脚笼尺寸 300mm×300mm×1000mm。

⑩ C20 水泥强度：32.5MPa，卵石混凝土，水泥富余系数 1.00，粗骨料最大粒径

20mm；每立方米用料量：水 190kg，水泥 404kg，沙子 542kg，石子 1264kg，配合比为：0.47∶1∶1.342∶3.129，沙率 30%，水灰比 0.47。

（2）地埋箱施工方案

① 在立灯位置附近无障碍处挖掘，并用砖块、水泥砌出比地埋箱外形尺寸大的方坑（建议在路灯左侧或右侧）。

② 方坑底部放置一层细砂，便于渗水。

③ 将接好输出线的蓄电池放入地埋箱内，蓄电池的输出线从地埋箱的穿线孔穿出，并引至灯杆检修门附近。

④ 将地埋箱用配套的紧固件固定牢固，并放入事先挖掘好的方坑中。

⑤ 将方坑用水泥盖板盖好，并用土掩埋、夯实。

⑥ 将方坑周围环境恢复原状。

⑦ 光源距地面 6m 太阳能路灯地埋箱外形尺寸 410mm×230mm×310mm；光源距地面 8m 太阳能路灯地埋箱外形尺寸 480mm×430mm×300mm。

二、 太阳能路灯的组装

组装太阳能路灯所需的工具及设备：万用表、内六角扳手、平口螺丝刀、十字螺丝刀、尖嘴钳、绝缘胶布、防水胶带、活扳手及指南针等。

太阳能路灯在组装时，应做到：

① 选择一个安全、接近安装地点的场所进行太阳能路灯的组装；

② 拆除包装并依照配置清单清点零部件、配件，检查其在运输过程中是否有划伤、变形等损坏现象；

③ 灯杆组件及易磨损配件（例如太阳能电池组件、灯头等）在放置时必须垫有柔软的垫物，以免在安装过程中造成划伤等不必要的损坏；

④ 参照太阳能路灯总装图组装太阳能路灯。

a. 组装灯杆组件（上灯杆组件、下灯杆组件、灯臂组件、太阳电池组件固定结构）

• 把上、下灯杆组件和太阳能电池组件的角钢固定框及灯臂组件等拆装完毕后逐一检查，确定无划伤、掉漆后方可组装。

• 依照太阳能路灯结构总装图连接太阳能电池板角钢固定框与上灯杆组件。在紧固螺栓时，要确保各个螺栓受力均匀。部分太阳能路灯在连接上灯杆与太阳电池组件角钢固定框时需穿护套线，在穿线时要注意保护护套线不受损坏。

• 上、下灯杆组件的连接。将上灯杆组件下端口中的护套线取出并捋顺，把缠在下灯杆上的细铁丝松开并捋顺。上灯杆组件下端口处的护套线端固定于下灯杆上端口的细铁丝上，于下灯杆组件下端慢慢抽动细铁丝，同时起吊上灯杆组件于合适位置。当上灯杆组件下端距下灯杆组件上端约 100mm 时（此时穿于下灯杆组件中的护套线应处于轻轻受力状态），采用尼龙扎带扎紧下灯杆上端口的护套线，再采用尼龙扎带将扎紧的护套线固定于下灯杆组件上端口处的挂钩上，然后将上灯杆组件插入下灯杆组件中至合适位置，均匀紧固下灯杆组件上的螺栓，直至达到要求。最后断开细铁丝与护套线的连接。注意：组装完毕后必须保证太阳能电池组件固定框朝向安装地点的南面。

b. 将灯杆中裸露的护套线与灯臂组件中细铁丝的下端连接并用绝缘胶布包裹，慢慢抽动灯臂组件上端的铁丝直至护套线穿出，断开细铁丝与护套线的连接。使用螺栓将上灯杆组件固定在下灯杆组件上，在固定过程中注意避免护套线被压住。紧固螺栓是为了确保备螺栓的受力均匀，紧固完毕后使用螺纹锁固胶进行锁固。

c. 打开控制器舱门，将下灯杆中的护套线从舱门中引出并捋顺。

⑤ 安装太阳能电池组件

a. 太阳能电池组件的接线

• 打开太阳能电池组件包装箱，检查太阳能电池组件是否有损坏。

• 把太阳能电池组件护板放置于角钢框中，然后将太阳能电池组件放置于护板上。在安放太阳能电池组件时，接线盒均处于高处。当太阳能电池组件横放时，接线盒应向距灯杆组件近的方向靠拢。

• 根据路灯的系统电压和太阳能电池组件的电压，将太阳能电池组件线接好。如路灯的系统电压为 24V，太阳电池组件的电压为 17V 或 18V，就应将太阳电池组件进行串联。串联的方法是第一块组件的正极（或负极）和第二块组件的负极（或正极）连接。若太阳能电池组件的电压为 34V，就应将太阳能电池组件进行并联，并联的方法是第一块组件的正、负极和第二块组件的正、负极对应连接。接线时将太阳能电池组件接线盒用小一字螺丝刀打开，把太阳能电池组件电源线用小一字螺丝刀压接到接线盒的接线端子上，要求红线接正极，蓝线接负极，线接好后将接线盒出线端的防水螺母紧固，并将接线盒内的接线端子处涂7091 密封硅胶，涂胶量以使接线盒内进线孔处被完全密封为准，然后扣紧接线盒盒盖，不可扣反。

• 用万用表检测太阳能电池组件连线（接控制器端）是否短路，同时检测太阳能电池组件输出电压是否符合系统要求。在晴好天气下其开路电压应大于 18V（系统电压为 12V）或 34V（系统电压为 24V）。在安装前和测试后，太阳能电池组件电源线应接控制器端的正极，用绝缘胶布将外露的线芯包好，绝缘胶布至少须包两层。

注意：太阳能电池组件在安装过程中要轻拿轻放，避免工具等器具对其造成损坏。

b. 太阳电池组件的固定　太阳能电池组件和电池组件支架用 M6×20 的螺栓、M6 的螺母、M6 垫圈进行紧固。安装时，应将螺栓由外向里安装，然后套上垫圈并用螺母紧固。紧固时，要求螺栓连接处连接牢固，无松动。

⑥ 灯具的安装（内安装有灯光源）

a. 先打开灯具，用 M10 或 M8 的内六角扳手将螺栓松开，然后把灯头插到灯杆里，调整好灯头方向，再将螺栓紧固。

b. 光源线正、负极分别对应连接。当光源为无极灯时，对于单灯头双光源灯具，一路与灯头尾部的接线端子连接，要求红色线接正极，蓝色线接负极；另一路与镇流器连接，要求红色线接 L 端子，蓝色线接 N 端子。对于单灯头单光源灯具，光源线与灯头尾部的接线端子连接，要求红色线接正极，蓝色线接负极。当光源为节能灯时，光源线应与灯头尾部的接线端子连接，要求红色线接正极，蓝色线接负极，最后将灯头盖好。对于单灯头双光源灯具，应根据光源的工作时间进行接线。

【项目实施】　太阳能路灯的安装

安装太阳能路灯所需的工具及设备：万用表、大扳手、细铁丝、尼龙扎带、铁锹、起吊绳（材料为软带。若为钢丝绳时，钢丝绳上必须包裹布带或在起吊灯具时垫有柔软物体，避免损坏灯体）、吊车、升降车等。

1. 蓄电池的安装要求

① 清除太阳能路灯地基中放置蓄电池舱的水泥槽里的泥土等杂物，确保排水孔无异物堵塞。

② 察看蓄电池舱有无损坏，同时检测蓄电池电压是否正常。若出现异常，则判断为不

合格品，应禁止安装。用绝缘胶包裹护套线两极。

③ 将蓄电池舱拆装，然后在连接软管上套上两个双钢丝式环箍，将蓄电池线穿过地笼的预制管，在预制管上均匀涂一层密封硅胶，再将连接软管的另一端插到预制管的根部，用一字螺丝刀将双钢丝式环箍上的螺栓紧固。

④ 清除地基中放置盖板处的泥土、细沙等杂质。

⑤ 起吊盖板，将其安放在地基中且放置平稳。在放置盖板时，避免地基四周的泥沙掉入地基中。

⑥ 采用沥青与细沙混合物（沥青：细沙＝1：3）覆盖盖板及盖板四周4cm。

⑦ 填盖黏土或三合土。填盖黏土或三合土时，每填盖10cm须夯结实，直至高出地面10cm为止。

2. 太阳能路灯竖灯

（1）灯杆的安装（图10-4）

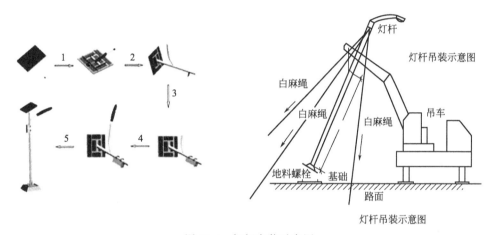

图10-4　灯杆安装示意图

① 将起吊绳穿在灯杆的合适位置。

② 缓慢起吊灯具，注意避免吊车钢丝绳划损太阳能电池组件。

③ 在起吊过程中，当太阳能路灯完全离开地面或完全脱离承载物时，至少应有两位安装人员使用大扳手夹紧法兰盘，阻止灯具在起吊过程中因底部摆动而造成灯具上端与吊车吊绳摩擦，损坏喷塑层乃至更多处。

④当灯具起吊到地基正上方时，缓慢下放灯具，同时旋转灯杆并调整灯头，使之正对路面。注意：法兰盘上长孔应对准地脚螺栓。

⑤ 法兰盘落在地基上后，依次套上平垫30（或平垫24）、弹垫30（或弹垫24）及M30（或M24）的螺母，并用水平尺调节灯杆的垂直度。如果灯杆与地面不垂直，可在灯杆法兰盘下垫上垫片，使其与地面垂直，然后用扳手把螺母均匀拧紧，拧紧前应涂抹螺纹锁固胶。对于M24的螺栓（8.8级），旋紧扭矩为650.6N·m；对于M30的螺栓（8.8级），旋紧扭矩为1292.5N·m。

⑥ 撤掉起吊绳。

⑦ 检查太阳能电池组件是否面对南面，否则须进行调整。调整太阳能电池组件方向的方法：采用必要装置先将安装人员（1～2名）送至适当高度，然后安装人员使用扳手逐一

松动紧定上灯杆组件的螺栓，以指南针为依据，扭转上灯杆组件至合适位置，最后再逐一拧紧上灯杆组件的紧定螺栓，须确保各螺栓受力均匀。

（2）接线

① 摘掉舱门，将顺灯杆内的护套线，并察看在安装过程中是否损坏护套线。若损坏，则应采取相应的补救措施，必要时要重新穿线，并重新安装灯具。

② 安装控制器。接线时要注意"正""负"极性，要求红线接正极，蓝线接负极。接线前应先将蓄电池电源线和组件电源线的绝缘胶布拆除并清理干净，用剥线钳将组件电源线、光源线、蓄电池线和控制器上各电源线均剥去（30mm±2mm）塑铜线皮，用绝缘胶布将控制器上红色的光源线包裹两层，然后再按以下顺序进行接线。

a. 先将蓄电池电源线和控制器上的蓄电池线拧接在一起。拧线时先把两根线芯搭在一起，然后分别把两根线芯拧紧，并用绝缘胶布和防水胶布包好。

b. 指示灯延时 10s 后亮，表示输出正常，同时控制器左上角的四个 LED 可以显示当前蓄电池的剩余电量。若控制器左上角的四个 LED 都不亮，则应用万用表检查保险丝是否损坏。检查时可用万用表的二极管挡进行测试，将两表笔分别与保险丝两端相接。若蜂鸣器响，则表明保险丝没损坏；若蜂鸣器不响，同时万用表显示"1"，则表明保险丝损坏，此时应更换保险。若保险丝没损坏，则说明是控制器损坏。若控制器左上角的四个 LED 亮而绿色指示灯不亮，则应检查蓄电池电压。若蓄电池电压高于 12.3V，而负载无输出电压，则说明控制器损坏；若蓄电池电压低于 12.3V，则表明蓄电池电压偏低，控制器无法正常启动。再将太阳电池组件电源线和控制器上的组件连接线线芯直接拧接在一起（控制器是双路太阳能输入的，应优先连接第一路）。拧线时首先把两根线芯搭在一起，然后分别把线芯拧紧并用绝缘胶布和防水胶布包好，绝缘胶布和防水胶布各应包两层并用力缠紧。在包防水胶布时，防水胶布应至少拉至原长的 2 倍，此时控制器左上角的四个 LED 呈动态循环，相继点亮表示正在进行充电，10s 后绿色指示灯灭，电充满后 LED 将停止循环闪烁并全部点亮。

c. 将光源线的绝缘胶布拆除并清理干净，将光源电源线和控制器上负载连接线的线芯直接拧接在一起（不带逆变器时）。拧线时首先把两根线芯搭在一起，然后分别把线芯拧紧并用绝缘胶布和防水胶布包好，绝缘胶布和防水胶布各应包两层并用力缠紧。在包防水胶布时，防水胶布应至少拉至原长的 2 倍。如果需要安装逆变器，应先接逆变器的输出端，再接逆变器的输入端。控制器各电源线安装完毕后，将各电源线整理好后用 200mm 尼龙扎带扎好并挂在灯杆内的小勾上，把控制器放在防水盒内，将防水盒放在舱门上方的挡板上，用两个 M6×20 的螺栓将挡板固定好再安装电器舱门，并将其锁牢。

③ 安装舱门，采用三角锁紧固舱门。

（3）清理

清理现场，保证环境整洁；清点工具，确定无遗漏。

（4）注意事项

① 安装电池组件时要轻拿轻放，严禁将组件短路或摔掷组件。

② 电源线与接线盒处、灯杆和组件的穿线处须用硅胶密封。电池组件连接线需在支架处固定牢固，以防电源线因长期下垂或拉拽而导致接线端松动乃至脱落。

③ 安装灯头和光源时要轻拿轻放，确保透光罩清洁、无划痕，严禁翻滚和摔掷。

④ 搬动蓄电池时，不要触动电池端子和控制阀，严禁将蓄电池短路或翻滚、摔掷。

⑤ 接线时注意正、负极，严禁接反。接线端子压接要牢固，无松动，同时应注意连接顺序，严禁使线路短路。

⑥ 不要同时触摸太阳能电池组件和蓄电池的"＋""－"极，以防触电危险。

⑦ 逆变器输出的是高压电源，触摸有生命危险！

⑧ 在安装过程中应避免将灯体划伤。

⑨ 灯头、灯臂、上灯杆组件、太阳能电池组件等物件各螺栓连接处应连接牢固，无松动。

⑩ 安装太阳能电池组件时必须加护板。

⑪ 灯杆镀锌孔处用硅胶密封，注意美观。

【知识拓展】　某校太阳能路灯系统设计与配置

某学校太阳能路灯项目具体要求如表 10-2 所示。

表 10-2　太阳能路灯项目用户实际详细要求表

名称	技术要求
太阳能路灯	**一、太阳能电池组件** 1. 规格型号 太阳能电池组件功率≥130Wp。 2. 技术要求 ① 采用高效晶体硅太阳能电池片，电池片效率达 17.8％以上，具有国家级检验机构出具的检测报告。 ② 检测报告应至少含有标准光强及其 20％、30％、50％标准测试环境下的光照条件测试数据。 ③ 采用高强度、高透光率的低铁、绒面钢化玻璃，增加阳光辐射量，透光率 91％以上，光伏专用玻璃厚度大于 2.5mm。 ④ 由抗老化的 EVA 树脂、耐候性优良的 TPT 复合膜层压而成。 ⑤ 使用寿命 20 年以上；年衰减率小于 0.8％；衰减率：25 年＜20％，质保 5 年以上。 ⑥ 阳极氧化铝边框，机械强度高，具有抗风、防雹、防腐等性能。 ⑦ 输出采用密封防水，高可靠性、多功能接线盒，接线盒防腐等级为 IP67，可适应各种复杂恶劣气候条件下的使用。 ⑧ 接线盒内应安装两只以上防止热斑效应的旁路二极管。 ⑨ 连接端采用易操作的专用公母插头，使用安全、方便、可靠。 **二、灯具及 LED 光源** 1. 规格型号 LED 路灯光源功率≥30W；灯具外壳采用铝型材或高压压铸铝（ADC12）或钣金结构外壳（厚≥2.5mm）。 2. 技术要求 (1)灯具 ① LED 路灯灯具安装仰角采用可调式或固定式，保证灯具与灯杆安装后协调美观。LDE 灯芯片为模块设计，与电源的结合没有任何焊点插拔连接，以方便 LED 芯片的替换、维护与升级换代。 ② 每一个独立的 LED 光源应采用透镜进行二次配光，呈蝙蝠翼型配光，以确保灯具的配光适合路灯应用及确保更大的灯杆间距和照明均匀度。灯具整灯光效≥90lm/W，提供投标产品或相应产品的光效检测报告。 ③ 灯具具有散热筋设计，灯具适应环境温度：－40～＋55℃。正常工作时外表温升不大于 30℃，结温不大于 80℃。允许工作结温不小于 125℃。 ④ 灯具防护等级不低于 IP65。防护性能采用硅橡胶密封圈实现，不能使用胶水密封。灯具与器件装配后，满负荷稳定工作 1h 后，实测芯片焊温度、电路板、灯具外壳三者温差应小于 10℃。 ⑤ LED 路灯功率因数必须大于 0.9，灯具驱动功耗小于 15％。 ⑥ 为保证驱动电源的有效密封，要达到 IP65 及以上的防护等级并保持灯的外观流线性。 ⑦ 电气绝缘等级：ClassⅠ。 ⑧ 灯具应配备 10kV 防浪涌（防雷）保护器，对电源进行保护，同时应配备不低于 3kV 防浪涌（防雷）保护器，对 LED 进行保护。 (2)LED 光源 ① 采用技术先进的光源芯片，并提供芯片厂家证明。

名称	技术要求
太阳能路灯	② LED 封装方式:单颗大功率芯片(≥1W),驱动电流 350mA。 ③ 发光效率>115lm/W。 ④ LED 寿命≥50000h(光衰小于初始值 30%,80℃结温)。 ⑤ LED 灯具 6000h,光衰小于 3%。 ⑥ 显色指数:Ra>70。 ⑦ 色温:4000K±275K。 **三、阀控式铅酸蓄电池** 1. 规格型号 太阳能专用全密封免维护阀控式铅酸蓄电池容量≥150A·h,共需要 2 组。 2. 技术要求 ① 产品需通过以下标准: • JISC 8707—1992《阴极吸收式密封固定型铅酸蓄电池标准》 • JB/T 8451—96《中华人民共和国机械行业标准》 • YD/T 799—2002《中华人民共和国通信行业标准》 • DL/T 637—1997《中华人民共和国电力行业标准》 • GB 13337.1—91《固定防酸式铅酸电池技术条》 • IEC 896-2《固定式铅酸电池一般要求和试验方法》 ② 使用温度范围满足−20~50℃。蓄电池在−30℃和65℃时封口剂应无裂纹及溢流。蓄电池槽、盖、安全阀、极柱封口剂等材料应具有阻燃性。 ③ 循环使用寿命长,达到 300~500 次以上充放电次数。蓄电池使用寿命达到 5 年(温度为 25℃时),厂家质保 2 年。 ④ 采用阻燃性 PVC 材料包裹的软连接条,电池间连接导线电压降(两极柱根部测量)在 1 小时率大电流放电时为 10mV。蓄电池间接线板、终端接头应选用导电性能优良的材料。 ⑤ 具有防水、防潮、防腐、保温隔热、通气等功能。 ⑥ 产品出厂时需加装合引出线,以便在使用时避免因蓄电池地埋箱进水导致的短柱短路等问题。 ⑦ 防水外壳防护等级 IP67。 ⑧ 蓄电池密封反应效率不低于 95% 以及其每月放电率小于 3%。 ⑨ 蓄电池采用全密封泄结构,外壳无异常变形、裂纹及污迹,上盖及端子无损伤,正常工作时无酸雾逸出。 ⑩ 蓄电池在大电流放电后,极柱不应溶断,其外观不得出现异常。 **四、太阳能充放电控制器** 1. 规格型号 光控+双时段控制器。 2. 技术要求 ① 太阳能充放电控制器采用单片机实现对蓄电池的保护。基本功能必须具备过充保护、过放保护、光控、时控、防反接、充电涓流保护、欠压保护、过压保护、短路保护、防水保护等。 ② 保证控制器 24h 不间断工作,自身功耗小于额定功率的 5%。 ③ 要选择充电效率高的控制器,应具备自动跟踪光伏组件最大功率输出 MPPT 功能。 ④ 产品符合国家标准,并通过质量认证,使用寿命 10 年以上。 **五、灯杆** 1. 规格型号 光源距地面 6m,灯杆材质为 Q235 碳钢。 2. 技术要求 ① 灯杆采用圆锥单弯臂灯杆,底径 154mm,顶径 60mm。 ② 灯杆采用热浸镀锌内外表面防腐处理,符合 GB/T 13912—92 标准,镀锌表面应光滑美观。提供镀锌测试报告。镀锌厚度不小于 85μm。 ③ 灯杆壁厚≥4mm,灯杆底盘厚度为 22mm。 ④ 焊缝表面无裂纹、气孔、咬边、未焊满缺陷。 ⑤ 焊缝的宽度 4~9mm,焊缝的加强高度 0~3mm。 ⑥ 产品由技术监督部门检验,填写质量证明书。 ⑦ 供方在产品出厂前,对产品进行质量检查,对焊接质量、尺寸偏差和表面质量进行全面检查。

名称	技术要求
太阳能路灯	⑧ 供方应保证灯杆满足风压要求,保证灯杆正常使用。 ⑨使用寿命 20 年以上。 **六、其他** ① 照明时间:每天照明 10h 以上(阴雨天气连续 6 天保证照明)。因在学校路段,所以无需整夜工作,预设定亮灯时间控制为 19:00~5:00。 ② 电气门采用等离子切割,门应与杆体浑然一体,且结构强度要好。具备合理的操作空间,门内具有电气安装附件,拆卸方便,操作简单。门与杆之间缝隙应不超过 1mm,具备良好的防水性能。有专用紧固系统,具备良好的防盗性能。电气门应有较高的互换性。 ③ 设备包装须完好,应注明与提货清单相符合的型号规格和数量。 ④ 提供太阳能电池组件、LED 光源及灯具、控制器、蓄电池、灯杆及构件的规格型号和技术参数详表。 ⑤ 提供灯杆安装效果图及施工图,提供太阳能电池组件、灯具、灯杆预埋件(含电池箱)的安装施工图。 **七、采用标准** GB 24460—2009《太阳能光伏照明装置总技术规范》 GB 4208—93《外壳防护等级(IP 代码)》 GB 9969.1—1998《工业产品使用说明书总则》 GB 7000.1—2002《灯具一般安全要求与试验》 GB 7000.5—2005 道路照明灯具安全要求(idt IEC60598-2-3:2003) GB 17625.1—2003《电磁兼容限值谐波电流发射限值(设备每相输入电流≤16A)》 GB 17743—1999《电气照明和类似设备的无线电骚扰特性的限值和测量方法》 DB14/T 545—2009《道路照明 LED 灯》山西省地方标准 除符合上述标准外,还应符合:GB 7247.1—2001 激光产品的安全　第 1 部分:设备分类、要求和用户指南(idt IEC60825-1:1993)的要求。 **八、附灯座基础图** 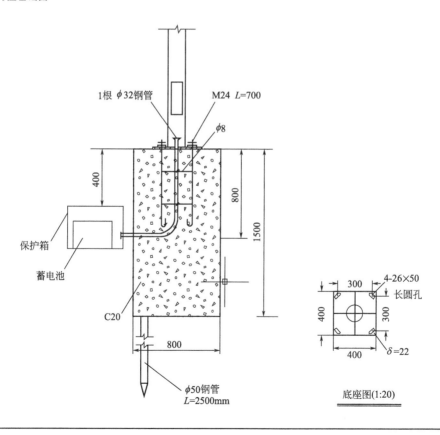

【任务设计】

1. 灯头高度、路灯之间的距离与灯源的亮度关系

（1）道路亮度标准

根据国家建设部 2007 年 7 月 1 日颁布的 CJJ 45—2006《城市道路照明设计标准》相关标准，城市道路照明标准，按快速路、主干路、次干路、支路以及居住区道路分为五级。五级道路亮度与照度标准如表 10-3 所示。

表 10-3 五级道路亮度与照度标准表

级别	道路类型	亮度		照度		眩光限制	诱导性
		平均亮度 $L_{av}/(\text{cd/m}^2)$	均匀度 L_{min}/L_{av}	平均照度 E_{av}/lx	均匀度 E_{min}/E_{av}		
I	快速路	1.5	0.4	20/30	0.4	严禁采用非截光型灯具	很好
II	主干路及迎宾路、大型枢纽等	1.0	0.35	10/15	0.35	严禁采用非截光型灯具	很好
III	次干路	0.5	0.35	8/10	0.35	不得采用非截光型灯具	好
IV	支路	0.3	0.3	5	0.3	不宜采用非截光型灯具	好
V	主要供行人和非机动车通行的居住区道路和人行道	—	—	1~2	—	采用的灯具不受限制	—

学校主干道可以以次干路要求设计为三级，辅道可以支路要求，设计为四级。本项目以主干道路灯为例进行设计。

（2）路灯布局及灯具高度选择

① 常规照明有单侧布置、双侧交错布置、双侧对称布置、横向悬索布置和中心对称布置五种基本布灯方式（图 10-5）。

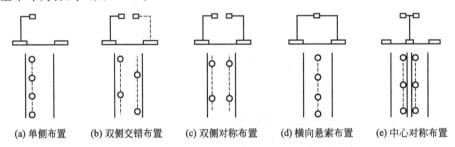

(a) 单侧布置　　(b) 双侧交错布置　　(c) 双侧对称布置　　(d) 横向悬索布置　　(e) 中心对称布置

图 10-5 常规照明灯具布置的五种基本形式

② 采用常规照明方式时，灯具的配光类型、布灯方式、安装高度和间距应满足表 10-4 的规定；灯具的悬挑长度不宜超过安装高度的 1/4，灯具的仰角不宜超过 15°。

表 10-4 灯具的配光类型、布灯方式与安装高度、间距的关系

灯具配光类型	截光型		半截光型		非截光型	
布灯方式	安装高度 H/m	间距 S/m	安装高度 H/m	间距 S/m	安装高度 H/m	间距 S/m
单侧布置	$H \geqslant W_{\text{eff}}$	$S \leqslant 3H$	$H \geqslant 1.2W_{\text{eff}}$	$S \leqslant 3.5H$	$H \geqslant 1.4W_{\text{eff}}$	$S \leqslant 4H$
交错布置	$H \geqslant 0.7W_{\text{eff}}$	$S \leqslant 3H$	$H \geqslant 0.8W_{\text{eff}}$	$S \leqslant 3.5H$	$H \geqslant 0.9W_{\text{eff}}$	$S \leqslant 4H$
对称布置	$H \geqslant 0.5W_{\text{eff}}$	$S \leqslant 3H$	$H \geqslant 0.6W_{\text{eff}}$	$S \leqslant 3.5H$	$H \geqslant 0.7W_{\text{eff}}$	$S \leqslant 4H$

注：W_{eff} 为路面有效宽度，m。

本项目学校主干道路为双向双车道，路宽 8m，采用对称布置，考虑充分节能，选择 LED 截光型灯源。因考虑到主干道路车辆行驶安全，灯杆高度选择为 6m，灯杆间距选择 20m。

③ 光源功率选择。选择 LED 作为太阳能路灯光源，具有高效、寿命长、节能环保的特点，且使用直流电源供电，避免使用逆变设备带来的功率损耗。

光源的功率选择，一般情况下可以采用道路照明设计软件或照明计算表得出，也可以道路平均照度计算公式计算得到：

$$\phi=\frac{E_{\mathrm{av}}WS}{UKN}\tag{10-1}$$

式中，E_{av} 为光源平均照度，lx；U 为利用系数（可以从灯具利用系数曲线查出）；K 为维护系数；W 为道路宽度；S 为路灯安装间距；N 为路灯的排列方式，单侧排列或双侧交错排列时 $N=1$，双侧对称排列时 $N=2$。

本项目 E_{av} 取 20lx，U 取 0.7，K 取 0.7，W 取 10m，S 取 20m，N 取 2，代入式（10-1）得

$$\phi=\frac{20\times20\times10}{0.7\times0.7\times2}=4081\quad(\mathrm{lm})$$

采用 50W LED 暖白大功率光源，其光通量为 $110\times50=5500$lm，大于所计算值 4081lm 值，符合项目设计要求。

2. 蓄电池、组件配置

太阳能路灯系统的配置，一般选择比较简单的配置方法，可通过相关软件来完成，也可以通过计算公式来进行。

（1）负载工作电压

选择 50W LED 大功率光源，其额定工作电压在 36V，工作电流 1650mA，采用 24～36V DC PWM 恒流控制型电源，以满足光源用电需求。

（2）光伏组件功率计算

$$太阳能路灯组件功率\ P=\frac{光源功率\times每天工作时间\times1.43}{峰值日照时数\times蓄电池库仑效应\times其他综合损耗}\tag{10-2}$$

式中，1.43 是太阳能电池组件峰值工作电压与系统工作电压的比值；峰值日照时数对离网电站来说以年最低月份来计算，海口为 3.76h，蓄电池库仑效应及其他综合损耗取全部的 0.8，代入式（10-2）得

$$太阳能路灯组件功率\ P=\frac{50\times11\times1.43}{3.75\times0.8\times0.8}=327\mathrm{W}$$

这里选择 160Wp、最佳工作电压 35.6V、工作电流为 4.57A 的两块单晶组件并联方式，其并联后工作电压为 35.6V，满足对 24V 蓄电池充电要求，工作电流为 9.14A。

市场上 160Wp 单晶组件种类比较多，在选择的时候一定要注意其工作电压能满足项目蓄电池充电要求。如果选择 160W，工作电压为 18.2V，工作电流为 8.79A 组件时，就应该考虑将两组件串联，这样串联后的组件电压为 36.4V，电流为 8.79A，这样也能满足系统需求。

（3）蓄电池容量计算

$$蓄电池容量=\frac{负载功率\times日工作时间\times自给时间}{放电深度\times系统电压}=\frac{50\times11\times6}{0.7\times24}=178\mathrm{A}\cdot\mathrm{h}$$

选用两组 12V、200A·h 蓄电池串联，串联后蓄电池工作电压为 24V，总容量为 200A·h，能满足系统正常工作。

* 3. 抗风计算

（1）太阳能电池组件抗风设计

根据最大风力的大小进行太阳能路灯抗风设计，风力与风速的对应关系如表 10-5 所示。

表 10-5　风力和风速对应关系

名称	最大风速/(m/s)	风力/级	名称	最大风速/(m/s)	风力/级
热带低压(TD)	10.8～17.1	6～7(底层中心)	台风(TY)	32.7～41.4	12～13
热带风暴(TS)	2～24.4	8～9	强台风(STY)	41.5～50.9	14～15
强热带风暴(STS)	24.5～32.6	10～11	超强台风(Super TY)	＞51.0	≥16

南方沿海台风偏多，太阳能路灯灯杆至少应能抗 12 级以上台风。北方多数地区应能抗 10 级大风。

(2) 路灯灯杆的抗风设计

① 组件抗风分析　取电池板倾角 $A=160°$，灯杆高度 $=6\mathrm{m}$，设计选取灯杆底部焊缝宽度 $\delta=4\mathrm{mm}$，灯杆底部外径 $=154\mathrm{mm}$，焊缝所在面即灯杆破坏面。灯杆破坏面抵抗矩 W 的计算点 P 到灯杆受到的电池板作用荷载 F 作用线的距离为

$$PQ=[6000+(154+6)/\tan16°]\times\sin16°$$
$$=1807\mathrm{mm}=1.807\mathrm{m} \tag{10-3}$$

所以，风荷载在灯杆破坏面上的作用矩

$$M=F\times1.807$$

根据 $60\mathrm{m/s}$ 的设计最大允许风速，$2\times160\mathrm{W}$ 的太阳能路灯电池板的基本荷载为 $2600\mathrm{N}$。考虑 1.3 的安全系数，$F=1.3\times2600=5400\mathrm{N}$。所以

$$M=F\times1.807=5400\times1.807=9757\mathrm{N\cdot m}$$

② 圆形灯杆抗风分析　根据数学推导，圆环形破坏面的抵抗矩

$$W=\pi\times(3r\times2\delta+3r\delta^2+\delta^3) \tag{10-4}$$

式中，r 是圆环内径；δ 是圆环宽度。

破坏面抵抗矩

$$W=\pi\times(3r\times2\delta+3r\delta^2+\delta^3)$$
$$=\pi\times(3\times84\times2\times4+3\times84\times4^2+4^3)$$
$$=8768\mathrm{mm}^3$$
$$=88.768\times10^{-6}\mathrm{m}^3$$

风荷载在破坏面上作用矩引起的应力

$$=M/W=1466/(88.768\times10^{-6})=110\times10^6\mathrm{Pa}=110\mathrm{MPa}\leqslant215\mathrm{MPa}$$

其中，$215\mathrm{MPa}$ 是 Q235 钢的抗弯强度。所以，设计选取的焊缝宽度满足要求，只要焊接质量能保证，灯杆的抗风是没有问题的。

关于抗风设计，将在第六模块中详细介绍。

4. 防雷和接地

(1) 接地保护要求

太阳能路灯一般使用 DC12V 或 DC24V，属安全电压，不做电气保护接地。

(2) 防雷接地

① 不可用路灯、太阳能电池板作为接闪器。

② 用金属灯柱兼作接闪器和引下线。

③ 路灯基础钢筋笼在 $-0.50\mathrm{m}$ 以下，其钢筋表面积大于 $0.37\mathrm{m}^2$ 时，可作为防雷接地体。否则应增加人工接地极，接地电阻 $\leqslant10\Omega$。必要时将接地体连接。接地做法同一般路灯。

④ 在路灯控制器内设置 TVS（瞬态电压抑制）防雷保护。

思考与练习

简述太阳能路灯的施工方案。

模块三

风光互补发电系统的应用设计

项目十一　风光互补发电系统的认知

【任务导入】

　　太阳能和风能在时间和地域上都有很强的互补性，阳光最强时一般风很小，而在晚上没有阳光时，由于温差比较大，空气的流动导致风的形成。晴天，太阳比较充足而风会相对较少，阴雨天气，阳光很弱但是会伴随着大风，风资源相对较多。两者之间具有较强的风光的互补特性，利用此特性设计的风光互补发电系统，实现了无缝隙供电。

【相关知识】

一、风光互补系统概述

1. 风能和太阳能

　　风能、太阳能都是无污染的、取之不尽用之不竭的可再生能源，小型风力发电系统和太阳能光电系统在我国都已得到初步应用。这两种发电方式各有其优点，但风能、太阳能都是不稳定的、不连续的能源，用于无电网地区，需要配备相当大的储能设备，或者采取多能互补的办法，以保证基本稳定的供电。太阳能与风能在时间上和地域上都有很强的互补性。我国属季风气候区，一般冬季风大，太阳辐射强度小；夏季风小，太阳辐射强度大，在季节上可以相互补充利用。白天太阳光最强时，风很小，晚上太阳落山后，光照很弱，但由于地表温差变化大而使风能加强。夜间和阴雨天无阳光时由风能发电，晴天由太阳能发电，既有风又有太阳的情况下两者同时发挥作用，实现了全天候的发电，比单用风能和太阳能更经济、科学、实用。风能和太阳能各有优劣，除去地理自然环境限制之外，就成本而言，风机制造成本只是太阳能电池的1/5，两者结合，可以适当互补。太阳能和风能在时间上和季节上的互补性，使风光互补发电系统在资源上具有最佳的匹配性。风光互补发电系统是一种高性能的独立电源系统。

风能和太阳能可独立构成发电系统，也可组成风能和太阳能混合发电系统，如图 11-1 所示，即风光互补发电系统，采用何种发电形式，主要取决于当地的自然资源条件以及发电综合成本。在风能资源较好的地区宜采用风能发电，在日照丰富地区可采用太阳能光伏发电，一般情况下，风能发电的综合成本远低于太阳能光伏发电，因而在风能资源较好地区首选风能发电系统。近年来风光互补发电系统的资源互补性、供电安全性、稳定性均好于单一能源发电系统，且价格居中而得到越来越广泛地应用。

图 11-1　风光互补发电系统

2. 风光互补发电技术

风光互补发电技术并不是简单地将风能和太阳能相加就可以，其间还涉及一系列复杂的技术数据与工艺流程。在风光互补发电技术的推广应用中，竞争的关键是综合配置能力。寻找最佳匹配方案需做大量的研究工作，反复推算、演示，进行市场摸排，选配组件、组装等，以构成最佳匹配的方案，实现风能和太阳能的无缝对接，有光照的时候通过太阳能电池将光能转换为电能，有风的时候利用风机发电，两者均无的时候，负载可以利用蓄电池储备的电能工作。

风光互补发电技术整合了中小型风电技术和太阳能光伏技术，综合了各种应用领域的新技术，其涉及的领域之多、应用范围之广、技术差异化之大，是各种单独技术所无法比拟的。

利用风能和太阳能具有的互补性，开发风光互补发电系统，可以弥补太阳能和风能相互之间的不足，如图 11-2 所示。

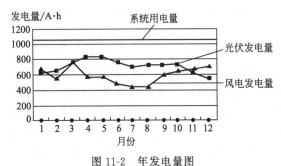

图 11-2　年发电量图

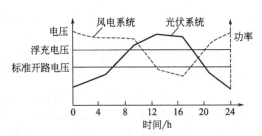

图 11-3　某地 10 月份典型日太阳能和风能资源分布

图 11-3 所示为某地 10 月份典型日太阳能和风能资源的分布，采用风光互补发电，可以弥补风能和太阳能间歇性的缺陷，从而开发一种新的性能优越的绿色能源。采用风光互补发电系统，可实现能量之间的相互补充，不仅能提供更加稳定的电能输出，还可以在一定程度

上削弱风电的反调峰特性。

综合利用了风能、光能的风光互补独立电源系统是一种低成本、高可靠性的电源，而且也为解决当前的能源危机和环境污染开辟了一条新路。

目前，在国内外市场上，常见的风光互补系统主要有两种用途：一种是风光互补发电独立系统，大都应用在远离电网或不利于铺设供电线路的地区，这种绿色环保的电能给这一地区人们的生产和生活水平带来很大的提高；另一种是风光互补 LED 路灯，在这些灯具上大多采用泄荷电阻进行单一的制动刹车，风力过大时通过在风力发电机的输出端接入泄荷电阻，减小风力发电机风轮的转速来达到控制飞车的目的。但被动刹车效果不稳定，控制器或泄荷电阻一旦出现故障，就不能达到刹车制动的目的。

二、 风光互补系统的应用前景

1. 无电农村的生活、生产用电

在中国，无电乡村往往位于风能和太阳能蕴藏量丰富的地区，因此利用风光互补发电系统解决用电问题的潜力很大。采用已达到标准化的风光互补发电系统，有利于加速这些地区的经济发展，提高其经济水平。另外，利用风光互补系统开发储量丰富的可再生能源，可以为广大边远地区的农村人口提供最适宜也最便宜的电力服务，促进边远地区的可持续发展（图 11-4）。

图 11-4　风光互补家用系统发展模式

我国已经建成的利用可再生能源独立运行的集中供电系统，只提供照明和生活用电，不能或不运行生产性负载，使得系统运行的经济性差。要使可再生能源独立运行的集中供电系统在经济上可持续运行，涉及系统的所有权、管理机制、电费标准、生产性负载的管理及政府补贴资金的来源、数量和分配渠道等。但是这种可持续发展模式，对中国在内的所有发展中国家具有深远意义。

2. LED 室外照明中的应用

世界上室外照明工程的耗电量占全球发电量的 12% 左右，在全球日趋紧张的能源和环保背景下，风光互补 LED 照明技术的节能工作日益引起全世界的关注。风光互补 LED 照明系统的基本原理是：太阳能和风能以互补形式通过控制器向蓄电池智能化充电，到晚间根据光线强弱程度，自动开启和关闭各类 LED 室外照明灯具。智能化控制器具有无线网络通信功能，可以和后台计算机实现三遥管理（遥测、遥信、遥控）。智能化控制器还具有强大的人工智能功能，可对整个照明工程实施先进的计算机三遥管理（照明灯具的运行状况巡检及故障和防盗报警）。如图 11-5 所示，LED 室外照明工程主要包括：

① 车行道路照明工程（快速道、主干道、次干道、支路）；

② 城镇小区照明工程（小区路灯、庭院灯、草坪灯、地埋灯、壁灯等）。

目前已被开发的新能源新光源室外照明工程有风光互补 LED 智能化路灯、风光互补 LED 小区道路照明工程、风光互补 LED 景观照明工程、风光互补 LED 智能化隧道照明工程。

图 11-5　风光互补路灯供电照明

3. 航标上的应用

我国部分地区的航标已经应用了太阳能光伏发电系统，特别是灯塔，但是也存在一些问题，最突出的就是在连续天气不良状况下太阳能发电不足，易造成蓄电池过放，灯光熄灭，影响蓄电池的使用性能。

图 11-6　风光互补发电系统航标上的应用

天气不良情况下往往伴随大风，也就是说，太阳能发电不理想的天气状况往往是风能最丰富的时候。针对这种情况，可以采用以风力发电为主、光伏发电为辅的风光互补发电系统来代替传统的太阳能发电系统。风光互补发电系统具有环保、无污染、免维护、安装使用方便等特点，符合航标能源应用要求。如图 11-6 所示，在太阳能配置满足春夏季能源供应的情况下，不启动风光互补发电系统；在冬春季或连续阴雨天气、太阳能发电不良情况下，启动风光互补发电系统。

4. 高速公路监控设备电源

目前，高速公路道路摄像机通常是 24h 不间断运行，采用传统的市电电源系统，虽然功率不大，但是因为数量多，也会消耗不少电能；并且由于摄像机电源的线缆经常被盗，损失大，造成使用维护费用大大增加，加大了高速公路经营单位的运营成本。

由于高速公路监控系统点多线长，采用传统的公用电网供电，不仅施工困难，而且配套成本高昂。目前，太阳能光伏发电成本较高，风能的成本相对较低，两者之间的互补对于像高速公路监控系统这种点多线长的用电场合和离电网较远的缺电场所，具有它独特的优势。

图 11-7 为风光互补监控系统。应用风光互补发电系统为道路监控摄像机提供电源，不仅节能，并且不需要铺设线缆，减少了被盗可能。但是我国有的地区会出现恶劣的天气情况，如连续阴雨天气，日照少，风力达不到风力发电机启动风力，会出现不能连续供电现象，这时可以利用原有的市电线路，在太阳能和风能不足时自动对蓄电池充电，确保系统正常工作。因每一个监控点为一个独立的供电系统，即使某一个监控点发生供电故障，也不会

影响系统中其他监控点的正常工作。

5. 通信基站中的应用

目前国内许多海岛、山区等地远离电网，但由于当地旅游、渔业、航海等行业有通信需求，需要建立通信基站。这些基站用电负荷都不大，若采用市电供电，架杆铺线代价很大；若采用柴油机供电，存在柴油储运成本高、系统维护困难、可靠性不高的问题。

要解决长期、稳定、可靠的供电问题，只能依赖当地的自然资源。而太阳能和风能作为取之不尽的可再生资源，在海岛相当丰富。此外，太阳能和风能在时间上和地域上都有很强的互补性，适用于通信基站供电，如图11-8所示。由于基站有基站维护人员，系统可配置柴油发电机，以备太阳能与风能发电不足时使用，这样可以减少系统中太阳能电池方阵与风力发电机的容量，从而降低系统成本，同时增加系统的可靠性。

图 11-7　风光互补监控系统

图 11-8　风光互补发电系统通信基站中的应用

6. 风光互补智能汽车充电站

风光互补汽车充电站是指通过大自然的风能和太阳能来给电动汽车充电的站点，与现在的加油站相似。

电动汽车蓄电池放电后，通过风光互补智能供电系统（图11-9），给蓄电池充电，使它恢复工作能力，这个过程称为蓄电池充电。蓄电池充电时，电池正极与电源正极相连，电池负极与电源负极相连，充电电源电压必须高于电池的总电动势。充电方式有恒电流充电和恒电压充电两种。实际上，常规充电的速度被蓄电池在充电过程中的温升和气体的产生所限制，这个现象对蓄电池充电所必需的最短时间具有重要意义。

（1）恒流充电法

恒流充电法是用调整充电装置输出电压或改变与蓄电池串联电阻的方法，保持充电电流强度不变的充电方法。控制方法简单，但由于电池的可接受电流能力是随着充电过程的进行而逐渐下降的，到充电后期，充电电流多用于电解水，产生气体，使出气过甚，因此，常选用阶段充电法。

（2）恒压充电法

充电电源的电压在全部充电时间里保持恒定的数值，随着蓄电池端电压的逐渐升

图 11-9　风光互补智能供电系统

高，电流逐渐减少。与恒流充电法相比，其充电过程更接近于最佳充电曲线。用恒定电压快速充电，由于充电初期蓄电池电动势较低，充电电流很大，随着充电的进行，电流将逐渐减少，因此只需简易控制系统。

【项目实施】　风光互补发电系统结构的认知

图 11-10 为风光互补发电系统，一般包括风力发电机、太阳能电池组件、智能控制器、逆变器、交流及直流负载、蓄电池组等部分。该系统是集风能、太阳能发电技术及智能控制技术为一体的复合可再生能源发电系统，发电系统各部分容量的合理配置，对保证发电系统的可靠性非常重要。

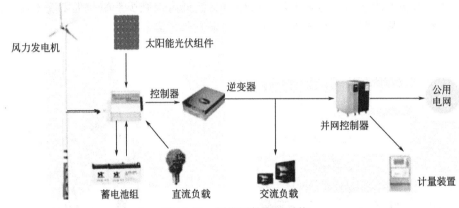

图 11-10　风光互补发电系统

（1）发电部分

由一台或几台风力发电机和太阳能电池阵列构成风-电、光-电发电部分，发电部分输出的电能通过充电控制器与直流中心完成给蓄电池组自动充电工作。蓄电池储存的电能经过逆变器转换为交流电供给交流负载。经优化设计的风光互补发电部分，可实现供电的稳定性和可靠性，使蓄电池的循环效率大大提高，可使蓄电池长时间处于有电状态，甚至饱和状态，有效延长了蓄电池的使用寿命。

（2）蓄电部分

为建立一个供电电压稳定、能够全天候提供均衡供电的系统，必须在风力发电机或光伏发电系统与用电器之间设置储能装置，把风力发电机或光伏发电系统发出的电储存起来，稳定地向用电器供电。

理想的电能储存装置，应当具有大的储存密度和容量；储存和供电具有良好的可逆性；有高的转换效率和低的转换损耗；运行要便于控制和维护；使用安全，无污染；有良好的经济性和较长的使用寿命。从目前中小型风光互补发电系统的实际应用来看，最方便、经济和有效的储能方式是采用蓄电池储能。如图 11-11 风光互补蓄电池，它能够把电能转变为化学能储存起来，使用时再把化学能转变为电能，变换过程是可逆的，充电和放电过程可以重复循环、反复使用，因此蓄电池又称为"二次电池"。由多节蓄电池组成蓄电池组来完成风光互补发电系统的全部电能储备任务，蓄电池组在风光互补发电系统中起到能量调节和平衡负载两大作用。

任何蓄电池的使用过程都是充电、放电周而

图 11-11　风光互补蓄电池

复始地进行的。在使用中要防止蓄电池过充或过放。过放会造成活性物质结晶，增加极板的电阻，使蓄电池内阻增大；过充且电流过大时，则容易产生气泡过于剧烈，易使极板活性物质脱落而损坏，同时水分消耗也大。为此，蓄电池组应具有过充过放保护功能。

① 过充保护　当风速持续较高或阳光充足，在蓄电池组电压超过额定电压 1.25 倍时，控制器应停止向蓄电池充电，将多余的电能通过卸荷器消耗掉。这样就可以避免造成蓄电池过充电，以延长蓄电池的工作寿命。

② 过放保护　当风速长期较低或阳光不充足，蓄电池组电压低于额定电压 0.85 倍时，逆变器应停止工作，不再向负载供电。这样就可以避免蓄电池过放电，以延长蓄电池的工作寿命。

阀控密封式铅酸蓄电池具有成本低、容量大及免维护的特性，是风光互补发电系统储能部分的首选。选择合理的蓄电池容量和科学的充放电方式，是风光互补发电系统运行特性和寿命的保证，应采用双标三阶段充电方式，以实现对蓄电池的科学充电。对于采用双储能系统的风光互补独立发电系统（两套铅酸蓄电池组），通过智能控制器可以控制对负载的放电，同时又可以在充电条件到达时对备用储能电池组充电，两组蓄电池之间的切换由控制系统实时监测其电压状态决定。

（3）控制及直流中心部分

控制及直流中心部分由风能和太阳能充电控制器、直流中心、控制柜、避雷器等组成，完成系统各部分的连接、组合及对蓄电池组充放电的自动控制。控制部分根据日照强度、风力大小及负载的变化，不断对蓄电池组的工作状态进行切换和调节，一方面把调整后的电能直接送往直流或交流负载，另一方面把多余的电能送往蓄电池组储存。发电量不能满足负载需要时，控制器把蓄电池的电能送往负载，保证了整个系统工作的连续性和稳定性。

控制及直流中心的具体构成参数由最大用电负荷与日平均用电量决定，最大用电负荷是选择系统逆变器容量的依据，而平均日发电量则是选择风力发电机及太阳能电池容量和蓄电池组容量的依据。同时系统安装地点的风光资源状况，也是确定风力发电机及太阳能电池容量的另一个依据。

控制器是整个风光互补发电系统中充当管理的关键部件，它的最大功能是对蓄电池进行全面的管理。高性能的控制器应当根据蓄电池的特性，设定各个关键参数点，如蓄电池的过充点、过放点、恢复连接点等。在选择控制器时，特别需要注意控制器恢复连接点参数，由于蓄电池有电压自恢复特性，当蓄电池处于过放电状态时，控制器切断负载，随后蓄电池电压恢复，如果控制器各参数点设置不当，则可能缩短蓄电池和用电负载的使用寿命。

风光互补发电系统中的控制器，必须具备蓄电池过充保护、过放保护、防反接等保护功能。在温差较大的地方，控制器还应具备温度补偿功能。若作为风光互补路灯控制器，还应具有光控、时控功能，并应具有夜间自动切控负载功能，便于阴雨天延长路灯工作时间。对于风光互补发电系统的设计，成功与失败往往取决于控制器的选型设计，没有一个性能良好的控制器，就不可能有一个性能良好的风光互补发电系统。

由智能控制器驱动的 MOSFET 充电模块，可根据系统的不同，选取不同电压等级的 MOSFET 来实现系统对蓄电池的充放电管理。控制模块根据不同的 MOSFET 栅极电压设计，由智能控制器控制 MOSFET 模块的输出状态。智能控制器由 LCD 液晶显示模块、键盘、MCU 组成，是风光互补发电系统控制、管理的核心，驱动 MOSFET 充电模块实现对蓄电池的双标三阶段充电，驱动 IGBT 实现 DC/AC 逆变及系统的实时保护和数据再现与传输等，同时提供风力发电机的磁电限速保护，在风力发电机过功率时，给风力发电机反向磁阻力矩，降低风力发电机转速。

风光互补发电系统宜采用太阳能/风力发电一体化控制器，控制器应可以同时利用太阳能和风能，以提高风能和太阳能的综合利用效率。控制器必须具有风力发电充电电路和光伏发电充电电路，两充电通道要各自独立和有效隔离。控制器的风电充电电路的最大功率要大于或等于风力发电机组额定输出功率的 2 倍。控制器的光伏充电电路的最大功率应大于光伏系统功率的 1.5 倍。控制器应具有通信接口，并预留直流充电接口。控制器的电磁兼容应符合相关规范要求。

（4）供电部分

由于蓄电池输出的是直流电，因此它只能为直流用电器供电。但是在日常生活和生产中很多用电器是用交流电的，因此，将直流电转换为交流电的设备称为逆变器。太阳能风光互补逆变器可把蓄电池中的直流电能转换为标准的 380V/220V 交流电能，保证交流用电负载的正常使用。同时它还具有自动稳压功能，以改善风光互补发电系统的供电质量。

逆变器主电路由大功率晶体管构成，采用正弦脉宽调制技术，抗干扰能力强，三相负载不平衡度可达 0～100％，还有很强的过载及限流保护功能。逆变器是风光互补发电系统的关键部件，系统对逆变器的要求很高。

逆变器的工作原理是通过控制一个开关，使直流电的电流方向以一定的频率不停地变化，那么，它就将直流电转换为交流电，再通过变压器将电压变成符合负载要求的电压，向交流用电器供电。

逆变器的电路结构较为复杂，形式也较多，其主电路常用的有推挽逆变电路、全桥逆变电路、高频升压逆变电路等。随着智能型大规模集成电路成本降低，智能型充电控制逆变一体化电路已实现了商品化，提高了系统工作的可靠性。

【知识拓展】　LED 照明技术在道路照明中的应用前景

随着科技的不断进步，半导体材料应用技术的高速发展，小功率 LED 光源已广泛应用于景观照明，大功率的 LED 路灯也越来越多的引起各方面的关注。

LED（Lighting Emitting Diode）即发光二极管，是一种半导体固体发光器件。它是利用固体半导体芯片作为发光材料，在半导体中通过载流子发生复合放出过剩的能量而引起光子发射，直接发出红、黄、蓝、绿、青、橙、紫、白色的光。图 11-12 所示为 LED 路灯灯具，LED 照明产品就是利用 LED 作为光源制造出来的照明器具。

1. LED 照明光源的优点

图 11-12　LED 路灯灯具

① 高效节能　LED 是一种低压工作器件，因此在同等亮度下，耗电最小，可大量降低能耗。以相同亮度比较，3W 的 LED 节能灯 333h 耗 1 度电，而普通 60W 白炽灯 17h 耗 1 度电，普通 5W 节能灯 200h 耗 1 度电。

② 超长寿命　LED 作为一种导体固体发光器件，较之其他发光器具有更长的工作寿命。其亮度半衰期通常可达到 10 万小时。半导体芯片发光，无灯丝，无玻璃泡，不怕震动，不易破碎，使用寿命可达 5 万小时（普通白炽灯使用寿命仅有 1000 小时，普通节能灯使用寿命也只有 8000 小时）。

③ 健康　光线健康，光线中含紫外线和红外线少，产生辐射少（普通灯光线中含有紫外线和红外线）。

④ 绿色环保　用 LED 制作的光源不存在诸如水银、铅等环境污染物，不会污染环境。利于回收。普通灯管中含有汞和铅等元素。

⑤ 保护视力　易于调光、调色，可控性大 LED 作为一种发光器件，可以通过流过电流的变化控制亮度，也可通过不同波长 LED 的配置，实现色彩的变化与调节。直流驱动，无

频闪（普通灯都是交流驱动，必然产生频闪）。

⑥ 光效率高　CREE 公司实验室最高光效已达 260lm/W，而市面上的单颗大功率 LED 也已经突破 100lm/W。制成的 LED 节能灯，由于电源效率损耗、灯罩的光通损耗，实际光效在 60lm/W，而白炽灯仅为 15lm/W 左右，质量好的节能灯在 60lm/W 左右，所以总体来说，现在 LED 节能灯光效与节能灯持平或略优。

2. LED 路灯与传统钠灯的对比

高压钠灯使用时发出金白色光，具有发光效率高、耗电少、寿命长、透雾能力强和不诱虫等优点，目前广泛应用于道路、高速公路、机场、码头、船坞、车站、广场、街道交汇处、工矿企业、公园、庭院照明及植物栽培。高显色高压钠灯主要应用于体育馆、展览厅、娱乐场、百货商店和宾馆等场所照明。

高压钠灯是利用通电后，电弧管两端电极之间产生电弧，由于电弧的高温作用，使管内的钠汞齐受热蒸发成为汞蒸气和钠蒸气，阴极发射的电子在向阳极运动过程中，撞击放电物质的原子，使其获得能量，产生电离或激发，然后由激发态回复到基态或由电离态变为激发态，再回到基态无限循环，此时多余的能量以光辐射的形式释放，便产生了光。图 11-13 所示为高压钠灯。

图 11-13　高压钠灯

大功率 LED 路灯是一种通过直流低压点亮发光二极管组来实现照明需求的一种新型照明方式，具有亮度高、显色性好等特点。另外，由于 LED 路灯的输入为低压直流，能与太阳能结合起来，使得太阳能 LED 路灯成为了未来道路一种可能的照明方式。

（1）关于能效分析、比较

应按照达到相同照度（亮度）水平，接近照明质量标准的前提下，比较两者的照明安装功率。由于高压钠灯大功率灯管（250～400W）光效高，可达 130～140lm/W，而小功率灯管（100～150W）光效约为 80～100lm/W，而现用大功率 LED 路灯多用 1W LED 管，其光效都差不多，所以宜分别对大功率路灯与小功率路灯作分析。

① 大功率（≥250W）路灯　高压钠灯光效高，考虑镇流器损耗、灯具效率以及光道利用率等三个因素，综合效率若按 0.55 计，则钠灯的有效光效约为 70～75lm/W；而 LED 路灯的有效光效，目前国内企业已达 56～58lm/W。因此，对大功率路灯，目前 LED 比钠灯的能效要低一些。

② 小功率（≤150W）路灯　钠灯的有效光效（计入综合效率 0.55）约为 45～55lm/W，而 LED 仍按 56～58lm/W 计，则 LED 比钠灯可实现节能 10%～20%，最高可达 30%。从以上分析可知，用于支路的小功率（≤150W）时，LED 路灯比钠灯的可节能达 10%～30%，而大功率仍比不上钠灯的能效。

（2）光源光色对道路照明效果的分析

高压钠灯的相关色温（T_{cp}）为 2100K 左右，属暖色温，其显色指数（Ra）只有 23～

25，显色性低；而 LED 路灯现在使用的色温多大于 5300K，属冷色温，较好的产品，其 *Ra* 可达 70～80，显色性好。对机动车行驶的快速道、主干道，偏黄色光的钠灯，对看清前方 90～160m 左右距离路面状况，效果比白色光略优，特别是对有雾、多尘的空气条件下，钠灯较有优势。对于人行道、商业步行街、居住小区等道路，LED 的显色性优于钠灯，分辨人的状况更清晰，较有优势。

（3）经济性分析对比

高压钠灯具，每套约为 1200～1500 元。目前 LED 路灯，按功率大小不同，价格相差较大，大约在 4000～8000 元。就现状而言，LED 路灯明显太贵，价高达 3～5 倍之巨。小于 150W 的 LED 可以节能 10%～30%，每年每灯节电约 50～150kW·h，根本无法回收多花费的购灯费用。

（4）使用寿命分析

比较使用寿命应立足于整灯寿命。高压钠灯包括光源、电气附件（主要是镇流器、触发器）和灯具，钠灯用于路灯平均寿命 3～5 年，节能型电感镇流器不会低于 20 年，灯具也是如此。而 LED 路灯的使用寿命暂无使用经验，整体上说 LED 路灯使用寿命不能和钠灯路灯比拟。

（5）维持性能比较

以城市路灯管理部门为代表的用户，更关心路灯的维护性能。按分析，钠灯的维护性能好，灯具只要擦洗，不必更换，镇流器很少更换，光源 3～5 年更换一次，也很方便。而 LED 路灯，涉及 LED 管、模组（含透镜等）、电源装置等，发生元器件、组件损坏的可能性较大，维修更换也有困难，很可能要整体更换，费用较高，还有待今后解决。LED 路灯还没有标准可循，对招标、订购，对使用、维护都不利。综上所述，LED 路灯是近年来出现的新事物，随着 LED 产业的发展必将会有更大的发展，前景广阔。但目前应用，还存在不少问题。

（6）发光效率

LED 光源的发光效率，目前国外美国、日本约 75lm/W 左右，国内生产的 LED 约 65lm/W 左右。高压钠灯光源的发光效率为 100lm/W 左右，每瓦发出的光通量比 LED 高 25～35lm/W。400W 高压钠灯的发光效率高达 120lm/W。

（7）透雾性

在道路照明中，大多数人一直认为 LED 路灯的穿透性要比传统照明光源钠灯的穿透性低，这是一个错误的认识。实际上，LED 红光区的分布要比高压钠灯更宽泛。

（8）性能比较（表 11-1 和表 11-2）

表 11-1　高压钠灯与 LED 的发光效率比较

对比项目	高压钠灯	LED 光源照明灯
功耗	高	低（比高压钠灯节电 60% 以上）
色温	2000～2500K	3000～7000K
显色指数	20～25	75～85
工作电压范围	AC200V～AC230V	AC180V～AC280V
电源效率	低	高
光效	光效低,光衰严重	光效高,光衰小
光源使用寿命	短,<5000h,光衰>60%	长,60000～100000h,光衰<30%
防护等级	IP65	IP65
防触电保护类别	Ⅰ类	Ⅰ类
启动时间	5～10min	瞬间启动,无延时
连续启动	不允许,需要等待几分钟	允许
环保性	汞污染、紫外线辐射	好
发热量	发热量大	发热量小,仅为高压钠灯的 30%

表 11-2 LED 的光照度　　　　　　　　　　　　　　　　　　　　　　　　lx

功率高度	45W	60W	90W	120W	150W
4m	73	98			
5m	50	68	108		
6m	37	49	79	101	140
7m	28	39	52	78	112
8m	22	28	46	61	82
9m	18	24	39	48	64
10m		20	31	42	51
11m			26	34	47
12m			22	28	43
13m				24	38

通过上述分析，LED 的光照度从数字上来看的确不如高压钠灯。目前 LED 在 65~75lm/W，而高压钠灯可以达到 125lm/W。但是，高压钠灯的光谱比较集中于黄色，它的色温比较低，只有 2000~2500K，而 LED 的色温较高，可以达到 3500~4500 以上。另外，高压钠灯的光线是向四处发射的，有很大一部分光无法到达路面。还有，高压钠灯的显色指数差，只有 20~40，感觉昏暗；而 LED 的显色指数高，可以达到 75~80，所以路面明亮，感觉舒适。

总之，从实际的发光效果来看，LED 反而可以比高压钠灯高出很多，100W 的 LED 可以取代 250W 的高压钠灯，或 300W 的水银灯。100W 的 LED，其输出光通量大约只有 6250lm（经过二次光学设计，会有所损失），到达路面时的流明数仍为 6000lm，而路面的平均照度可以达到 16lx（12m 高杆）。250W 高压钠灯的输出光通量为 20000lm，但到达路面的流明数就只有 7000lm。路面的照度大约为 30~40lx，由于显色系数的差别，LED 的照度修正系数为 2.35 倍，高压钠灯的修正系数为 0.94 倍。所以 100W 的 LED 经过修正以后，地面的照度为 37.6lx，而高压钠灯的修正后的照度为 28.2~37.6。两者相当。所以，100W 的 LED 可以取代 250W 的高压钠灯，LED 可以节能 2.5 倍。

思考与练习

（1）风光互补系统由哪几部分组成？
（2）风光互补发电系统主要应用在哪些地方？
（3）简述 LED 照明技术在道路照明中有什么优势与不足。

项目十二　风光互补控制器的选用、连接与调试

【任务导入】

风光互补路灯系统完全利用风力和太阳光能为路灯供电，无需外接市电网。系统兼具风能和太阳能产品的双重优点，由风力和太阳能协同发电，电能储存于蓄电池中，自动感应外界光线变化，无需人工操作，不需要输电线路，不消耗电能，有明显的经济效益。所有这些优点都需要由风光互补控制器来实现。

【相关知识】

一、光伏控制器概述

1. 光伏控制器的基本概念

光伏控制器是离网型光伏发电系统中不可缺少的部分，是最基本的控制电路，主要由电

子器件、仪表、继电器、开关等组成。任何光伏离网系统，大到上百千瓦，小到一个草坪灯、手电筒，都要用到充电控制器。尽管它们系统大小不同，但充电控制器的控制原理是一样的，只是其硬件与软件的复杂程度不一样。

图 12-1 所示为小功率光伏控制器面板图。光伏控制器具有以下功能：

① 防止蓄电池过充电和过放电，延长蓄电池寿命；

② 防止太阳能电池板或电池方阵、蓄电池极性接反；

③ 防止负载、控制器、逆变器和其他设备内部短路；

④ 具有防雷击引起的击穿保护；

⑤ 具有温度补偿的功能；

⑥ 显示光伏发电系统的各种工作状态，包括蓄电池（组）电压、负载状态、电池方阵工作状态、辅助电源状态、环境温度状态、故障报警等。

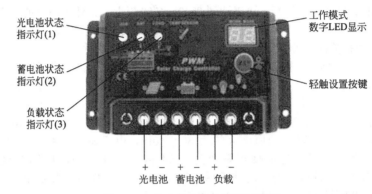

图 12-1　小功率光伏控制器面板图

（1）光伏控制器作用

在小型光伏系统中，光伏控制器也称为充放电控制器，一般用来保护蓄电池，防止其过充电与过放电，延长蓄电池的使用寿命。

在大中型系统中，光伏控制器起平衡光伏系统能量、保护蓄电池及整个系统正常运行等。

（2）光伏控制器的分类

光伏控制器按电路方式的不同，分为并联型、串联型、脉冲调制型、多路控制型、两阶段双电压控制型和最大功率跟踪型。

太阳能光伏系统控制器，按电池组件输入功率和负载功率的不同，可分为小功率型、中功率型、大功率型及专用控制器。还有一种带有自动数据采集、数据显示和远程通信功能的控制器，称为智能控制器。

2. 光伏控制器电路原理

① 光伏控制器基本原理　图 12-2 所示电路是一个最基本的充放电控制器原理图，电路主要由太阳能电池组件、控制电路及控制开关、蓄电池和负载组成。

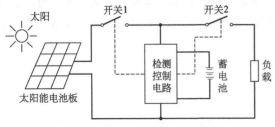

图 12-2　光伏控制器基本电路图

图中开关 1 为充电开关，开关 2 为放电开关，开关 1、开关 2 的打开与闭合，由控制电路根据系统充放电状态来决定。当蓄电池充满时，电路会自动断开充电开关 1，当蓄电池过放时，断开放电开关 2。

② 并联型控制器电路原理　并联型控制器也叫旁路型控制器，是利用并联在太阳能电池两端的机械或电子开关器件控制充电过程，一般用于小型、小功率系统。

　　图 12-3 所示是单路并联型充放电控制器电路，VD_1 是防反充电二极管，VD_2 是防反接二极管，T_1 是控制器充电回路开关，T_2 是蓄电池放电开关，R 为泄荷负载。检测控制电路随时对蓄电池的电压情况进行检测，当电压大于蓄电池最大电压时 T_1 闭合，电路过充保护，反之 T_1 断开；当蓄电池极性接反时，VD_2 导通，蓄电池通过 VD_2 短路放电而熔断熔断器。

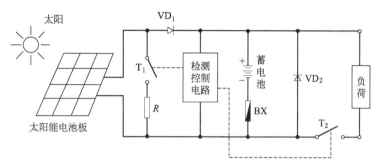

图 12-3　并联型充放电控制器电路

　　③ 串联型控制器电路　在图 12-3 基础上，如图 12-4 所示将 T_1 串联于支路中，当蓄电池电压大于充满切断电压时，T_1 自动断开，太阳能电池板将停止对蓄电池继续充电，起到过充保护作用。

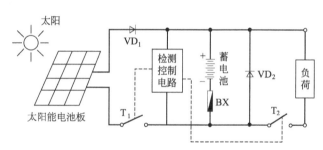

图 12-4　串联型充放电控制器电路

　　④ PWM 控制器电路　PWM（Pulse Width Modulation）控制——脉冲宽度调制技术，通过对一系列脉冲的宽度进行调制，等效地获得所需要波形（含形状和幅值），具体 PWM 控制原理与实现这里不做展开。

　　如图 12-5 所示，以脉冲方式控制光伏组件输入的开与关。当蓄电池逐渐趋向充满时，其端电压逐渐升高，PWM 电路输出脉冲的频率和时间都发生变化，使开关的导通时间延长，间隔缩短，充电电流逐渐趋于零；当蓄电池电压逐渐下降时，开关的导通时间变短，间隔延长，充电电流会逐渐增大。脉宽调制充电控制方式没有固定的过充与过放电压点，但电路采样蓄电池的端电压情况，适时调整其充电电流，最后趋于零。这种充电过程能增加光伏系统的充电效率，延长蓄电池的寿命。另外，脉宽调制型控制器还可以实现光伏系统的最大功率跟踪功能，因此可作为大功率控制器运用。

　　⑤ 多路控制器电路　将太阳能电池方阵分成多个支路接入控制器。当蓄电池充满时，控制器将太阳能电池方阵各支路逐路断开；当蓄电池电压回落到一定值时，控制器再将太阳

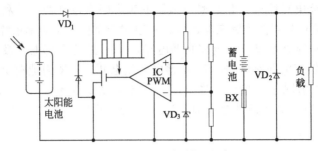

图 12-5　PWM 控制器电路

能电池方阵逐路接通，实现对蓄电池组充电电压和电流的调节。这种控制器一般用于千瓦级以上大功率光伏发电系统。如图 12-6 所示。

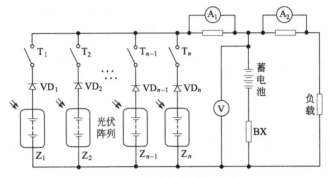

图 12-6　多路控制器电路图

⑥ 智能型控制器电路　智能型控制器采用 CPU 或 MCU 等微处理器，对太阳能发电系统的运行参数进行高速采集，除了具有过充电、过放电、短路、过载、防反接等保护功能外，按照单片机相应的控制指令，对单路或多路光伏组件进行切断与接通的智能控制，对蓄电池放电率高准确性地进行放电控制，同时具有高精度的温度补偿功能。图 12-7 所示是智能型控制器电路原理图。

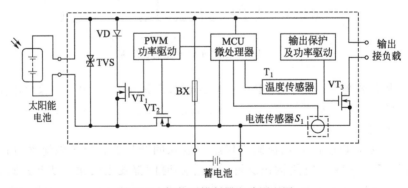

图 12-7　智能型控制器电路原理图

⑦ 最大功率跟踪型控制器电路　最大功率跟踪即 MPPT（Maximun Power Point Tracking）。最大功率点跟踪型控制器的原理是将太阳能电池方阵的电压与电流检测后相乘得到的功率，判断太阳能电池方阵此时的输出功率是否达到最大，若不在最大功率点运行，则调整脉冲宽度、调制输出占空比、改变充电电流，再次进行实时采样并做出是否改变占空比的判断。

最大功率点跟踪型控制器的作用，是通过直流变换电路和寻优化跟踪程序，无论太阳辐照度、温度和负载特性如何变化，始终使太阳能电池方阵工作在最大功率点附近，充分发挥太阳能电池方阵的效能，同时，采用 PWM 调制方式，使充电电流成为脉冲电流，减少蓄电池的极化，提高充电效率。

图 12-8 所示为太阳能电池阵列的 P-U 曲线。曲线以最大功率点处为界，分为左右两侧，当太阳能电池工作在最大功率点电压右边的 D 点时，因离最大功率点较远，可以将电压值调小，即功率增加；当太阳能电池工作在最大功率点电压左边时，若是电压较小，为了获得最大功率，可以将电压值调大。

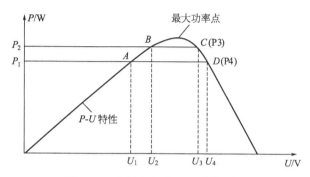

图 12-8 太阳能电池 P-U 曲线图

⑧ 采用单片机组成的 MPPT 充放电控制器电路 图 12-9 所示是一个具有 MPPT 功能的充放电控制器原理框图，主要由单片机及其控制采集软件、测量电路（电压、电流采集）、DC/DC 变换电路三部分组成。其中，DC/DC 变换电路实现直流升压与降压功能；测量电路主要是 DC/DC 变换电路的输入侧电压和电流值、输出侧的电压值以及温度等测量；单片机及监控软件常用控制算法有恒定电压跟踪法（VCT）、扰动观察法、增量电导法、标准蓄电池查表法等（本书不做详述）。

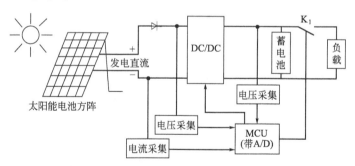

图 12-9 单片机组成的 MPPT 充放电控制器原理框图

3. 控制器控制原理

光伏控制器的控制原理，通常是以控制器的充放电保护模式的形式表现出来的。光伏控制器必须具有以下几种充放电保护模式。

① 直充保护点电压 直充也叫急充，属于快速充电，一般都是在蓄电池电压较低的时候用大电流和相对高电压对蓄电池充电，但是有个控制点，也叫保护点。当充电时蓄电池端电压高于这些保护值时，应停止直充。直充保护点电压一般也是"过充保护点"电压，充电时蓄电池端电压不能高于这个保护点，否则会造成过充电，对蓄电池是有损害的。

② 均充控制点电压 直充结束后，蓄电池一般会被充放电控制器静置一段时间，让其

电压自然下落，当下落到"恢复电压"值时，会进入均充状态。当直充完毕之后，可能会有个别电池"落后"（端电压相对偏低），为了将这些个别电池拉回来，使所有的电池端电压具有均匀一致性，就要以高电压配以适中的电流再充一小会儿，可见所谓均充，也就是"均衡充电"。均充时间不宜过长，一般为几分钟到十几分钟，时间设定太长反而有害。对配备一块两块蓄电池的小型系统而言，均充意义不大。所以，路灯控制器一般不设均充，只有两个阶段。

③ 浮充控制点电压　一般是均充完毕后，蓄电池也被静置一段时间，使其端电压自然下落，当下落至"维护电压"点时，就进入浮充状态。目前均采用 PWM（即脉宽调制）方式，类似于"涓流充电"（即小电流充电），电池电压一低就充上一点，一低就充上一点，一股一股地来，以免电池温度持续升高，这对蓄电池来说是很有好处的，因为电池内部温度对充放电的影响很大。其实 PWM 方式主要是为了稳定蓄电池端电压而设计的，通过调节脉冲宽度来减小蓄电池充电电流。这是非常科学的充电管理制度。具体来说就是在充电后期、蓄电池的剩余电容量（SOC）＞80％时，就必须减小充电电流，以防止因过充电而过多释气（氧气、氢气和酸气）。

④ 过放保护终止电压　蓄电池放电不能低于这个值，这是国标的规定。蓄电池厂家虽然也有自己的保护参数（企标或行标），但最终还是要向国标靠拢的。需要注意的是，为了安全起见，一般将 12V 电池过放保护点电压人为加上 0.3V 作为温度补偿或控制电路的零点漂移校正，这样 12V 电池的过放保护点电压即为 11.10V，那么 24V 系统的过放保护点电压就为 22.20V。目前很多生产充放电控制器的厂家都采用 22.2V（24V 系统）标准。

二、风光互补控制器概述

1. 风光互补控制器的基本概念

风光互补控制器是专门为风光互补发电系统设计的，是集风能、太阳能发电控制于一体的智能型控制器。风光互补控制器采用先进的 MPPT 功率跟踪技术，保证风能和太阳能的最高利用。控制器不仅能够高效率地转化风力发电机和太阳能电池所发出的电能对蓄电池进行充电，而且还提供系统所需的各种控制和保护功能。

（1）风光互补控制器的作用

风光互补控制器对太阳能电池和风力发电机所发的电能进行调节和控制，一方面把经调整的电能送往直流负载或交流负载，另一方面把多余的电能按蓄电池的特性曲线对蓄电池组进行充电。当风光互补发电系统所发的电不能满足负载需要时，控制器又把蓄电池的电能送往负载。蓄电池充满电后，控制器要控制蓄电池不被过充。当蓄电池所储有的电能放完时，控制器要控制蓄电池不被过放电，以保护蓄电池。风光互补控制器是风光互补发电系统中最为重要的部件，其性能影响到整个系统的寿命和运行稳定性，特别是蓄电池的使用寿命。

风光互补控制器采用 PWM 无级卸载方式控制风机和太阳能电池对蓄电池进行智能充电，在太阳能电池和风力发电机所发出的电能超过蓄电池存储量时，控制系统必须将多余的能量消耗掉。普通的控制方式是将整个卸荷负载全部接上，此时蓄电池一般还没有充满，但能量却全部被消耗在卸荷负载上，从而造成了能量的浪费。有的则采用分阶段接上卸荷负载，阶段越多，控制效果越好，但一般只能做到五六级左右，所以效果仍不够理想。最好的控制方式是采用 PWM（脉宽调制）方式进行无级卸载，可以达到上千级的卸载。在正常卸载情况下，可确保蓄电池电压始终稳定在浮充电压点，而只将多余的电能释放到卸荷负载上，从而保证了最佳的蓄电池充电特性，使得电能得到充分利用。

由于蓄电池只能承受一定的充电电流和浮充电压，过电流和过电压充电都会对蓄电池造成严重的损害。风光互补控制器通过微处理器，实时检测蓄电池的充电电压和充电电流，并通过控制风机充电电流和光伏充电电流，来限制蓄电池的充电电压和充电电流，确保蓄电池既可以充满，又不会损坏，从而确保了蓄电池的使用寿命。

（2）风光互补控制器的主要功能

风光互补控制器以微处理器为核心，采用现代电力电子模块化技术，使得外围电路结构简单，且控制方式和控制策略灵活强大，从而实现高充电效率、低空载损耗等优异的性能。

风光互补控制器的主要功能如下。

① 按预先设定的风速值（一般为 3～4m/s）自动启动风力发电机组，当风速大于最大运行速度（一般设定为 25m/s）时实现自动停机。

② 智能化最大功率跟踪，确保电能最高利用率。采用升降压 DC/DC；变换技术控制其输出电压，可以实现控制风力发电机、太阳能电池阵列的输出电流，通过调节输出电流，使风光发电系统始终工作在最大功率点，即所谓的最大功率点追踪（MPPT）控制。

③ 风力发电控制部分采用微处理器和 PWM 脉冲宽调制充电方式，高效率地实现对蓄电池的充电，同时具备了完善的蓄电池电压监控、控制器温度监控、手动停风机和充电指示等功能。

④ 光伏发电控制部分采用微计算机芯片作主控制器，通过对蓄电池电压、环境温度、太阳能板的电压等参数的检测判定，以实现各种控制和保护功能。

⑤ 风光互补发电系统采用交错并联控制，由 DSP 对两个变换器进行分别控制，其输出电压的 PWM 脉冲相位相差 180°。其电流波动幅度和电磁干扰与传统控制方式相比均能够降低。

⑥ 直流母线电压的稳定控制由蓄电池来完成，蓄电池经过一个能量可以双向流动的 DC/DC 变换器与直流母线相连接。

⑦ 智能控制泄荷电流，保障最大输出电流。

⑧ 具有 DSP 数据采集与存储系统，能够对太阳能电池阵列及风力发电机的发电数据和用电数据进行采集和处理，并具有遇强风偏航/制动控制功能、数据远传功能、远程遥控功能。

⑨ 风光互补发电系统的数据监控具有以下功能：通过监控系统实时获取风光互补发电系统的运行数据并监控各种告警；为设备维护和管理提供基础运行数据。

2. 风光互补发电控制系统的组成及运行模式

① 风光互补发电控制系统的组成　风光互补发电控制系统以微处理器为控制核心，可独立运行，并通过 RS-485 与上位机通信，组成监控系统。在系统中，上位机主要完成对键盘、液晶和指示灯的控制、交换数据及通信等功能。图 12-10 所示是风光互补发电控制系统框图。

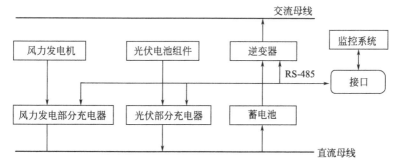

图 12-10　风光互补发电控制系统框图

② 风光互补发电控制系统的运行模式　风光互补发电系统根据风力和太阳辐射的变化情况，可实现风力发电机组单独向负载供电、光伏发电系统单独向负载供电、风力发电机组和光伏发电系统联合向负载供电三种运行模式。风光互补发电系统根据运行状态又可分为充电状态、负载状态（放电状态）和保护状态。系统同时监测光伏发电单元、风力发电单元、负载和蓄电池组的状况，在相应条件下进入对应的状态。在每一状态中，系统不仅完成自身阶段的工作，还可根据用户需要给出相应的系统参数显示、多系统之间的通信及系统与上位机之间的通信。图 12-11 是系统状态流程图。

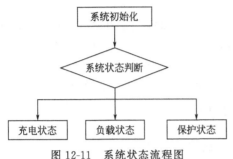

图 12-11　系统状态流程图

系统在初始化中完成参数的设定，如光伏发电单元电压、电流、负载、过压、过流保护参数；风力发电机的磁电保护参数，铅酸蓄电池双标三阶段充电的充电系数。同时也完成系统人机通信（键盘、液晶模块、LED 等）的初始化和系统通用串行通信模块的设定。

系统通过实时采样模块、上位机触发信号和用户控制信号，联合判断系统所处的状态。首先，通过实时采样模块采集系统的实时电压、电流，判断光伏发电单元、风力发电单元、储能蓄电池和负载的状况，从而决定系统应处的状态。其次，上位机触发信号和用户控制信号也联合控制系统状态，可强行控制系统从一种状态转入另一种状态。

系统在充电状态中以双标三阶段充电法对铅酸蓄电池进行充电，在线对系统中光伏发电单元、风力发电单元、蓄电池和负载的状态进行采集，合理完成灌充和过电压恒充，并以浮充状态维持蓄电池的电压和容量。

在负载状态（放电状态）中，按负载需要，提供直流或交流电给负载。同时监测蓄电池组的状态，在到达设定条件时，与备用蓄电池组实现轮流充、放电，以提高系统对能源的利用。另外，在负载状态时，蓄电池的状态也需实时监测，以免过放对蓄电池造成损害。

当风光互补系统中的光伏发电单元、风力发电单元、蓄电池、负载及系统内部的状态参数到达所设的保护值时，系统进入保护状态，避免了短路、过压、过流等对系统的危害，保障系统的正常运行。例如，对风力发电机的磁电限速保护、蓄电池的过放保护及对负载的过压保护等。

同时，系统提供了方便的人机接口，可在线获取系统中充、放电的电流、电压参数及系统的状态参数。通用串行通信模块提供了系统之间、系统与上位机之间的通信，方便的输入控制，多种显示输出及灵活的通信，不仅保障了系统的安全运行，也利于系统的维护、检修和管理。

【项目实施】

1. 光伏控制器的选型

作为太阳能路灯控制器应该具备以下基本功能：以最佳的充电状态给蓄电池充电、自动开启和关闭路灯或负载，同时具备过载保护、短路保护、反向放电保护、极性反接保护、雷电保护、欠压保护、过充保护、负载开机恢复设置等功能。图 12-12 是光伏控制器。

（1）光伏控制器的主要技术参数

选型设计是指产品的技术参数确定。通常要给出以下技术参数。

① 系统工作电压　根据直流负载的工作电压或交流逆变器的配置选型确定，一般有

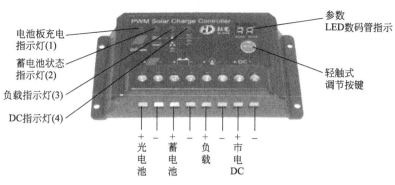

图 12-12　光伏控制器

12V、24V、48V、110V 和 220V 等，即控制器的额定输入电压（通常有 6 个标称电压等级：12V、24V、48V、110V、220V、500V，每个标称电压对应一个允许电压输入范围）。控制器的额定输入电压应与光伏组件（光伏方阵）的输出电压一致，即光伏组件（光伏方阵）的输出电压应在控制器的允许输入电压范围内，光伏组件（光伏方阵）的输出电压如果超出了控制器的允许输入电压范围，控制器将停止工作。

② 控制器的最大充电电流　控制器的额定输入电流应等于或大于太阳能电池的输入电流。大功率控制器采用多路输入，每路输入的最大电流＝额定输入电流/输入路数。

通常指光伏组件（光伏方阵）的最大输出电流。根据功率大小分为 5A、10A、15A、20A、30A、40A、50A、70A、75A、85A、100A、150A、200A、250A、300A 等多种规格。在控制器的选型设计时，控制器的最大充电电流应大于负荷的尖峰电流。当负荷包含多台电动机，尖峰电流应按下式计算：

$$I_{jf} = (KI_r)_{max} + I_c \tag{12-1}$$

式中，$(KI_r)_{max}$ 为 n（n 为自然数）台电动机同时启动时，电动机的启动电流之和，A；I_c 为除启动电动机以外的配电线路计算电流与储能装置的最大充电电流之和，A。

③ 控制器的允许输入路数　小功率控制器一般都是单路输入，大功率控制器可输入 6 路，多的可接入 12 路、18 路。控制器的允许输入路数，应不少于光伏方阵的组串数或多路组串经直流汇流箱汇流后的路数（也可以说是直流汇流箱个数）。通常汇流箱允许的输入路数有 10 路、14 路和 18 路。

④ 电路自身损耗　也叫空载损耗（静态电流）或最大自身损耗，为了降低控制器的损耗，提高光伏电源转换效率，控制器的电路自身损耗要尽可能低。控制器的最大自身损耗不得超过其额定充电电流的 1% 或 0.4W。根据电路不同，自身损耗一般为 5～20mA。设计选型时，电路自身损耗越小越好，这里不再赘述。

⑤ 蓄电池过充电保护电压（HVD）　也叫充满断开或过压关断电压。一般可根据需要及蓄电池类型的不同，设定在 14.1～14.5V（12V 系统）、28.2～29V（24V 系统）和 56.4～58V（48V 系统）之间，典型值分别为 14.4V、28.8V 和 57.6V。蓄电池过充电保护电压及后面的过放电电压和浮充电电压，通常作为设计参考，看所选控制器的这些参数是否满足要求，订购时仅给出标称电压即可。

⑥ 蓄电池的过放电保护电压（LVD）　也叫欠压断开或欠压关断电压。一般可根据需要及蓄电池类型的不同，设定在 10.8～11.4V（12V 系统）、21.6～22.8V（24V 系统）和 43.2～45.6V（48V 系统）之间，典型值分别为 11.1V、22.2V 和 44.4V。

⑦ 蓄电池充电浮充电压　一般为 13.7V（12V 系统）、27.4V（24V 系统）和 54.8V（48V 系统）。

163

⑧ 温度补偿　控制器一般都有温度补偿功能，以适应不同的环境工作温度，为蓄电池设置更为合理的充电电压。其温度补偿值一般为 $-20\sim40\text{mV}/\text{℃}$。

⑨ 工作环境温度　控制器的使用或工作环境温度范围，随厂家不同一般在 $-20\sim+50\text{℃}$ 之间。

（2）太阳能路灯控制器的选型

光伏控制器的配置选型，要根据整个系统的各项技术指标，并参考生产厂家提供的产品样本手册来确定。一般考虑下列几项技术指标。

① 系统工作电压　根据直流负载的工作电压或交流逆变器的配置选型确定，一般有 12V、24V、48V、110V 和 220V 等。

② 额定输入电流和输入路数　控制器的额定输入电流应等于或大于太阳能电池的输入电流。大功率控制器采用多路输入，每路输入的最大电流＝额定输入电流/输入路数。

③ 控制器的额定负载电流　也就是控制器输出到直流负载或逆变器的直流输出电流，该数据要满足负载或逆变器的输入要求。

除上述主要技术数据要满足设计要求以外，使用环境温度、海拔高度、防护等级和外形尺寸等参数，以及生产厂家和品牌也是控制器配置选型时要考虑的因素。

一般小功率光伏发电系统采用单路脉冲宽度调制型控制器。

太阳能控制器的选择应该注意以下事项。

① 应该选择功耗较低的控制器，控制器 24h 不间断工作。如其自身功耗较大，则会消耗部分电能。最好选择功耗在 3mA 以下的控制器。

② 要选择充电效率高的控制器，具有强充、均衡充、浮充三阶段式充电控制模式的控制器。采用 MCU 智能控制，通过内部的计算，始终能以最大功率给蓄电池充电，尤其在冬季或光照不足的时期，采用 MCU 智能控制的充电模式比非 MCU 智能控制器高出 20% 左右的效率。

③ 具有高精度控制。高精度既是产品设计的综合体现，也是选材用料优良的体现，更是生产工艺的体现。非高精度控制的太阳能路灯控制器，往往会因为产品设计不合理、选材用料差等导致返修率高、可靠性差、市场价格低廉。

④ 尽量选用具有两路单独控制的控制器，这样方便用于整盏灯的功率调节。在夜间行人稀少时段可以自动关闭一路或两路照明，节约用电，还可以针对 LED 灯进行功率调节。除选择以上节电功能外，设置控制器欠压保护值时，尽量把欠压保护值调在 ≥10.8V，防止蓄电池过放。

在选用器件上，目前有采用单片机的，也有采用比较器的，方案较多，各有特点和优点，应该根据客户群的需求特点选定相应的方案，在此不一一详述。

2. 风光互补控制器的选型

（1）风光互补控制器的技术指标

风光互补控制器采用了微处理器技术，通过对蓄电池电压、环境温度、风力发电机和太阳能板输出的电压等参数的检测判断，控制各项功能动作的开通和关断，实现控制太阳能、风能转换为电能，并将电能向蓄电池充电和向负载放电，防止过充、过放、短路、过压、欠压和反接等控制和保护功能。风光互补路灯控制器还有独特的两路时控、光控路灯亮灭功能，用拨盘开关和 LED 数码管直观地设定路灯在夜间的工作时间，这使 LED 路灯可以实现前半夜全亮，后半夜部分亮，达到照明和省电的有机结合。控制器在太阳能电池和风力发电机输入端都设有防雷电路。

风光互补控制器的选型基本和光伏控制器选型一样。

SN-WSC 型风光互补路灯控制器内含三相整流桥，可直接将风力发电机发出的三相交流电转换为直流电，并有自动刹车功能。控制器内还可选用市电备用自动转换电路。市电备用电路有一个输入功率因数大于 0.95 的 AC/DC 电源，以解决连续几天阴天或无风的最不利条件下，使路灯能正常工作。SN-WSC 型风光互补路灯控制器的负载为 60～200W 的 LED 路灯。SN-WSC 型风光互补路灯控制器主要技术指标如表 12-1 所示。

表 12-1　SN-WSC 型风光互补路灯控制器的主要技术指标

型号	SN-WSC-24VB 风光互补控制器	SN-WSC-12VB 风光互补控制器
蓄电池额定电压	24V	12V
风力发电机最大额定功率	600W	400W
输入电流范围	0～30A	0～30A
风机最大输入功率	600W	400W
智能停机系统启动电压	≥29V	≥14.5V
太阳能充电最大电流	12A	12A
蓄电池过放保护电压	21V	10.5V
蓄电池过放恢复电压	24.6V	12.3V
输出保护功率	单路 200W(阻性负载)	单路 120W(阻性负载)
1 路输出额定电流	10A	10A

SN-WS1K 型风光互补控制器主要技术指标如表 12-2 所示。

表 12-2　SN-WS1K 型风光互补控制器主要技术指标

型号	SN-WS1K-48A	SN-WS2K-48A	SN-WS3K-48A
蓄电池额定电压	48V		
风力发电机最大额定功率	1000W	2000W	3000W
输入电流范围	0～25A	0～50A	0～75A
风机最大输入功率	1100W	2200W	3300W
智能停机系统启动电压	58V		
太阳能充电最大电流	20A		
蓄电池欠压保护电压	42V		
蓄电池欠压恢复电压	49.6V		
静态电流	≤50mA		

（2）风光互补控制器的选用

风光互补控制器是集风能控制、太阳能控制于一体的智能型控制器。

风光互补控制器的配置选型一般考虑下列几项技术指标。

① 风力发电机输入部分技术参数　风力发电额定总功率 400W、600W、1000W、2000W、3000W；额定电压为 12V、24V、48V；卸载电压为 14.5V、29V，卸载后恢复充电电压为 12.3V、24.6V，卸载电阻功率 120W、200W。

② 太阳能电池组件部分技术参数　太阳能电池组件额定功率为 100～150W。最佳工作电压为 12V、24V DC。过充电保护电压为 10.5V、21VDC。充电后恢复充电电压为 12.3V、24.6V DC。最大充电电流为 12A。使用环境温度为 -40～+45℃。

风光互补控制器采用具有 MPPT 功率跟踪技术和 PWM 脉冲技术充电智能型的控制器。

3. 风光互补控制器的连接与调试

（1）控制器的连接

① 打开风光互补控制器包装，确保控制器没有因运输而损坏；检查控制器标志，核对规格、型号、数量是否符合设计要求，如不符合应立即调货更换，不能勉强施工。

② 检查控制器表面是否有破损、划伤，如有应立即更换。

③ 接线前要确认控制器上的太阳能电池组件、风力发电机、蓄电池、负载的标识符号、接线位置和正负极符号。

④ 控制器接线时注意"正""负"极性，要求红线接正极，蓝线接负极。接线前应先将蓄电池电源线、风力发电机电源线、太阳能电池组件电源线用剥线钳剥去 30mm＋2mm 塑料皮，按以下顺序进行接。图 12-13 所示是风光互补控制器连接示意图。

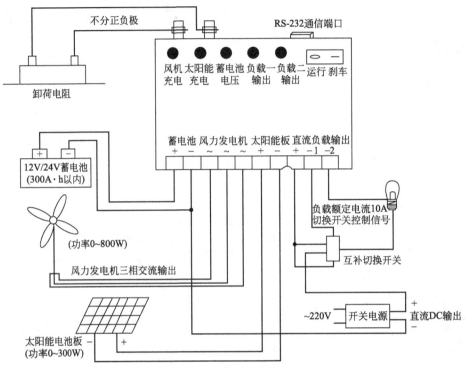

图 12-13　风光互补控制器连接示意图

a. 先接蓄电池电源线。使用不小于 4mm² 的铜导线，将控制器"BATTERY"端子的"＋""－"极分别与蓄电池组的正、负极连接。此时控制器面板的"POWER"灯亮（绿），否则应检查接线是否正确，电缆线是否破损。

b. 将控制器面板的"WIND STOP SWITH"处于"OFF"（风力发电机手动停止）状态。使用 3mm²×2.5mm² 的三芯电缆线，将控制器"WIND"的三个端子分别与风力发电机的引出线连接（三相不分极性）。接线后，使"WIND STOP SWITH"处于"ON"状态，此时风力发电机处于运行状态。当风力发电机转动时，控制器面板的"WIND"灯闪亮，当转速上升到可对蓄电池充电时，"WIND"灯长亮。

c. 将太阳能电池组件与控制器板的"太阳能输入（SOLAR INPUT）"端子相连接，太阳能电池组件的正负极要连接正确。

d. 将负载与"直流输出（DC OUTPUT）"端子连接。光控输出型负载连接端子为"＋"和"－1"。时控输出型负载连接端子为"＋"和"－2"。

如有市电切换功能，则将市电输入与设备上"AC INPUT"连接。将前面板"开关"拨到"运行（RUN）"位置，使风力发电机正常运行。机箱上的"刹车（BRAKE）"是用来提供人为的手动风力发电机刹车功能，当"开关"处于"刹车（BRAKE）"位置时，风力发电机处于制动状态。利用"LIGHT ADJUST"可调节路灯开始输出的光线照度，出厂时已设定好，可不重新调节。风光互补控制器控制/显示面板上的"TIMER"，可调节路灯亮灯时间，分别对应 1h、2h、4h、8h。拨向下为设定，同时向下时间为累计时间之和。

控制器正确连接后即进入自动运行状态，并根据蓄电池的电压变化自动调节充电电流。正常工作时，"POWER"指示灯长亮。"WIND"灯长亮，表示风力发电机对蓄电池充电，"WIND"闪亮，表示风力发电机电压低，不足以对蓄电池充电。如需要停止风力发电机，只需将控制器前面板的"WIND STOP SWITH"置于"OFF"位置。

控制器各电源线安装完毕后，将各电源线整理好后用 200mm 尼龙扎带扎好并挂在灯杆内的小钩上，然后把控制器放在防水盒内，最后将防水盒放在舱门上方的挡板上，用两个 M6×20 的螺栓将挡板固定好后，再安装电器舱门并将其锁牢。

（2）风光互补控制器的调试

① 观察控制器，掌握其性能和主要技术参数。图 12-14 所示是风光互补控制器示意图。

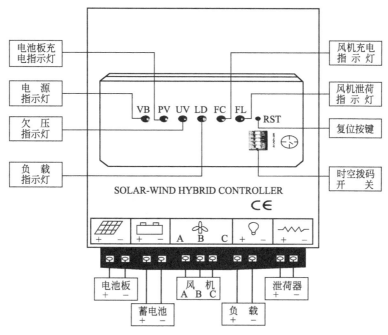

图 12-14　风光互补控制器示意图

② 控制器的参数设置

a. 基本参数设置　用户参数设置：负载模式为光控、时控且光控、长期负载，负载为 2 路，可以分别设定负载工作时间，用户可根据实际需求进行配置。

b. 工作参数控制　控制器的工作参数设置主要是负载电流保护、电池下限电压、风机刹车电压、电池刹车电压、仪表系数设定。

c. 系统调试

• 光控开启/关闭功能检测。在蓄电池组两端电压不小于 24.8V（蓄电池额定电压为 24V）的情况下，拆下太阳能电池组件接线。如果工作证明光控开启功能正常，再接上太阳能电池组件观测负载是否停止工作，如果负载关闭，证明光控关闭功能正常。

• 定时关闭功能测试。按照控制器说明书调节负载工作时间（比如原厂默认值为 6h，控制器掉电之后自动恢复原厂默认值），如果负载工作 6h 左右关闭，证明时控关闭功能正常。如果远远不足 6h 而负载关闭应立即测量蓄电池电压，如果在 22.8V（蓄电池额定电压为 24V）左右为蓄电池电量不足，控制器自动关闭负载。

167

• 时控开启功能测试。负载由光控开启（第一次开启是光控开启）工作到设定时间后时控关闭，观察设定时间后负载是否正常开启。如果不开启，测量蓄电池电压是否达到开启电压 24.8V（蓄电池额定电压为 24V）。若达到开启电压而不启动，则为该功能失效。

d. 试运行　对风光互补路灯通电试运行，时间为 8h，所有照明灯具均需开启，每 2h 记录运行状态一次，连续 8h 内无故障为合格。安装舱门，采用三角锁紧固舱门。清理现场，保证环境整洁；清点工具，确定无遗漏。

（3）风光互补控制器（风光互补路灯控制器）安装使用注意事项

① 不可以直接安装在雨水可以淋到的地方。

② 应采用竖直壁挂安装方式。

③ 蓄电池、负载、太阳能电池板正负极请勿接反。

④ 负载功率请勿超过额功率或电流。

⑤ 保证风光互补控制器通风流畅，散热良好。

⑥ 应定期检查风光互补控制器工作状态，及时排除不利影响。

【知识拓展】　风光互补充放电控制的基本原理

1. 风力发电充放电控制单元

风力发电充放电控制单元的功能，是控制风力发电机对蓄电池的充电及蓄电池对负载放电，从而保证蓄电池不至于过充和过放，以保证蓄电池的正常使用和整个系统的可靠工作。目前，风力发电机控制器一般都附带一个卸荷器，它的作用是在蓄电池已充满电时，采用卸荷器吸纳风力发电机所发出的电能。

风力发电机控制单元将风力发电机发出的交流电整流后，对蓄电池组充电。逆变器将蓄电池组输出的直流电转换成交流电，并提供给用电器。现在多数厂家都采用控制器和逆变器一体化的方案，使系统的布置紧凑、简便。风力发电机充电控制模块系统结构框图如图 12-15 所示。

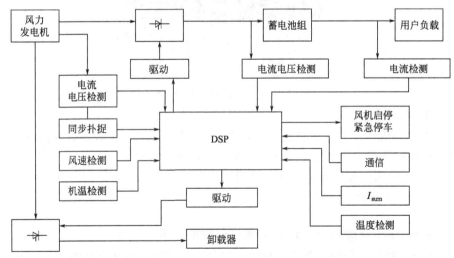

图 12-15　风力发电机充电控制模块系统结构框图

当风速达到启动风速时，控制单元进入工作状态；低于额定风速时，控制单元依功率控制方式跟踪风力发电机的功率变化；高于额定风速时，通过风力发电机的机械式结构方式，限制风力发电机的转速，使之接近恒功率运行。同步脉冲形成电路产生同步脉冲，作为同步信号加至单片机外部中断引脚。根据蓄电池的充电特性，控制晶闸管导通角对三相桥式整流电路进行触发和控制输出。当蓄电池充满电时，驱动卸载电路对风力发电机进行卸载，以防止风机飞车。在图 12-15 中，I_{sum} 为来自光伏支路的输出电流，以实现对蓄电池的综合充电。

对蓄电池的充电可以采用常规的先恒流、再恒压的控制方法，考虑到蓄电池对充电电流的限制，以及充电控制从恒流到恒压的切换，风力发电机充电控制单元采用恒压限流的控制方式对蓄电池进行充电管理。风力发电机充电控制电路方框图如图 12-16 所示，在电流控制环节的给定端加有一个限幅环节，用来限制充电电流。由于采用电流闭环控制，这个限定值就是恒流充电的电流给定值。在初始充电时，蓄电池电压 U_b 较低，小于蓄电池的给定电压 U_b^*，因此有 $U_b^* - U_b^* > 0$，由于 PI 调节中积分环节的作用，使输出达到最大值，从而电流给定以限幅值输入，实现限流充电。当充电电压超过给定电压时，充电电流从限流状态退出。蓄电池的电压作为充电控制的外环，以 U_b^* 这个经过温度补偿计算得到的充电电压作为给定，由于电压闭环的作用，使蓄电池的电压始终不会超过此值。充电电流降低，系统自动转入恒压充电状态，随着蓄电池电压的不断升高，充电电流不断减小，直至为零，此时蓄电池的电压等于给定电压。

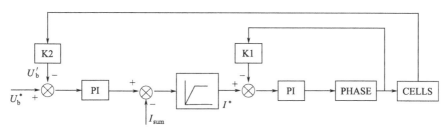

图 12-16　风力发电机充电控制电路方框图

2. 光伏阵列充放电控制单元

光伏阵列充放电控制单元结构框图如图 12-17 所示。由光伏电池的 U-I 输出特性曲线可知，其最大功率点与日照及太阳能电池温度有关，为了提高太阳能电池的发电效率，在系统中加入一个太阳能电池峰值功率跟踪器，即 CVT 式的 MPPT 跟踪器。由于太阳能电池的最大功率点几乎分布于一条垂直线的两侧，可以假定太阳能电池阵列的最大功率输出点大致对应于某个恒定电压，这就大大简化了 MPPT 的控制设计，仅需从生产厂商处获得最大数据，并使太阳能电池阵列的输出电压钳位于最大值 U_m。即可，实际上是把 MPPT 控制简化为稳压控制，这就构成了 CTV 式的 MPPT 控制。通过改变开关管的脉冲宽度，可以控制变换器给蓄电池充电的电流，保证蓄电池具有最大可能的充电电流，从而达到最大功率点跟踪的目的。为保证对蓄电池有效地充电，在控制回路中应增加蓄电池充电电压与电流的反馈，

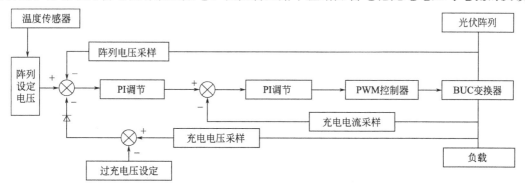

图 12-17　光伏阵列充放电控制单元结构框图

风光互补发电应用技术

以实现过压和过流保护，以及恒压充电控制。同时，为适应温度变化对太阳能电池阵列的影响，应根据不同的温度或季节调节太阳能电池阵列的输出电压，可利用微处理器采集太阳能电池阵列温度，并根据温度查表或计算在当前温度下太阳能电池阵列最大功率点的输出电压。

3. 双标三阶段充电原理与实现

铅酸蓄电池是风光互补发电系统的储能元件，蓄电池的寿命是影响风光互补发电系统寿命的关键因素，对铅酸蓄电池充、放电的控制直接影响蓄电池的寿命，不合理的充、放电将直接导致蓄电池损坏，因此采用智能控制的双标三阶段充来优化蓄电池充电过程。双标三阶段充电过程符合铅酸蓄电池的特性，能很好地维护蓄电池。双标三阶段充电过程示意图如图12-18所示。

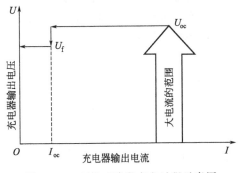

图12-18　双标三阶段充电过程示意图

① 第一阶段（大电流灌充阶段）　由电压采样电路获取蓄电池的电压状况，当电压小于标准开路电压（U_{oc}）时，太阳能电池、风力发电机以其所能提供的最大电流对蓄电池充电（最大电流对不同功率的系统取值不同，可按0.5充电率取值，C为蓄电池容量）。由于太阳能电池和风力发电机的电流与天气状况有关，所以大电流的取值将在一定范围内。保持大电流充电至U_{oc}后，进入第二阶段。通过第一阶段，蓄电池的充电程度可达70%～90%。

② 第二阶段（过电压恒充阶段）　以恒定的标准电压（U_o）充电，直到充电电流降至I_{oc}进入第三阶段。通过第二阶段，蓄电池的充电程度近100%。

③ 第三阶段（浮充阶段）　以恒定精确的浮充电压U_f对蓄电池进行浮充电。蓄电池充满电后，以浮充方式维持蓄电池端电压。浮充电压的选择对蓄电池的寿命尤为重要，即使5%的误差，也将使蓄电池的寿命缩短一半。

蓄电池充电状态流程图如图12-19所示，智能控制单元实时采集并判断系统状态，与输入控制、触发信号联合控制蓄电池充电状态。

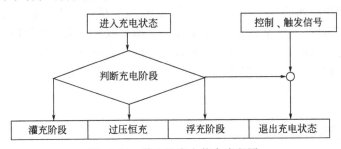

图12-19　蓄电池充电状态流程图

4. 功率控制

功率控制系统方框图如图12-20所示。控制系统采用调节卸载负荷大小的方法，来有效地控制变化的风速引起的功率波动。当实测功率与蓄电池回路消耗功率的差达到一定值时，关闭门限开关，投入卸载回路，通过调节卸载负荷回路的电流来跟踪风力发电机的功率，从而控制由于瞬时风速变化引起的功率波动。

在蓄电池的充电过程中，比较蓄电池的端电压和设置的控制点电压，分级切除太阳能电

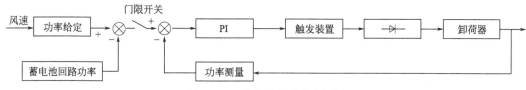

图 12-20　功率控制系统方框图

池发电支路和风力发电机支路。在蓄电池的放电过程中，同样比较这两个电压，分级投入太阳能电池发电支路和风力发电机支路。在无风无光的情况下，当蓄电池的端电压下降到一定程度时，需切断逆变器，以防止蓄电池过放电。

太阳能电池阵列在控制下的跟踪曲线如图 12-21 所示。由图可知，系统能够有效地工作在太阳能电池阵列的最大功率点，而且误差很小。

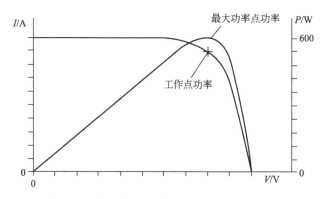

图 12-21　太阳能电池阵列在控制下的跟踪曲线

5. 监控单元

风光互补发电系统的监控单元应具有以下基本功能：通过监控系统，实时获取风光互补发电系统的运行数据，并监控各种告警信息；为系统设备的维护和管理提供基础数据。风光互补发电监控系统结构图如图 12-22 所示，监控系统和群控器的（Cluster Controller）功能如下。

① 风光互补发电系统的总体显示信息，包括日期、已发电总量、天发电量、当前输出功率、逆变器总量、正常工作逆变器的数量。

② 风光互补发电系统的在线数据信息，包括逆变器的型号、编号；当前时间；逆变输出功率；逆变器的工作状态；逆变器工作电压；逆变器直流电流；逆变器交流电压；逆变器的交流电流；逆变器当天已工作时间。

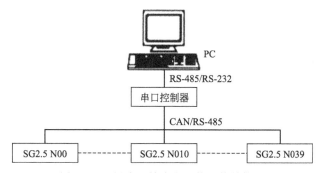

图 12-22　风光互补发电监控系统结构图

③ 群控器监控逆变器输出的电量瞬时值的时间（年/月/日）；逆变器的型号、编号；逆变器输出的累积电量。

④ 群控器监控逆变器每天各时段的参数记录：时间（年/月/日）；时段（如每天中每隔30min的参数大小）；逆变器的编号；逆变器的参数（直流电压、直流电流、交流电压、交流电流、输出功率、发电量），可选择的存储各时段的参数。

⑤ 风光互补发电系统的运行报告，包括风光互补发电系统报告；每台逆变器的状态；每台逆变器的通信质量报告分析（通信最大容忍错误次数率、通信错误次数、通信质量率）；每台逆变器的访问报告（最大容忍的通信不上的时间、在线时间长度、下线时间长度、最近上线时间）；每台逆变器的输出电量报告（平均发电量、与平均输出电量相比较的情况、昨天电量）；每台逆变器的状态报告（状态、故障、故障离当前时间）。

⑥ 风光互补发电系统的事件，包括每台逆变器开启时间、人为对其设置的时间记录查询；每台逆变器的历史故障（故障名称和时间、最近50次）。

⑦ 风光互补发电系统的设置，包括密码登录设置（系统设置；语言、时间、软件版本；待自动刷新显示的逆变器参数通道选择；外扩接口设置）；通信设置（对PC，逆变器分别采用的通信口设置、波特率设置）；MODEM通信设置；外扩显示设置（对于外扩的大显示屏显示接口设置）；外扩继电器输出设置；逆变器的地址设置（从系统中删除一台逆变器；逆变器巡检启动）；逆变器参数设置（逆变器启动、关断电压，启动时间长度）；数据存储设置（是否存储、存储时间间隔、存储天数、待存储的逆变器参数选择）；控制设置；极限设置（持续告警时间、不能通信的最长时间、发电利用率、通信质量）；报警设置（扬声器、报警灯）；开关控制（根据功率大小控制逆变器开停、时间定时控制逆变器开停）；传真信息设置（事件、报告、发送、测试）。

⑧ 群控系统可配置风力测向、测速仪、太阳辐射照度仪、方阵温度传感器、环境温度传感器、单令逆变器配置温度传感器及与传感器接口的AD芯片。对于中型风光互补发电系统应配置与外界显示屏有无线通信的红外接口、电力MODEM通信接口、大容量EEP-ROM。

图 12-23 设备通信原理示意图

⑨ 风光互补发电系统的监控通信方式有三种：RS-485、Ethernet、GPRS。设备通信原理示意图如图12-23所示。采用RS-485、Ethernet、GPRS实现远程通信功能，通过上位机监控软件，方便直观地监控当前逆变器的运行数据和工作状态，以及历史数据记录和故障信息，同时可和环境监测仪进行实时通信，了解现场的日照强度、风速、风向和温度等情况。监控系统流程图如图12-24所示，以下监控要求适用于风光互补发电系统。

a. 开关及电源（对于有市电作为备用电源供电的系统）

ⓐ 遥测　整流器输出电压，每个整流模块输出电流、市电电压、市电电流。

ⓑ 遥信　每个整流模块工作状态（开/关机、均/浮充/测试、限流/不限流）、故障/正常、市电缺相、市电停电。

b. 太阳能-风能一体化控制器

ⓐ 遥测　太阳能电池方阵输出电压、太阳能电池方阵输出电流、风力发电机组输出电压、风力发电机组输出电流、负载总电流、蓄电池充电电流、蓄电池母线电压、蓄电池运行状态（浮充、均充）。

ⓑ 遥信　直流输出过流告警、熔断器/断路器故障告警、太阳能电池方阵工作状态（投入/撤出）、风力发电机组工作状态、一体化控制器故障、输出过压告警、输出欠压告警、负载下电告警、太阳能组件方阵故障告警、风力发电机故障告警、蓄电池电压高告警。图12-24所示是监控系统流程图。

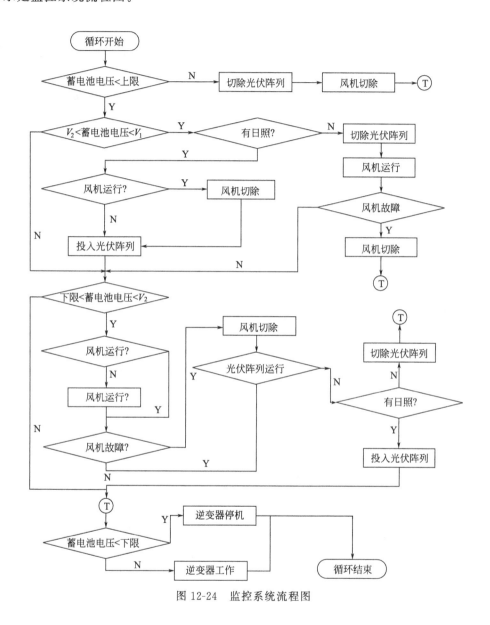

图 12-24　监控系统流程图

　　c. 太阳能控制器（对未使用太阳能/风能一体化控制器的系统）

　　ⓐ 遥测　太阳能电池方阵输出电压、太阳能电池方阵输出电流、负载总电流、蓄电池充电电流、蓄电池母线电压、蓄电池运行状态（浮充、均充）。

　　ⓑ 遥信　直流输出过流告警、熔断器/断路器故障告警、太阳能电池方阵工作状态（投入/撤出）、太阳能控制器故障、输出过压告警、输出欠压告警、负载下电告警、太阳能组件方阵故障告警、蓄电池电压高告警。

　　d. 风力发电机组控制器（对未使用太阳能/风能一体化控制器的系统）。

ⓐ 遥测　风力发电机组输出电压、风力发电机组输出电流、负载总电流、蓄电池充电电流、蓄电池母线电压、蓄电池运行状态（浮充、均充）。

ⓑ 遥信　直流输出过流告警，熔断器/断路器故障告警，风力发电机组工作状态（投入/撤出）、风力发电机组控制器故障、输出过压告警、输出欠压告警、负载下电告警、风机故障告警。

e. 蓄电池组

ⓐ 遥测　蓄电池组总电压、蓄电池充电电流、蓄电池放电电流、单只蓄电池电压。

ⓑ 遥信　蓄电池组总电压高、蓄电池组总电压低。

f. 监控上传方式　采用 GSM 短信/GPRS 方式，不仅可以监控开关量，也可以回传连续变量，监控功能内容可以满足运行维护要求，且实现难度小，占用资源少。

g. 数据采集系统　在进行数据采集系统设计时，需要具备日照强度、气温、风速等基础资源数据。日照强度和风速，可以通过采集计算太阳能电池板和风力发电机的输出电压和电流获得，此外还需要检测蓄电池电压和充电电流的变化情况。由于太阳能电池和风力发电机安装位置离上位机较远，难以架设通信线路，因此，可采用数传电台传送数据。离网型风光互补发电运行参数采集系统由 Pd00 温度传感器、电压/电流变换装置、数据采集控制系统 ADAM-5000、16 位 8 通道差动输入模块 ADAM.5017H、MDSX710 系列 SCADA（supervisory control and data ac-quisition）数传电台及上位 PC 组成，ADAM-5000 模块和上位机都通过 RS-232 接口与数传电台连接。

ⓐ数据采集模块　ADAM-5000/485 是一款分布式 RS-485 数据采集控制系统。该系统包括 1 个电源板（10～30V DC 宽电压供电）、1 个 CPU 板、4 槽底座、1 个 RS-232 通信口、1 对 RS-485 通信口等，能够通过多通道的 I/O 模块对数据进行控制、监视和采集。系统提供智能化信号调理、模拟量 I/O、数字量 I/O、RS-232 和 RS-485 通信功能。CPU 是系统的核心部分，能完成 ADAM-5000 系列的基本功能，可以通过厂商提供的 DLL 函数库对其功能进行编程调用。

ADAM-5017H 是 16 位 8 通道差动输入模块，通道输入范围可程控。输入量程包括 mV（±150mV，～500mV）、V（±1V，±5V，±10V）及电流输入（～20mA，需要 250Ω 电阻）。ADAM-5017H 提供了 DC 光电隔离输入保护。使用前，根据厂商提供的 ADAM-4000/5000Utility 软件，将其通信参数设置为 9600 bit/s、8 位数据位、无校验、1 位停止位（默认值），并通过 ADAM-5000 右下方的拨码开关将地址设置为 01（默认值），将 ADAM-5017H 插入 ADAM-5000 的插槽 0 中（ADAM-5000/485 的插槽编号为 0、1、2、3）。

SCADA 数传电台的数据采集与监控技术又称 4 遥（遥测、遥控、遥信、遥调）技术，它是一种建立在 3CS（computer、communication、control、sensor）基础上的技术。监控与数据采集系统主要包含以下两层含义：

• 数据处理系统，即上位机；

• 分布式的数据采集系统，即智能数据采集系统，也就是通常所说的下位机。下位机通常指硬件层上各种数据采集设备，如各种 RTU、PLC 及各种智能控制设备等。

ⓑ软件设计基础　系统采用 VisualBasic6.0 设计了一套数据采集程序，在上位程序中，使用 MSComln 控件向下位 ADAM-5000 发出控制命令，并接收 ADAM-5000 输入的数据。MSComm 控件具有完善的串行数据传送和接收功能，可以利用串行口与其他设备实现轻松连接，实现应用程序串行通信功能。每个 MSComm 控件对应一个串行端口，如果应用程序需要访问多个串行端口，必须使用多个 MSComm 控件。在使用控件时，首先根据所用的串行口设置端口号，并打开端口，其次做好设置工作，包括波特率、奇偶校验、数据位、停止

位等，其中最重要的是波特率的设置。最后是设置读取数据的类型、读取的字符数，以及事件产生前所要接收的字符数。

要实现 ADAM-5017H 的功能，必须根据硬件设置情况确定 ADAM-5017H 的命令字。命令确定的首要任务是设置输入范围，其控制字格式为 ＄～SiCjArrFF。其中，＄ 为访问 ADAM-5000 模块所需要的标志；ADAM-5000 模块的设定地址，用十六进制形式表示，范围为 00～FF，已设置为 01；SiCj 为具体选择的模块位置（即插槽号）和它的通道位置；A 为固定的输入范围指令；rr 为输入范围的 2 位特定十六进制数。

思考与练习

（1）什么是 MPPT 功率跟踪技术？
（2）什么是 PWM 脉冲技术？
（3）风光互补控制器主要有什么功能？
（4）在风光发电系统中，如何选用风光互补控制器？

项目十三　风光互补发电系统逆变器的选用

【任务导入】

电子技术中交流电能变换成直流电能的过程称为整流，把完成整流功能的电路称为整流电路，把实现整流过程的装置称为整流设备或整流器。与之相对应，把将直流电能变换成交流电能的过程称为逆变，把完成逆变功能的电路称为逆变电路，把实现逆变过程的装置称为逆变设备或逆变器。

【相关知识】　风光互补发电系统逆变技术

1. 风光互补发电系统对逆变器的要求

目前我国风光互补发电系统主要是采用直流母线，即将太阳能电池发出的直流电能、风力发电机发出的交流电能经整流给蓄电池充电，而由蓄电池直接给直流负载供电，如我国使用较多的太阳能户用照明系统，以及远离电网的微波站、移动电话基站供电系统均为直流系统。此类系统结构简单，成本低廉，但由于负载直流电压的不同（如 12V、24V、48V 等），很难实现系统的标准化和兼容性，特别是民用电力，由于大多为交流负载，以直流供电的风光互补发电系统很难作为商品进入市场。另外，风光互补发电系统的最终发展趋势是为边远地区和海岛居民提供生产、生活用电，所以提供交流电源的风光互补发电系统将是今后发展的主流。

输出交流电的风光互补发电系统由太阳能光伏阵列、风力发电机、充放电控制器、蓄电池和逆变器 5 部分组成，而逆变器是系统中的关键部件。

风光互补发电系统对逆变器的要求如下。

① 逆变器要具有合理的电路结构，严格的元器件筛选，并要求逆变器具备各种保护功能，如输入直流极性接反保护，交流输出短路保护，过热、过载保护等。

② 具有较宽的直流输入电压适应范围。由于太阳能光伏阵列、风力发电机的端电压随负载、风力和日照强度而变化，蓄电池虽然具有一定的钳位作用，但由于蓄电池的电压随蓄

电池剩余容量和内阻的变化而波动，特别是当蓄电池老化时，其端电压的变化范围很大，如12V蓄电池，其端电压可在10～16V之间变化，这就要求逆变器必须在较宽的直流输入电压范围内保证正常工作，并保证交流输出电压稳定在负载要求的电压范围内。

③ 逆变器尽量减少电能变换的中间环节，以节约成本，提高效率。

④ 逆变器应具有较高的效率。由于目前风光互补发电系统发出电的价格偏高，为了最大限度地利用风力发电机和太阳能电池，提高系统效率，必须提高逆变器的效率。逆变器在工作时其本身也要消耗一部分电力，因此，它的输入功率要大于它的输出功率。逆变器的效率即是逆变器输入功率与输出功率之比。例如，一台逆变器输入了100W的直流电，输出了90W的交流电，逆变器的效率就是90％。

⑤ 逆变器应具有较高的可靠性。目前风光互补发电系统主要用于边远地区，许多风光互补发电系统无人值守和维护。

⑥ 逆变器的输出电压与用电负载的电压同频、同幅值，并满足用电负载对电能质量的要求。

⑦ 在中型风光互补发电系统中，逆变器的输出应为失真度较小的正弦波。这是由于在中容量的风光互补系统中，若采用方波供电，输出将含有较多的谐波分量，高次谐波将产生附加损耗，许多风光互补发电系统的负载为通信或仪表设备，这些设备对电网品质有较高的要求。对于风光互补发电系统的逆变器而言，高质量的输出波形有两方面的指标要求：一是稳态精度高，包括THD值小，基波分量相对参考波形在相位和幅度上无静差；二是动态性能好，即在外界扰动下调节快，输出波形变化小。

⑧ 逆变器要具有一定的过载能力，一般能过载125％～150％。当过载150％时，应能持续30s；当过载125％时，应能持续60s以上。逆变器应在任何负载条件（过载情况除外）和瞬态情况下，保证标准的额定正弦输出。

2. 逆变器的类型

逆变器按输出波形可分为以下几类。

① 方波逆变器　方波逆变器输出的交流电压波形为方波。此类逆变器可通过不同的逆变拓扑实现，但其共同的特点是线路比较简单，使用的功率开关管数量少，设计功率一般在百瓦至千瓦之间。方波逆变器的优点是线路简单、价格便宜、维修方便。其缺点是输出的方波电压中含有大量高次谐波，将在带有铁芯电感或变压器的用电负载中产生附加损耗，对音频和某些通信设备有干扰。此外，这类逆变器还有调压范围不够宽、保护功能不够完善、噪声比较大等缺点。

方波输出的逆变器目前多采用脉宽调制集成电路，如SG3525、TJA94等。实践证明，采用SG3525集成电路，并采用功率场效应管作为开关功率元件，能实现性能价格比较高的逆变器，由于SG3525具有直接驱动功率场效应管的能力，并具有内部基准源、运算放大器和欠压保护功能，因此其外围电路简单。

② 阶梯波逆变器　此类逆变器输出的交流电压波形为阶梯波。逆变器实现阶梯波输出也有多种不同的电路结构，输出波形的阶梯数目差别很大。阶梯波逆变器的优点是：输出波形比方波有明显改善，高次谐波含量减少，当阶梯达到17个以上时输出波形可实现准正弦波；当采用无变压器输出时，整机效率高。其缺点是：阶梯波叠加电路使用的功率开关管较多，其中有些电路形式还要求有多组直流电源输入，这对风光互补发电系统的发电部分分组与接线和蓄电池的均衡充电不利。此外，阶梯波电压对音频和某些通信设备仍有一些高频干扰。

③ 正弦波逆变器　正弦波逆变器输出的交流电压波形为正弦波。正弦波逆变器的优点是：输出波形好，失真度很低，对音频及通信设备干扰小，噪声低。此外，保护功能齐全，对电感型和电容型负载适应性强，整机效率高。其缺点是：线路相对复杂，对维修技术要求高，价格较高。

早期的正弦波逆变器多采用分立电子元件或小规模集成电路组成模拟式波形产生电路，直接模拟 50Hz 正弦波，采用切割几千赫兹至几十千赫兹的三角波产生一个 SPWM 正弦脉宽调制的高频脉冲波形，经功率转换电路、升压变压器和 LC 滤波器得到正弦交流输出。但是这种模拟式正弦波逆变器的电路结构复杂、电子元件数量多、整机工作可靠性低。随着大规模集成微电子技术的发展，专用 SPWM 波形产生芯片和智能 CPU 芯片逐渐取代小规模分立元件电路，组成数字式 SPWM 波形逆变器，使正弦波逆变器的技术性能和工作可靠性得到很大提高，已成为当前中、大型正弦波逆变器的优选方案。

逆变器分类的方法很多，如根据逆变器输出交流电压的相数，可分为单相逆变器和三相逆变器；根据逆变器使用的半导体器件类型不同，可分为晶体管逆变器、MOSFET 模块及可关断晶闸管逆变器等；根据功率转换电路又可分为推挽电路、桥式电路和高频升压电路逆变器等。

3. 逆变器的主要技术性能指标

① 额定输出电压　在规定的直流输入电压允许波动范围内，逆变器应能输出的额定电压值。对输出额定电压值的稳定精度有如下规定。

a. 在稳态运行时，电压波动范围应有一个限定，如其偏差不超过额定值的 ±3% 或 ±5%。

b. 在负载突变（额定负载的 0、50%、100%）或在有其他干扰因素影响的动态情况下，其输出电压偏差不应超过额定值的 ±8% 或 ±10%。

c. 逆变器应具有足够的额定输出容量和过载能力，以满足最大负荷下设备对电功率的需求。额定输出容量表征逆变器向负载供电的能力。当逆变器的负载不是纯阻性时，也就是输出功率因数小于 1 时，逆变器的带负载能力将小于所给出的额定输出容量值。

d. 在离网风光互补发电系统中均以蓄电池为储能设备，当标称电压为 12V 的蓄电池处于浮充电状态时，端电压可达 13.5V，短时间过充状态可达 15V。蓄电池带负荷放电终了时，端电压可降至 10.5V 或更低。蓄电池端电压的起伏可达标称电压的 30% 左右，这就要求逆变器具有较好的调压性能，才能保证风光互补发电系统供给负载稳定的交流电压。

② 逆变器的输出电压　稳定度表征逆变器输出电压的稳压能力。多数逆变器产品给出的是在输入直流电压允许波动范围内该逆变器输出电压偏差的百分数，通常称为电压调整率。高性能的逆变器应同时给出当负载由 0~100% 变化时，该逆变器输出电压偏差的百分数，通常称为负载调整率。性能良好的逆变器的电压调整率应≤±3%，负载调整率应≤± 6%。

③ 输出电压的波形失真度　当逆变器输出电压为正弦波时，应规定允许的最大波形失真度（或谐波含量）。通常以输出电压的总波形失真度表示，其值不应超过 5%。

④ 额定输出频率　逆变器输出交流电压的频率应是一个相对稳定的值，通常为工频 50Hz。正常工作条件下其偏差应在 ±1% 以内。我国的交流负载是在 50Hz 的频率下工作的。而高质量的设备需要精确的频率，因为频率偏差会引起用电设备的性能下降。

⑤ 负载功率因数　负载功率因数表征逆变器带感性负载或容性负载的能力，在正弦波条件下，负载功率因数为 0.7~0.9（滞后），额定值为 0.9。逆变器产生的电流与电压间的相位

差的余弦值即为功率因数，对于电阻型负载，功率因数为 1，但对电感型负载（户用系统中常用负载）功率因数会下降，有时可能低于 0.5。功率因数由负载确定而不是由逆变器确定。

⑥ 额定输出电流　额定输出电流（或额定输出容量）表示在规定的负载功率因数范围内，逆变器的额定输出电流。有些逆变器产品给出的是额定输出容量，其单位以 V·A 或 kV·A 表示。逆变器的额定容量是当输出功率因数为 1（即纯阻性负载）时，额定输出电压与额定输出电流的乘积。

⑦ 额定逆变输出效率　额定逆变输出效率等于逆变器输出功率除以输入功率，逆变器的效率会因负载的不同而有很大变化。逆变器的效率值表征自身功率损耗的大小，通常以百分数表示。10kW 级的通用型逆变器实际效率只有 70%～80%，将其用于风光互补发电系统时，将带来总发电量 20%～30% 的电能损耗。风光互补发电系统专用逆变器，在设计中应特别注意减少自身功率损耗，提高整机效率，这是提高风光互补发电系统技术经济指标的一项重要措施。在整机效率方面，对风光互补发电专用逆变器的要求是：千瓦级以下逆变器额定负荷效率≥80%～85%，低负荷效率≥65%～75%；10kW 级逆变器额定负荷效率≥85%～90%，低负荷效率≥70%～80%。容量较大的逆变器还应给出满负荷效率值和低负荷效率值。逆变器效率的高低对风光互补发电系统提高有效发电量和降低发电成本有着重要影响。

⑧ 保护功能　在风光互补发电系统正常运行过程中，常因负载故障、人员误操作及外界干扰等原因而引起供电系统过流或短路。逆变器对外部电路的过电流及短路现象最为敏感，是风光互补发电系统中的薄弱环节。因此，逆变器要具有良好的对过电流及短路的自我保护功能。

a. 电压保护　逆变器输入端为蓄电池组，蓄电池在过充电时逆变器的直流输入电压就会超过标称值，如一个 12V 的蓄电池在过充电后，电压可能会达到 16V 或者更高，这时就有可能损坏后级的逆变器。所以控制蓄电池的充电状态是十分必要的，逆变器必须有检测输入电压及过压保护的电路，当电压高于设定值时，保护电路会将逆变器断开。对于没有电压稳定措施的逆变器，应有输出过电压的防护措施，以使负载免受输出过电压的损害。

b. 过电流保护　逆变器的过电流保护电路，应在负载发生短路或电流超过允许值时及时动作，使其免受浪涌电流的损伤。

⑨ 启动特性　它表征逆变器带负载启动的能力和动态工作时的性能，逆变器应保证在额定负载下可靠启动。高性能的逆变器可做到连续多次满负载启动而不损坏功率器件。小型逆变器为了自身安全，有时采用软启动或限流启动。

⑩ 噪声　逆变器中的电子开关、变压器、滤波电感、电磁开关及风扇等部件均会产生噪声。逆变器正常运行时，其噪声应不超过 65dB。

4. 逆变器的工作原理

逆变器是将直流电转变为交流电的装置，是风光互补发电系统的核心部件，根据产品设计情况，分为风光互补发电专用正弦波逆变器、经济型风光互补发电控制逆变一体机、风光互补发电系统并网逆变器等。风光互补发电专用正弦波逆变器基本工作框图如图 13-1 所示。其性能特点：采用 DSP 芯片控制；智能功率模块组装；纯正弦波输出；输出稳压、稳频；具有过压、欠压、过载、短路、输入极性反接等各种保护功能。逆变效率≥85%；输入输出具有优异的 EMI/EIMC 指标，可配备 RS-232/485 接口，具有高可靠性。

逆变器的电路图如图 13-2 所示。蓄电池输出通过 DC/DC 逆变器的 Boost 电路升压至 360V，采用 UC3825PWM 控制芯片，其具有产生 PWM 频率高、造价低等特点。DC/AC

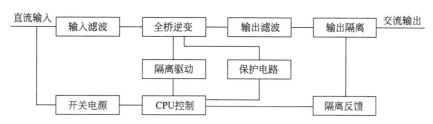

图 13-1　风光互补发电专用正弦波逆变器基本工作框图

逆变器主电路由 H 桥式 ICBT 构成，还包括熔断器、抗干扰的滤波器、保护二极管等。控制电路由控制环节和保护环节两部分构成智能管理核心，作为控制环节对主电路的输入电压、输出电压、输出频率和输出波形进行校正控制。保护环节分为硬件保护部分和软件保护部分，完成对系统的短路、过载、失压、过压、缺相等的保护。逆变后的单相交流电通过电压传感器、电流传感器，把状态返回智能管理中心，以便对波形实行校正。

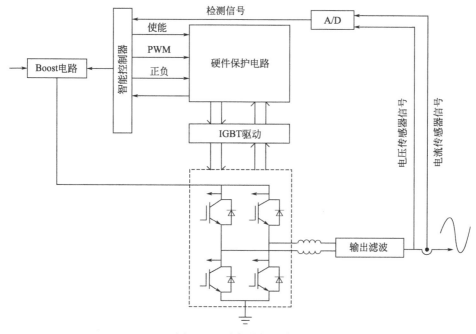

图 13-2　逆变器的电路图

风光互补发电系统的逆变器基于 PWM 电流控制方式，较早出现的 PWM 非线性控制方法有瞬时比较方式和三角波比较方式。瞬时比较方式的电流误差补偿和 PWM 信号的产生在同一控制单元完成，并且构成了闭环反馈，使控制器实现简单，具有良好的动态响应和内在的电流保护功能。但是，它具有控制延时、开关频率不固定、无法产生零电压矢量等不足，因此输出电流波动、谐波畸变率都很大。为避免器件开关频率过高，可采用滞环宽度根据输出电流而自动调节的滞环比较器；或采用定时控制的瞬时值比较方式，但此方法的补偿电流误差不固定。

三角波比较方式的放大器采用比例或比例积分放大器。与瞬时值比较方式相比，该方法的优点是输出电压中所含谐波较少（含有与三角波相同频率的谐波），器件的开关频率固定（等于三角波的频率）；但该方法硬件较为复杂，跟随误差较大，放大器的增益有限，电流响应比瞬时值比较方式慢。

目前更好的闭环电流控制方法是基于载波周期的一些控制方法，如无差拍 PWM 技术。

它是将目标误差在下一个控制周期内消除，实现稳态无静差效果。此方法计算量较大，但其开关频率固定、动态响应快，适用于风光互补发电系统中采用的数字控制逆变器。

【项目实施】 离网逆变器选型

（1）离网逆变器容量选择原则

① 逆变器的功率大小应能满足用电器的要求 逆变器的功率是按其最大持续容量标定的。逆变器一般都具有大电流启动功能，允许其功率在短时间内向上有一定的波动，即有一个峰值功率。因此，选择逆变器时不仅要看标称功率值，还要看它的峰值功率值，因为很多装有电动机的家用电器的启动功率大大高于它的额定功率。若配用的逆变器的峰值功率不够，这些电器将无法启动。

② 充分发挥逆变器的效率 根据逆变器的效率曲线，逆变器在越接近最大额定功率处工作，其效率越高，一般可达80%。因此，所选择的逆变器最好在接近其最大额定功率处工作。

③ 注意选择逆变器的输出波形 最好选用输出为正弦波的逆变器。

（2）离网逆变器容量的确定

离网逆变器容量＝负载连续工作时最大负荷/负载功率因数/启动瞬间负载最大功率逆变器额定功率要超过连续工作时最大负载的15%～20%，来防止负载的增加或不确定性。同时逆变器还应提供合适的过载能力。

一般情况下，应考虑负载的特性（阻性负载和感性负载）后再确定逆变器容量：

$$逆变器容量＝阻性负载功率×1.5＋感性负载功率$$

如果电器中有电感性负载，则需要使用正弦波逆变器；如果只有电阻性负载和电容性负载，则只配备修正波或方波逆变器即可。这是因为电感性负载的反电动势是修正波或方波的致命伤，必须使用正弦波。而电容性负载需要较高的峰值电压来驱动，修正波或方波恰好有高峰值的特性，无须使用正弦波。

（3）离网逆变器自身功耗

离网逆变器的自身功耗是决定系统效率的最关键因素。逆变器自身功耗是恒定不变的。国标要求逆变器自身功耗不允许超过额定功率的3%。国产逆变器没有待机模式，也就是说逆变器自身功耗是24h。

（4）负载对逆变器的影响

逆变器的逆变效率是随着负载变化而变化的，选择时可考虑负载长时间工作点对应的逆变器效率，以及负载波动非常大、户用小负荷输出时（长期运行）逆变器效率。

（5）其他考虑的因素

蓄电池的精确放电管理、管理柴油机或外部电网的接入以及负载的优先级管理等。

总之，逆变器要满足发电系统的匹配要求。

（6）逆变器使用时注意事项

① 直流输入电源的正、负极性不能接反。若将极性接反，逆变器"防接反保护"起作用，逆变器不工作。

② 在正常工作的前提下，逆变器的输出电压应与负载所需额定电压相符。

③ 逆变电源直流供电系统的电压应稳定在一定范围内。若直流电压过低，逆变器保护功能启动，将使逆变器停止工作；直流电压过高，经逆变器逆变后输出的交流电压将增高，有可能将用电设备损坏，此时逆变器保护功能启动，停止工作。

④ 使用负载的功率应小于逆变器的功率，这样可保证逆变器工作安全，当负载的功率超过一定值时，逆变器保护功能启动，逆变器停止工作。

⑤ 逆变器应放置在通风干燥处，应与蓄电池隔离放置，以免逆变器的元器件被腐蚀。

【知识拓展】　风光互补控制逆变一体机简介

风光互补控制逆变器，是集太阳能、风能控制和逆变于一体的智能电源，即设备可控制风力发电机和太阳能电池对蓄电池进行智能充电，同时将蓄电池的直流电能逆变成额定电压输出的正弦波交流电，供用户负载使用。图 13-3 所示是风光互补控制逆变一体机。

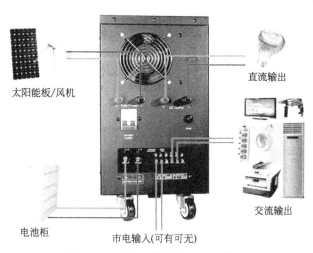

太阳能板/风机　　直流输出　　电池柜　　市电输入(可有可无)　　交流输出

图 13-3　风光互补控制逆变一体机

液晶指示直观，操作方便，具有交流自动稳压输出、过压、欠压、过载、过热、短路、防雷、PWM 卸载、过压自动刹车、蓄电池反接和开路保护等完善的保护功能。该电源整机效率高，充电效率高，空载损耗低，具有较高的性能价格比。

1. 设计特点

① 纯正弦波输出　　相对于方波或修正正弦波（阶梯波），具有更强的带负载效果和带负载能力。设备可带感性负载和其他任何类型的通用交流负载，带冰箱、电视机和收音机等设备无干扰和噪声，且不会影响负载设备的性能和寿命。

② PWM 无级卸载　　在太阳电池板和风力发电机所发出的电能超过蓄电池和逆变输出需要时，控制系统必须将多余的能量通过卸荷释放掉。普通的控制方式是将整个卸荷全部接上，此时蓄电池一般还没有充满，但能量却全部被耗在卸荷上，从而造成了能量的浪费。有的则采用分阶段接上卸荷，则阶段越多，控制效果越好，但一般只能做到五六级左右，所以效果仍不够理想。PWM（脉宽调制）方式进行无级卸载，可以达到上千级的卸载，在正常卸载情况下，可确保蓄电池电压始终稳定在浮充电压点，而只是将多余的电能释放到卸荷上，从而保证了最佳的蓄电池充电特性，使得电能得到充分利用，并确保了蓄电池的使用寿命。

③ 稳定性高　　由于具有过压、欠压、过载、过热、短路、反接、防雷、蓄电池开路保护、PWM 卸载和过压自动刹车等完善的保护功能，确保了系统的稳定性。

④ 控制逆变一体　　结构简单，维护方便。

⑤ 风光互补　　由于风力资源和阳光资源在不同的地域、季节、天气条件下分布不同，采用风光互补系统具有一定的互补性。同时充分利用风能和光能资源发电，可减少采用单一能源可能造成的电力供应不足或不平衡。

⑥ 高效率变压器隔离　　整机逆变效率高，空载损耗低。

⑦ 液晶显示蓄电池电压和充电电流　使得用户能够直观了解风机充电电流的大小和蓄电池的状态，并可以根据蓄电池的电压来调节使用负载的大小和时间，从而使产品设计更加人性化。

⑧ 数字化智能控制　核心器件采用功能强大的单片机进行控制，使得外围电路结构简单，且控制方式和控制策略灵活强大，从而确保了优异的性能和稳定性。

2. 功能简介

① 充电控制功能　风力发电机输出的交流电能先转换成直流电能，然后和太阳能电池一起对蓄电池充电。如果太阳电池板和风力发电机所发出的电能超过蓄电池和逆变能量的需要，该电源则采用 PWM（脉宽调制）方式对多余的能量进行无级卸载。

② 逆变输出功能　在打开前面板的"逆变开关（IVT SWITCH）"后，逆变器即将蓄电池的直流电能转化成纯正弦波交流电，由"交流输出（AC OUTPUT）"输出。

③ 自动稳压功能　当蓄电池组电压在电压欠压点和过压点之间波动，负载在额定功率之内变化时，设备能自动稳压输出。

④ 过压保护功能　当蓄电池电压大于"过压点"时，设备将自动切断逆变输出，前面板液晶显示"过压"，同时蜂鸣器发出 10s 的报警声。待电压下降到"过压恢复点"时，逆变恢复工作。

⑤ 欠压保护功能　当蓄电池电压低于"欠压点"时，为了避免过放电而损坏蓄电池，设备将自动切断逆变输出。此时，前面板液晶显示"欠压"，同时蜂鸣器发出 10s 的报警声。待电压上升到"欠压恢复点"时，逆变恢复工作。如选有切换装置，欠压时自动切换到市电输出。

⑥ 过载保护功能　如果交流输出功率超过额定功率时，设备将自动切断逆变输出，前面板液晶显示"过载"，同时，蜂鸣器发出 10s 的报警声。关闭前面板的"逆变开关（IVT SWITCH）"，"过载"显示消失。如需重新开机，必须检查确认负载在允许范围内，然后再打开"逆变开关（IVT SWITCH）"，恢复逆变输出。

⑦ 短路保护功能　如果交流输出回路发生短路，设备将自动切断逆变输出，前面板液晶显示"过载"，同时，蜂鸣器发出 10s 的报警声。关闭前面板的"逆变开关（IVT SWITCH）"，"过载"显示消失。如需重新开机，必须检查确认输出线路正常后，再打开"逆变开关（IVT SWITCH）"，恢复逆变输出。

⑧ 过热保护功能　如果机箱内部控制部分的温度过高，设备将自动切断逆变输出，同时，前面板液晶显示"过热"，蜂鸣器发出 10s 的报警声。在温度恢复到正常值后，恢复逆变输出。

⑨ 蓄电池反接保护功能　设备具有完善的蓄电池反接保护功能，如蓄电池正负极性接反，机箱内的保险丝将自动熔断，以避免损坏蓄电池和设备。严禁蓄电池反接！

⑩ 可选市电切换功能　如选择市电切换功能，则在蓄电池欠压或逆变出现故障的状态下，设备可将负载自动切换到市电供电，从而保障了系统的供电稳定性。在逆变正常工作后，又会自动切换到逆变供电。

3. 注意事项

正弦波风光互补控制逆变器在设计时已充分考虑到各种意外发生的可能性，并采取了相应的保护措施，但任何保护措施都不是完美无缺的，某些功能（如短路保护、蓄电池反接保护）频繁启动，会对内部元器件造成巨大的破坏，因此，用户不应仅仅依赖于这些防护措施，下列注意事项对于延长本机使用寿命至关重要。

① 定期检查整个系统的工作情况

a. 风力发电机、光伏电池、蓄电池组连接是否正确、牢固。

b. 是否按规定程序进行手动操作。

② 交流输出严禁以任何方式与市电网连接，使用时须单独布线。

③ 蓄电池组虚接或损坏是造成本机出现故障的主要因素之一。蓄电池组虚接在充电过程中会导致蓄电池电压很不稳定，从而系统工作混乱，易产生欠压和过压保护，且容易损坏设备。因此建议每周定期检查蓄电池的电压、连接状况，及时清除正、负极接线柱上的锈渍，具备条件的可使用铅接线柱。

④ 为确保安全及正常使用，负载功率应逐渐增加，且配带电器总功率不得超过额定功率。

⑤ 可配带下列用电设备：白炽灯、电视机、VCD、电冰箱、洗衣机、电风扇、电动机、水泵等一般家用电器。配带冰箱、电动机、水泵，应按其标称功率的 5～6 倍选择逆变器，如电冰箱额定输入功率为 100W，应选择 500W 以上逆变器。

⑥ 彩电、电冰箱、电动机、水泵等电器，由于启动时瞬间功率较大，启动前应先关闭其他用电设备，严禁频繁启动。

⑦ 严禁蓄电池反接！

⑧ 本机应安放在室内人员不易接触且通风良好的地方。本机不应被其他物品遮盖，附近不应有易爆、易燃品！

4. 操作规程

风光互补发电机系统和光伏电池板各部件安装完毕，外电路施工完工后，应按下列顺序安全可靠地进行系统部件的连接和操作。

① 打开包装，确认设备没有因运输而损坏。然后确认前面板的"逆变开关（IVT SWITCH）"处于"关（OFF）"位置，同时检查负载是否有短路。

② 使风力发电机组处于刹车状态，将风力发电机组输出线与设备后面板的"风机输入（WIND INPUT）"端子相连接。

③ 将太阳电池板遮蔽后，与设备后面板的"太阳能输入（SOLAR INPUT）"端子相连接。

④ 用 6mm² 以上铜芯电缆，将蓄电池与设备后面板的"蓄电池（BATTERY）"接线柱相连接。虽有防反接保护，但严禁将蓄电池反接！

⑤ 去除太阳能电池遮蔽物，放开风力发电机组刹车装置。

⑥ 蓄电池接好后，前面板上的液晶表将显示蓄电池当前电压值和充电电流。用户可根据电压的指示值，适量控制带负载的大小和时间。

⑦ 如果需要使用交流电源，则打开设备前面板的"逆变开关（IVT SWITCH）"，"交流输出（AC OUTPUT）"插座即输出额定电压的正弦波交流电。同时，前面板的"逆变（IVT）"指示灯将变亮。

⑧ 如果需要市电切换功能，则用提供的电源线连接"交流输入（AC INPUT）"和用户插座即可。

⑨ 机箱上的刹车开关是用来提供人为的手动风机刹车功能。当该刹车开关合上时，风机处于制动状态。在正常运行时，必须断开该刹车开关。

5. 使用环境

① 应在干燥、清洁、通风的环境下使用。

② 避免在阳光直射、暴晒、雨淋、潮湿、有酸雾的环境下使用。

③ 避免在有尘土、灰尘的环境下使用。

④ 摆放位置应与蓄电池组距离 0.5m 以上。

⑤ 严禁在有易燃性、易爆性气体的环境下使用，谨防火焰和火花！

⑥ 环境温度 -20~50℃。

⑦ 空气相对湿度不大于 85% (25℃±5℃)。

⑧ 若在海拔高于 1000m 的地方使用，海拔每升高 1000m，输出功率应降额 5%。

思考与练习

(1) 逆变器按输出波形有几种类型？

(2) 如何选用逆变器？

项目十四　风光互补发电系统应用设计实例及典型配置方案

【任务导入】

由于资源的不确定性，风力发电和太阳发电系统发出的电具有不平衡性，不能直接用来给负载供电。为了给负载提供稳定的电源，必须借助蓄电池这个"中枢"才能给负载提供稳定的电源。由蓄电池、太阳能电池板、风力发电机以及控制器等构成的智能型风光互补发电系统，能将风能和太阳能在时间上和地域上的互补性很好地衔接起来。若将两者结合起来，可实现昼夜发电。在合适的气象资源条件下，一般要求年平均风速大于 4m/s 以上地区和太阳能资源Ⅱ类及以上可利用地区，风光互补发电系统能提高系统供电的连续性、稳定性和可靠性，在很多地区得到了广泛的应用。图 14-1 所示是风光互补发电系统实物图。

图 14-1　风光互补发电系统实物图

【相关知识】　风光互补发电系统设计原则及方法

1. 风光互补发电系统设计原则

风光互补发电系统设计的目标是确定发电系统各部件的容量及运行控制策略，合理的设计方案，能降低系统成本，增加系统运行的可靠性。太阳能与风能在时间和地域上有很强的互补性，且风电的单位发电成本低于光伏发电，因此，风光互补能够降低系统的总成本。在风光互补发电系统的优化设计中,应该在获得安装点的气候数据和负载容量后,通过选择不同的系统部件组合方式确定系统容量,然后再选择在给定系统容量下的最优运行策略。

风光互补发电系统的设计包括两个方面:系统设计和硬件设计。风光互补发电系统的系统设计的主要目的,是要计算出风光互补发电系统在全年内能够可靠工作所需的太阳能电池组件、风力发电机和蓄电池的数量。同时要注意协调风光互补发电系统工作的最大可靠性和成本两者之间的关系,在满足最大可靠性的基础上,尽量减少风光互补发电系统的成本。风光互补发电系统硬件设计的主要目的,是根据实际情况选择合适的硬件设备,包括太阳能电池组件的选型、风力发电机的选型、逆变器的选择、电缆的选择、支架设计、控制测量系统的设计、防雷设计和配电系统设计等。在进行风光互补发电系统设计时,需要综合考虑系统设计和硬件设计两个方面。针对不同类型的风光互补发电系统,系统设计的内容也不一样。离网风光互补发电系统及并网风光互补发电系统的设计方法和考虑重点都会有所不同。

在进行风光互补发电系统的设计之前,需要了解并获取一些进行计算和设备选择所必需的基本数据,如风光互补发电系统安装的地理位置,包括地点、纬度、经度和海拔;该地区的气象资料,包括逐月的太阳能总辐射量、直接辐射量及散射辐射量,年平均气温和最高、最低气温,最长连续阴雨天数,最大风速及冰雹、降雪等特殊气象情况等。要求所设计的风光互补发电系统具有先进性、完整性、可扩展性、智能性,以保证系统安全、可靠和经济运行。

① 先进性 根据当地太阳日照条件、风力条件、电源设施及用电负载的特性,选择利用太阳能、风能资源建设风光互补发电系统,既节能环保,又能避免采用市电铺设电缆的巨大投资(远离市电电源的用电负载),是具有先进性的电源建设方案。

② 完整性 风光互补发电系统包括太阳能电池组件、风力发电机、蓄电池、控制器、逆变器等部件。风光互补发电系统可以独立对外界提供电源,与其他用电负载和市电电源配套,形成一个完整的离网和并网的风光互补发电系统。风光互补发电系统应具有完善的控制系统、储能系统、功率变换系统、防雷接地系统等,构成一个统一的整体,具有完整性。

③ 可扩展性 随着太阳能光伏发电技术、风力发电技术的快速发展,要求风光互补发电系统能适应系统的扩充和升级,风光互补发电系统中的太阳能电池组件应为并联模块结构组成,在系统需扩充时可以直接并联加装太阳能电池模块。控制器或逆变器也应采用模块化结构,在系统需要升级时,可直接对系统进行模块扩展,而原来的设备器件等都可以保留,以使风光互补发电系统具有良好的可扩展性。

④ 智能性 所设计的风光互补发电系统,在使用过程中应不需要任何人工操作,控制器可以根据太阳能电池组件、风力发电机和蓄电池的容量情况控制负载端的输出,所有功能都由微处理器自动控制,还应能实时检测风光互补发电系统的工作状态,定时或实时采集风光互补发电系统主要部件的状态数据,并上传至控制中心,通过计算机分析,实时掌握设备工作状况。对于工作状态异常的设备,发出故障报警信息,以使维护人员提前排除故障,保证供电的可靠性。

风光互补发电系统设计必须要求具有高可靠性,保证在较恶劣条件下正常使用,同时要求系统具有易操作和易维护性,便于用户的操作和日常维护。整套风光互补发电系统的设计、制造和施工要具有低的成本,设备的选型要标准化、模块化,以提高备件的通用互换性,要求系统预留扩展接口,便于以后规模容量的扩大。

2. 风光互补发电系统设计的基本条件

风光互补发电系统的设计必须具备 3 个基本条件:

① 当地的风能资源状况和太阳能资源状况，如日照强度、气温、风速等基础资源数据；

② 用电设备的配置、功率、供电电压范围、负载特征、是否连续供电等；

③ 风力发电机和太阳能组件的功率特性。

风光互补发电系统的设计分为系统设计和硬件设计两部分。

系统设计内容包括如下：

① 负载的特性、功率和用电量的统计及相关计算；

② 风力发电机的日平均发电量的计算；

③ 太阳能电池方阵日平均发电量的计算；

④ 蓄电池容量的计算；

⑤ 风力发电机、太阳能电池组件、蓄电池之间相互匹配的优化设计；

⑥ 太阳能电池方阵安装倾角的确定；

⑦ 系统运行情况的预测及系统经济效益分析等。

硬件设计内容包括如下：

① 风力发电机、太阳能电池组件、控制器、逆变器和蓄电池的选型；

② 太阳能电池方阵、风力发电机组安装基础设计，支架结构设计，安装工程设计，供配电等附属设备的选型和设计；

③ 控制、监控系统的软硬件及系统设计。

3. 风光互补发电系统设计步骤

① 根据用电设备配置确定日平均用电量。

② 根据资源状况，无有效风速及连续阴天天数的长短，每天必用的最低电量，确定蓄电池容量及型号。

③ 根据日平均用电量、逆变器和蓄电池的效率等，测算日平均发电量。

④ 根据风能和太阳能资源状况、系统可靠性要求以及投资的限额，确定风力发电机和太阳能的比例关系。

⑤ 根据所需风力发电量、太阳能光伏发电量和资源情况，进行发电机选型和太阳电池方阵选型。

4. 风光互补发电系统的合理配置

风光互补发电系统的发电量完全取决于安装地点的实际自然资源情况，平均风速越高，风力发电机的发电量越多，需要的风力发电机台数越少；反之，平均风速越低，风力发电机的发电量越少，则所需的风力发电机数量越多。日有效光照时间越长（我国各地日有效光照时间通常在 3.5～4h 左右，该时间不是通常意义上的有阳光时间），太阳能发电越多；反之，有效光照时间越短，则太阳能发电越少。发电系统各部分容量的合理配置，对保证发电系统的可靠性非常重要。一般来说，系统配置应考虑以下几方面因素。

（1）用电负荷的特征

发电系统是为满足用户的用电要求而设计的，要为用户提供可靠的电力，就必须认真分析用户的用电负荷特征。主要是了解用户的最大用电负荷和平均日用电量。最大用电负荷是选择系统逆变器容量的依据，而平均日用电量则是选择风力发电机及太阳能电池组件容量和蓄电池组容量的依据。

（2）太阳能和风能的资源状况

太阳能和风能的资源状况是太阳能电池组件和风力发电机容量选择的另一个依据，一般根据资源状况来确定太阳能电池组件和风力发电机的容量，在按用户的日用电量确定容量的前提下再考虑容量系数，最后确定太阳能电池和风力发电机的容量。

（3）风力发电机组功率与太阳能电池组件功率的匹配设计

① 匹配结果应使发电量最低月份的日平均发电量 Q 大于或等于系统总用电量。

② 风机功率与太阳能电池组件功率按（3∶7）～（7∶3）的范围进行匹配设计。

③ 以风力发电、太阳能光伏发电分别单独为用户提供日最低用电量，估算风力发电机与太阳电池组件的功率。

④ 按照当地月平均风速值和月平均太阳总辐照量，进行经济合理的匹配调整，取发电量最少月能满足月用电量要求，且投资效益最高的配比方案为最终设计方案。

（4）系统产品的性能和质量要求

风光互补发电系统包括风力发电机、太阳能电池、蓄电池、系统控制器和逆变器等部件，每个部件的故障都会导致发电系统不能正常供电，所以，选择性能和质量优的部件产品，是保证风光互补发电系统正常供电的关键。

5. 风光互补发电系统设计方法

根据不同地区的风能、太阳能资源，以及不同的用电需求，用户可配置不同的风光互补发电模式。从理论上来讲，利用风光互补发电，设计上以风电为主、光电为辅是最佳匹配方案，前提是要做到风能和太阳能的无缝对接，要做到无缝对接转换，也就是不停电，同时要能对抗恶劣天气，安全性能好。并且，还要考虑应用地的气候、日照时间、最高最低风速、噪声等一系列外部因素。优化配置风力发电机和太阳能电池，以提高太阳能和风能连续工作能力，一方面降低设备制造成本，另一方面，自然能源利用时间加强，则减少使用蓄电池的时间，提高蓄电池使用寿命。

目前，主要有两种方法进行功率的确定：

① 功率匹配法，即在不同辐射和风速下对应的太阳能电池阵列的功率与风力发电机的功率的和大于负载功率，并实现系统的优化控制；

② 能量匹配的方法，即在不同辐射和风速下对应的太阳能电池阵列的发电量和风力发电机的发电量的和大于等于负载的耗电量，主要用于系统功率设计。

目前，风光互补发电系统进行研究的领域，有风光互补发电系统的优化匹配计算、系统优化控制等。

【项目实施】　离网风光互补发电系统设计实例

1. 功率匹配法设计实例

某海岛供电平台为生产、安全、控制和通信系统提供完善的供电设施，根据用电平台的需求，拟采用风光互补发电系统进行供电设计和系统配置。图 14-2 所示是海岛供电设施，具体负荷要求如下。

（1）设计参考依据

① 充分利用风能、太阳能可再生能源，保证常年不间断供电。系统在连续没有风、没有太阳能补充能量的情况下能正常供电 3 天。

② 适用的环境工作条件　温度 $-15\sim45$℃；相对湿度 95%；海拔 $10\sim50$m；海岛盐雾地区；年平均风速 5.5m/s 以上，风速 $3\sim30$m/s；瞬时极限风速 40m/s；太阳辐射总量 150kcal/cm²；年日照 3000h。

③ 运行平稳，安全可靠，在无人值守条件下能全天候使用。

④ 供电电压单相 220V AC；供电频率 50Hz。

图 14-2　海岛供电设施

该平台系统供电负载如表 14-1 所示。

表 14-1　平台系统供电负载

负载名称	电压	功率/W	日用电时间/h
中控系统	24V DC	80	24
雾笛、导航系统	230V AC	200	雾笛：雾天工作/导航：12
液压泵	230V AC	800	1/3
通信系统	230V AC	40	24

（2）设计过程

① 根据用电负荷，求得该平台的日平均功率约为 200W，最大日耗功率为 270W。依此进行系统设计。

② 负载功率较小，则蓄电池的电压确定为直流电压 24V。

③ 假定负载满负荷工作的情况下，要求蓄电池在满充后至少可以持续提供给负载 3 天的电能。依据 $Q_入 = Q_出$（用电器总用电量＝用电器功率×时间），则

$$Ptd = (UCD_c)\eta \tag{14-1}$$

式中　P——负载总功率；A·h；

　　　t——日用电时间，h；

　　　d——自给天数；

　　　U——蓄电池的电压，V；

　　　C——蓄电池容量，A·h；

　　　D_c——蓄电池放电深度，取 50%；

　　　η——回路损耗率，取 0.85。

代入数据计算：　　　　$270 \times 24 \times 3 = C \times 24 \times 0.5 \times 0.85$

$$C = 1905.88 \text{A·h}$$

选用 200A·h/12V 蓄电池，则需 24/12＝2 块蓄电池串联，需 1905.88/200＝9.5≈10 块并联，共 20 块组成蓄电池组使用。

④ 风力发电机功率的确定　因为年平均风速 5.5m/s 以上，风速 3～30m/s，瞬时极限风速 40m/s，属于风能资源丰富区，则太阳能电池发电提供的电量＝1/3 用电器总用电量，风力发电提供的电量＝2/3 用电器总用电量。

在太阳能电池不能发电的天气里，通常是连续阴雨天，此时风速和持续时间均大大超过年平均风速和时间，根据气象资料及该站点的自然环境，在此取该时段内 4 级风（5.5～7.9m/s）4h/d。

$$P_1 \times 20 \times 4h/d = (UCD_c)\eta + Ptd \qquad (14\text{-}2)$$

系统总功率 $P = 200W/85\% = 235.3W$；每月风力发电提供的电量为 20 天。代入式（14-2），则

$$P_1 \times 20 \times 4 = 2000 \times 24 \times 0.5 \times 0.85 + 235.3 \times 24 \times 20$$

$$P_1 = 1666.76W$$

根据风力发电机的规格及实际安装和使用的可靠性，取 $P_1 = 2000W$。实际配置为：一台 EV-02-2000W 风力发电机。

⑤ 太阳能电池功率的确定　在风力发电机不能发电的天气里，通常是连续晴天，而且每天日照时数大大高于年平均日照时数。根据气象数据和站点的自然环境，取 6h/d。系统总功率 $P = 200W/85\% = 235.3W$；每月光伏发电提供的电量为 10 天。代入式（14-3），则

$$P_2 \times 10 \times 6h/d = (UCD_c)\eta + Pt \times 10 \qquad (14\text{-}3)$$

$$P_2 \times 10 \times 6h/d = (24 \times 2000 \times 0.5) \times 0.85 + 235.3 \times 24 \times 10$$

$$P_2 = 1281.2W$$

根据太阳能电池的规格及安装的方便美观，取 $P_2 = 1300W$，选用峰值工作电压为 100W、34V 的电池组件，则实际配置为 $100W \times 13$ 块并联使用。

⑥ 逆变器和控制器的选型　根据负载需要，逆变器容量应大于或等于总用电功率，本系统用电器最大功率 $P_L = 270W$，因此可选用 $300 \sim 400V \cdot A$ 的正弦波逆变器。可选用保护功能齐全的 350W 风光互补控制器。

⑦ 设备选型（表 14-2）

表 14-2　水平轴风机风光互补的系统主要设备参数

设备名称	型号及规格	数量	设备尺寸
风力发电机	2000W、24V	1	水平轴风机,风轮直径 4m 对风尾翼 2m
蓄电池	12V、200A·h	20	$407 \times 174 \times 209$(mm)/块
太阳能板	34V、100W	16	$1200 \times 526 \times 40$(mm)
风光互补控制器	350W	1	

利用海岛上源源不断的风力资源和太阳能资源相结合形成的离网型发电系统，推荐 48V 供电系统。从材质选择上，风光互补发电系统采用海岛专用型的小型风力发电机、具备防盐雾腐蚀功能的拉索塔杆，而太阳能光伏组件采用单晶硅 A 片，在防盐雾上也要做特别的处理，支架和夹具等都应具备表面钝化，并采用不锈钢材料生产。风光互补专用蓄电池储能部分，按照地域区域可以分为胶体电池和铅酸电池两种，不论是采用玻璃纤维隔膜（AGM）的阀控式密封铅蓄电池，还是采用胶体电解液的阀控式密封铅蓄电池，都是利用阴极吸收原理使电池得以密封的，适合在无人海岛上使用。另外，储能柜推荐使用钝化处理过的不锈钢来生产配置，可应付无人海岛恶劣的环境。

在无人海岛的海岸线上立起一台台小型风力发电机，不但是装点无人岛的一道亮丽风景线，还满足了低碳工业和生态工业，不但充分利用近海风力资源，还对环境牺牲小，效益大，形成典型的事半功倍的供电效果。

2. 风光互补渔船供电系统工程案例

渔船在出海作业时，船上的用电设备包括通信联络、卫星定位、夜间照明灯和安全指示灯、AIS 自动识别系统以及娱乐等。在船行过程中，电源依靠主发动机带动发电机发电，同时将蓄电池充满；在渔船停泊作业时，主发动机关闭，这时满足船上用电需要就靠蓄电池，不足时需启动辅助柴油发电机发电并充电。通过大量的统计资料估计，船用辅助发电机平均每发 2.5kW·h 电要消耗 1L 的柴油。根据最低标准消耗，1 条渔船 1 年至少因此消耗掉 1t

的柴油。这样的消耗，一方面增加了捕捞成本，同时也对环境造成污染。在渔船停泊或台风期间避风时，渔民由于要省油而停电，经常出现通信中断、安全指示灯不明等安全隐患。因此，选择可再生能源，既能减轻渔民的负担，提高渔民的安全保障，又能保护环境。

与常规发电设施的性价相比，单独的大功率太阳能发电系统往往造价十分昂贵。由于海上风力资源丰富，组成以风能为主、太阳能为辅的风光互补发电系统，既可以使单一系统设计中必须考虑的因连续阴雨天或无风天而造成储能电池容量偏大的问题得以解决，又可以使造价明显降低。同时风光互补发电，由于风能与太阳能互补而平稳发电，使供电质量明显优于上述两种中的任一单个系统，这也为该系统的大规模推广消除了成本障碍。图 14-3 所示风光互补渔船供电系统示意图。

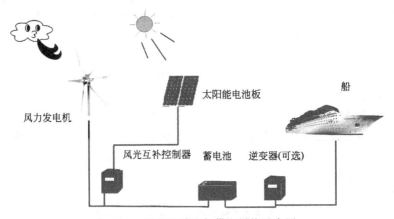

图 14-3 风光互补渔船供电系统示意图

（1）用电量

渔船小型风光互补发电功率的大小，主要是依据渔船上常用设施的用电量。渔船 1 天用电情况：

① 21in 电视＋DVD 机，220V 用电，需要在电池后逆变为交流电对其供电，逆变器的转换效率 80％，电器的实际功耗大约 100W，以每天使用 3h 计算，用电量 $Q_1 = 0.375$kW·h；

② 24V 节能灯 20 盏，每个功耗 8W，信号灯 3 只，每天使用 12h，其他 17 盏平均 1d 用 1h 电量，这样每天的用电量 $Q_2 = 0.424$kW·h；

③ 电台（直流电压为 13.8V）每天使用时间约为 24h，其中待机时间为 98％，待机时电流为 1.5A，待机用电 0.486kW·h；而使用时电流为 15A，用电 0.104kW·h，合计每天的用电量 $Q_3 = 0.590$kW·h；

④ AIS 自动识别系统 $Q_4 = 0.216$kW·h；

⑤ 卫星定位通信终端 $Q_5 = 0.192$kW·h。

渔船每天总用电量约为 $Q = Q_1 + Q_2 + Q_3 + Q_4 + Q_5 = 1.797$kW·h。 (14-4)

（2）发电量

根据气象资料，东海地区年度的平均日照时间为 5.4h/d，按照太阳能电池板每平方米大约 100W 的能量密度计算，东海地区太阳能电池板平均日发电量 0.540kW·h。东海浙南地区 2007 年度日风速为 7m/s 以上小时数平均为 5h，风速大于 3.5m/s 小于 7.0m/s 的小时数平均为 11h。则风力发电机的发电量

$$P = (v/v_0)^3 P_0$$ (14-5)

式中 v——实际风速，m/s；

v_0——额定风速，m/s；

P——风能发电实际输出功率，W；

P_0——风能发电额定功率，W。

风光互补发电产品额定风速 v_0 为 9.0m/s，风能发电额定功率 P_0 为 600W，则

$$P_1 = 600 \times (3.5/9.0)^3 = 35.3W$$
$$P_2 = 779(v_2/v_0)^3 = 600 \times (7.0/9.0)^3 = 282.2W$$

每天平均风能发电量

$$Q = P_1 T_1 + P_2 T_2 = 35.3W \times 11h + 282.2W \times 5h = 1.799kW \cdot h$$

太阳能电池板平均日发电量为 0.540kW·h，则风光互补日发电量平均可达 2.339kW·h，是大于每天渔船的用电量。考虑到发电量会有些损耗，但渔船上还有一对蓄电池（24V，100mA）可以调节，所以小型户用风光互补发电设备的配置以 600W+100W 的组合较为可行。

风光互补发电设备完全能够满足船上非动力仪器设备（对讲机、雷达、探鱼器、导航仪）的使用和渔船的照明。在避风和休息时，可以一直开启安全照明设备（如尾灯、锚灯），大大改善了船上渔民的生活质量，同时能够及时知道台风等灾害性气象信息。特别是渔船上的发电机出故障时，风光互补发电设备可以一直保持发电，可保证与各方联系或求救，对渔民的安全生产起到了非常大的作用。

【知识拓展】 典型配置方案

1. 2000W 风光互补供电系统配置方案

① 设计参考依据　年平均风速大约为 4m/s，太阳能资源属Ⅲ类可利用地区，太阳能年辐射总量大于 4500MJ，此资源情况是在风资源比较一般地区，普遍能满足。

② 系统供电量　风力发电机平均日发电量为 6.18kW·h/d，太阳能电池的平均日发电量为 1.3kW·h/d，平均日用电量为 5.68kW·h/d，发电量是用电量的 1.32 倍，供电系统可靠。

③ 可靠性　系统在连续没风没太阳能补充能量的情况下能正常供电 3 天。

④ 系统供电参数　220V AC/50Hz，系统供电负载如表 14-3 所示。

表 14-3　系统供电负载

名称	规格	标称功率/W	平均日使用时间/h	日用电量/kW·h
电灯（照明）	30W×6	180	6	1.08
卫星接收设备		30	6	0.18
彩色电视机	54cm	80	6	0.48
电风扇	40W×3	120	6	0.72
音响		150	3	0.45
电冰箱		120	12	1.44
电饭煲		300	1.5	0.45
小功率用电器		80	10	0.88
总用电量				5.68

注：用电器工作时最大总工作功率不能大于 2000W。

2000W 风光互补供电系统配置如表 14-4 所示。

表 14-4　2000W 风光互补供电系统配置

部件	型号及规格	数量	备注
垂直轴风力发电机	FD-500W/48V	4	4 台联网
	2000W、48V	1	单独布线
太阳能电池组件	150W	4	与风机联网
蓄电池	200A·h、12V	12	铅酸阀控免维护式
控制逆变器	2000W、48V	1	正弦波
风力机塔杆		3	10m 高
太阳能支架		1	
控制箱		1	

2. 离网风光互补发电系统配置方案

① 负载情况　节能灯 3 盏（10W/盏），21in 彩电 1 台、DVD 放映机 1 台。

② 全天用电情况　每天供节能灯、彩电、DVD 用电 5h；电冰箱全天供电，全天用电量为 2kW·h；考虑阴雨、无风天气 3 天连续供电。离网风光互补发电系统配置方案如表 14-5 所示。

表 14-5　离网风光互补发电系统配置方案

配置	规格	单位	数量	备注
风机	600W	台	1	设计寿命 20 年
风机控制器	WD2440	台	1	设计寿命 15 年
风机塔架	—	米	9	斜拉塔架
光伏电池	90Wp	块	2	
光伏电池支架	—	套	1	防腐支架
蓄电池	12V、150A·h	只	2	阀控，免维护（设计寿命 3～5 年）
智能控制器	SD2408 只	只	1	设计寿命 5～8 年
逆变器	SN242K	台	1	一体机设计寿命 5～8 年正弦波输出
连接导线		套	1	防腐、防紫外线

3. 风光互补景观照明独立供电系统配置方案

使用环境资源情况：年平均风速 3.5m/s 左右，年日照时间 1947h 左右，风光互补景观照明独立供电系统配置方案如表 14-6 所示。

表 14-6　风光互补景观照明独立供电系统配置方案

配置	规格	单位	数量	备注
风机	400W、DC 24V	台	1	设计寿命 20 年
风光互补控制器	400W＋光 100W、DC 24V	台	1	设计寿命 15 年
光伏电池	50W、DC 12V	块	2	—
光伏电池支架	—	套	1	防腐支架
蓄电池	100A·h、DC 12V	只	2	阀控，免维护（设计寿命 3～5 年）

负载用电量/天；负载为 LVD 35W/DC 24V，每天工作 10h，耗电 0.35kW·h；在无风无光情况下，能保证系统 3 天以上正常运行

思考与练习

请依据上述系统配置方案的设计参考依据和系统供电负载要求，计算风力发电机的功率、太阳能电池组件使用数量、太阳能电池方阵容量大小和蓄电池容量大小，组合设计风光互补系统的配置方案。

项目十五　风光互补发电系统防雷接地知识和设计

【任务导入】

风力发电机安装在室外，塔架加风轮和轮毂高度达十几米，遭受雷击屡见不鲜，特别是雷电多发地区，雷击会造成风力发电机叶片损坏，并常常引起发电系统过电压，造成发电机击穿、控制设备烧毁、电气设备损坏等事故，甚至危及人员安全。所以，雷击威胁着风力发

电机的安全运行。因此，在设计风光互补发电系统时，一定要做好防雷设计。图 15-1 所示是直接雷击示意图。图 15-2 所示是感应雷击示意图。

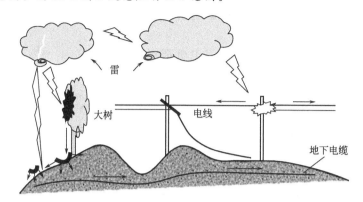

图 15-1　直接雷击示意图

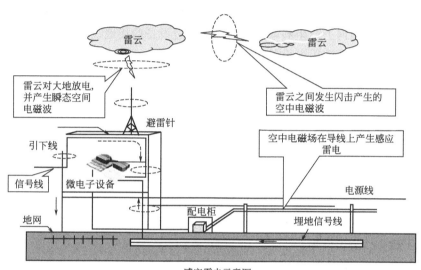

感应雷击示意图

图 15-2　感应雷击示意图

【相关知识】

一、风光互补发电系统防雷知识

1. 风光互补发电系统的避雷技术要求

对于风光互补发电系统的避雷设计，主要考虑直击雷和感应雷的防护。风光互补发电系统的风力发电机、太阳能电池组件都安装在室外，当雷电发生时可能会受到直击雷的侵入。直击雷的防护通常采用避雷针、避雷带、避雷线、避雷网或金属体作为接闪器，将雷电流接收下来，并通过引下线引至埋于大地起散流作用的接地装置，再泄散入地。图 15-3 所示是避雷装置设计图。

感应雷的防护主要考虑在风力发电机外壳、太阳能电池组件四周铝合金框架与支架作等电位连接并可靠接地，交直流输电线路和逆变器等的感应雷防护措施主要是采用防雷保护器。

2. 风光互补发电系统设备的雷电及过电压的影响

风光互补发电系统作为一种新兴的发电系统，在能源发电领域中已备受关注及广泛应用。由于风光互补发电系统本身安装位置和环境的特殊性，其设备遭受雷电电磁脉冲损坏的隐患也越来越突出。雷电对风光互补发电系统设备的影响主要由以下几个方面造成。

① 直击雷　太阳能电池组件、风力发电机都安装在室外空旷的地方，所以雷电很可能直接击中太阳能电池组件、风力发电机，造成设备的损坏，而导致无法发电。

② 传导雷　远处的雷电闪击，由于电磁脉冲空间传播的缘故，会在太阳能电池组件、风光互补发电系统与控制器或者是逆变器、控制器到直流负载，逆变器到电源配电柜及配电柜到交流负载等的供电线路上，产生浪涌过电压，损坏电气设备。

图 15-3　避雷装置设计图

③ 地电位反击　在有外部防雷保护的风光互补发电系统中，由于外部防雷装置将雷电引入大地，从而导致地网上产生高电压，高电压通过设备的接地线进入设备，从而损坏控制器、逆变器或者是交、直流用电设备。

3. 风光互补发电系统雷电防护

风光互补发电站为三级防雷建筑物，防雷和接地涉及以下方面：

① 风光互补发电站站址的选择；

② 尽量避免将风光互补发电站建设在雷电易发生和易遭受雷击的位置；

③ 尽量避免将避雷针布置在风力发电机的迎风面及投影落在太阳能电池组件上。

风光互补发电系统外部防雷系统的作用是提供直击雷电流泄放通道，使雷电不会直接击中太阳能电池组件和风力发电机。外部防雷系统包括 3 部分：接闪器、引下线和接地地网。风光互补发电系统必须有相对完善的外部防雷措施，以保证裸露在室外的太阳能电池组件、风力发电机不被直接雷击损坏。

4. 防雷系统的组成

风光互补发电系统的防雷，主要由雷电电磁脉冲防护系统和直击雷防护系统组成。雷电电磁脉冲防护系统主要针对风光互补发电系统的控制系统；直击雷防护系统主要包括风塔、叶片及接地系统的防护。风光互补发电系统通常位于开阔的区域，而且很高，所以整个风力发电机、太阳能电池组件都暴露在直接雷击的威胁之下，被雷电直接击中的概率是与该物体的高度的平方值成正比的。风力发电机内部集成了大量的电气、电子设备，这些设备都集中在一个很小的区域内，因此，电涌可以给风光互补发电系统带来相当严重的损坏。

从广泛使用的雷暴活动水平这一指标中，可以知道某一地区一年中云对地闪击的次数。海岸地区和较低海拔的山区每年每平方公里发生的云地闪击一般按照 1～3 次来估算。平均每年的预计落雷数可以按照下列公式计算

$$n = 2.4 \times 10^{-5} \times N_g H \times 2.05 \tag{15-1}$$

式中　N_g——每年每平方公里的云地闪击数；

　　　H——物体的高度。

假设每平方公里年平均云地闪击数是 2，一个 75m 高的物体，其雷击概率大约是每 3 年一次。

在设计防雷装置时，还要考虑的是：当暴露在雷电直击范围内的物体高度超过 60m 时，除了云地闪击之外，地云的闪击也会出现。地云闪击也称为向上闪击，因地面先导伴随更大

的雷击能量,因此地云闪击的影响对于风力发电机叶片的防雷设计和第一级防雷器的设计非常重要。

根据长期观察,雷击造成的损坏中除了机械损坏之外,风光互补发电系统的电子控制部分也常常损坏,主要有控制器、逆变器、过程控制计算机、转速传感器、测风装置。

防雷保护区的概念是规划风光互补发电系统综合防雷保护的基础,它是一种对结构空间的设计方法,以便在构筑物内创建一个稳定的电磁兼容性环境。构筑物内不同电气设备的抗电磁干扰能力的大小,决定了对这一空间电磁环境的要求。

作为一种保护措施,防雷保护区概念当然包括了在防雷保护区的边界处,将电磁干扰(传导性干扰和辐射性干扰)降低到可接受的范围内,因此,被保护的构筑物的不同部分被细分为不同的防雷保护区。防雷保护区的具体划分结果与风光互补发电系统的结构有关,并且也要考虑这一结构的建筑形式和材料。通过设置屏蔽装置和安装电涌保护器,雷电在防雷保护区 0A 区的影响在进入 1 区时被大大缩减,风光互补发电系统内的电气和电子设备就可以正常工作,不受干扰。按照防雷保护分区的概念,一个综合防雷系统包括如下。

① 外部防雷保护系统:接闪器、引下线、接地系统。

② 内部防雷保护系统:防雷击等电位连接、电涌保护、屏蔽措施。

二、 风光互补发电系统接地知识

接地网是接地系统的基础设施,由接地环(网)、接地极(体)和引下线组成。以往常有种误解,把接地环作为接地的主体,很少使用接地体,在接地要求不高或地质条件相当优越的情况下,接地环也能够起到接地的作用,但是通常情况下,这是不可行的,接地环可以起到辅助接地体的作用,主导作用是用接地体来完成的。

1. 接地电阻

有一种概念,就是接地电阻越小,防雷效果越好,可是实践并没有提供证据。接地电阻的定义与测量有关联:接地体的直流(或工频)接地电阻,是指当一定的直流(或工频)电流流入接地体时,由接地体到无穷远处零位面之间必有电压 V,V/I 的值定义为接地电阻 R。图 15-4 所示是典型的接地体安装,显然,这里是把接地体和周围的大地一起看做是与金属导体相等同的导体,并同时承认欧姆定律是适用的。因为欧姆定律是在金属导体上得到验证的,而大地并不是金属组成的,传导电流的微观结构和载流子等与金属有很大差异。当大地土壤里的电流或电压足够高时,会出现火花效应,也就

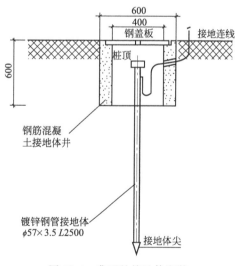

图 15-4　典型的接地体安装

是出现击穿效应,载流子数量突然剧增,电阻突然下降,也就是说此种状态不满足欧姆定律。接地电阻这个物理概念很复杂,这里仅指出以下两点:

① 由于电流与电压有相位的差异,电阻应以复数取代实数来表征;

② 导电媒介不限于金属导体,它们在不同的频率下有不同的导电表现,可以是导体(当传导电流远大于位移电流),也可能是不良导体,还可能是电介质(当传导电流远小于位

移电流)。

决定接地电阻大小的因素很多，计算传统地网接地电阻的公式（仅以接地环接地时）如下

$$R = 0.5 \times \frac{\rho}{\sqrt{S}} \tag{15-2}$$

$$R = \frac{\rho}{2\pi L} \ln \frac{4L}{d} \tag{15-3}$$

$$R = \frac{\rho}{2\pi L} \left(\ln \frac{L^2}{dH} + A \right) \tag{15-4}$$

式中　ρ——土壤电阻率，$\Omega \cdot m$；

　　　d——钢材等效直径，m；

　　　S——地网面积，m^2；

　　　H——埋设深度，m；

　　　L——接地极长度，m；

　　　A——形状系数。

在上述公式中，要降低接地电阻，一是扩大接大面积，另一个方法是加大接地材料的尺寸，但是耗材太多而且效果并不理想。

单使用接地环是不可能达到接地网要求的电阻值的，因接地电阻与接地环包围的面积 S 和土壤电阻率有关。以常见的土壤电阻率为 $200\Omega \cdot m$ 来分析，要做接地电阻为 1Ω 的地网就需要占地 $10000m^2$。对于大型建筑物而言，本身占地很大，若大型的建筑中有要求独立的设备，一个地网是远远不够的，而且开挖量大、耗材多，费工费料工程费用高，是不可取的。所以，需要运用更好的接地材料和施工设计方法。

通常防雷接地的接地电阻要求是 $<10\Omega$，实际上某些设备防感应雷的接地电阻要求 $<4\Omega$ 或 $<1\Omega$。这里常常有个误区，认为做到 10Ω、4Ω 或 1Ω 的接地电阻就满足设计要求了，而没有考虑季节因数。因为，土壤电阻率是随季节变化的，规范所要求的接地电阻实际上是接地电阻的最大许可值，为了满足这个要求，地网的接地电阻要达到

$$R = \frac{R_{max}}{\omega} \tag{15-5}$$

式中　R_{max}——接地电阻最大值，如要求值为 10Ω、4Ω 或 1Ω 的接地电阻；

　　　ω——季节因数，根据地区和工程性质取值，常用值为 1.45。

所以接地电阻实际值是：

$R = 6.9\Omega$（$R_{max} = 10\Omega$）；$R = 2.75\Omega$（$R_{max} = 4\Omega$）；$R = 0.65\Omega$（$R_{max} = 1\Omega$）

这样，地网才是符合规范要求的，在土壤电阻率最高的时候（常为冬季）也能满足设计要求。

接地工程本身的特点是周围环境对工程效果有着决定性的影响，脱离了工程所在地的具体情况来设计接地工程是不可行的。设计的优劣取决于对当地土壤环境的诸多因素的综合考虑（如土壤电阻率、土层结构、含水情况、季节因数、气候及可施工面积等因素决定了接地网形状、大小、工艺材料的选择等）。

2. 地网形式

地网的形状直接影响接地达到的效果和达到设计要求所需的地网占地面积。首先应建立接地环（或接地面），提倡水平接地极（常用的是外部接地环）和水平垂直接地体配合使用。图 15-5 所示是接地体的埋设，在很容易达到接地目的的土质，要求低的接地中可以选

用平面接地方法（接地环接地），一般为接地体和接地环配合使用，形成三维结构。

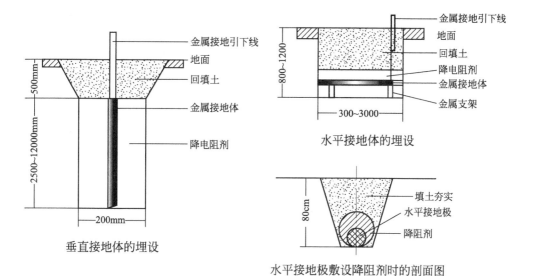

垂直接地体的埋设

水平接地体的埋设

水平接地极敷设降阻剂时的剖面图

图 15-5　接地体的埋设

（1）三维接地

三维接地有三种不同类型：等长接地、非等长接地和法拉第笼式接地。等长接地使用相同长度的接地体，接地体的埋设深度基本一致，施工方便，同时可以取得较好的效果。非等长接地是更科学的接地方式，采用不同的接地体相互配合，由于接地体长度和埋设深度不同，大大加大了等势面积，突破了地网面积局限。其设计和施工并不困难，使用得当可以完成相当高标准的接地工程。非等长接地方法也叫"半法拉第笼"接地工艺。法拉第笼式接地是多层水平接地网，用垂直接地体相互连接形成笼式结构。法拉第笼式接地由于施工量大，并不常用，在设计中还应考虑地网集肤效应、跨步电压等因素。

（2）岩土类型

接地网处的岩土条件直接关系到接地系统是否能达到设计目标。设计中最重要的参数之一就是接地网施工地点岩土的土壤电阻率，但仅考虑土壤这个参数是不够的，还要考虑开挖（钻进）难度、破碎还是整体岩石、持水能力等因素。有的岩土电阻率高，但是在整体岩石之间常有较好的土壤间隙层，在这样的环境中，避开整体岩石，在间隙中开挖灌注降阻剂能取得较好的效果。

（3）地形制约

施工环境常常受到各种条件的制约，按照理想的模式考虑大面积的地网是不现实的。接地面积一定后，如果接地极长度不超过地网 1/20，要想突破局限是不可能的，即使做成整块铜板也没有实际意义，实践中也印证了这一理论。所以，当地形局限时，可以考虑地网的纵深方向，使用离子接地系统或深井施工工艺。

（4）含水情况

一般来说，湿润的土壤导电性较好，但是实际工程中发现，当含水量超过饱和以后，接地效果反而不好。当地底下有潮湿区域，接地体深入到这一潮湿区域时，降阻效果会好得多。例如，某移动通信站，土壤电阻率测量值为 $1200\Omega\cdot m$，使用接地块 240 块，接地电阻达到 1Ω 以下；同样，某地域的土壤电阻率也是 $1200\Omega\cdot m$，地表为破碎沙石层，但是开挖 150mm 发现潮湿土层，埋设接地块 80 块，原预计达到 4Ω 的地网，结果达到了 1.2Ω。

197

3. 接地材料的选型

接地材料是接地工程的主体材料，材料的选择很重要。广泛使用的接地工程材料有各种金属材料的接地环、接地体、降阻剂和离子接地系统等。金属材料如扁钢，也常用铜材替代，主要用于接地环的建设，这是大多接地工程都选用的。接地体有金属接地体（角钢、铜棒和铜板），这类接地体寿命较短，接地电阻上升快，地网改造频繁（有的地区每年都需要改造），维护费用比较高，但是从传统金属接地极（体）中派生出的特殊结构的接地体（带电解质材料），使用效果比较好，一般称为离子或中空接地系统。另外就是非金属接地体，使用比较方便，几乎没有寿命的约束，各方面都比较认可。降阻剂分为化学降阻剂和物理降阻剂，化学降阻剂自从发现有污染水源和腐蚀地网的缺陷以后，基本上不使用了，现在广泛接受的是物理降阻剂（也称为长效型降阻剂）。

物理降阻剂是接地工程广泛接受的材料，属于材料学中的不定性复合材料，可以根据使用环境形成不同形状的包裹体，所以使用范围广，可以和接地环或接地体同时运用，包裹在接地环和接地体周围，达到降低接触电阻的作用。降阻剂有可扩散成分，可以改善周边土壤的导电属性。现在的物理降阻剂都有一定的防腐能力，可以延长地网的使用寿命，其防腐原理有牺牲阳极保护（电化学防护）、致密覆盖金属隔绝空气、加入改善界面腐蚀电位的外加防腐剂等几种。降阻剂的主要作用是降低与地网接触的局部土壤电阻率，换句话说，是降低地网与土壤的接触电阻，而不是降低地网本身的接地电阻。

（1）稀土防雷降阻剂

稀土防雷降阻剂是由高分子导电材料制造而成的高科技产品，是一种高导低阻、高效率的离子型降阻剂，降阻效果好，时效性长，性能稳定，无毒，无腐蚀，并能延缓土壤对接地体的腐蚀，起到保护接地体的作用。

稀土防雷降阻剂在原有降阻效率高的基础上，取得的最大成功是在防腐蚀性能上的突破，已不需要接地体镀锌就能达到防腐蚀效果。采用稀土防雷降阻剂后，不镀锌材料的年腐蚀率为 0.0021～0.0033mm/a，比国内同类产品用镀锌材料的年腐蚀率为 0.0071～0.0082mm/a 还要小许多，这样稀土防雷降阻剂不仅在防腐蚀方面取得强大的突破，还可为工程节省大量的镀锌费用，避免了因锌腐蚀而产生重金属污染土质。稀土防雷降阻剂的另一优势在于可直接采用干粉施工，效果与水拌使用的情况相同，对高山或缺水地区，提供了极大的便利。

先进的稀土防雷降阻剂需要与先进的接地设计理念和先进的施工工艺相协调，才能达到理想的接地效果。应采用水平接地极加上垂直接地体形成复合接地网，在网上敷设降阻剂，以达到降低接地电阻值和瞬间泄流的目的。由于降阻剂的亲和作用和吸附作用，时间一长，接地电阻值会逐步下降并趋于稳定，不会受到季节变化的影响，无论干旱或下雨，无论冬天或夏天，接地电阻值几十年都会比较稳定。

（2）非金属接地体

非金属接地体是由导电能力优越的非金属材料复合加工成型的，加工方法有浇注成型和机械模压成型。一般来说，浇注成型的产品结构松散、强度低、导电性能差，而且质量不稳定。机械模压法是使用设备在几到十几吨的压力下成型，不仅尺寸精度较高、外观较好，更重要的是材料结构致密、电学性能好、抗大电流冲击能力强，质量也相当稳定，但是生产成本较高。在非金属接地体选型时，尽量采用机械模压的非金属接地体，特别是接地体有抗大电流或大冲击电流的要求（如电力工作地、防雷接地）时，不宜采用浇注成型的非金属接地体。非金属接地体的特点是稳定性优越，其性能和寿命是现有接地材料中受气候、季节变化影响最小的，是不受腐蚀的接地体，所以不需要地网维护，也不需要定期改造。非金属接地体施工需要的地网面积比传统接地面积小很多，但是在不同地质条件下，也需要保证足够接地面积才能达到良好的效果。

（3）离子（中空）接地体

离子（中空）接地系统是由传统的金属接地体改进而来的，从工作原理到材料选用都发生了质的变化，形成各种形状的结构。这些接地系统的共同点是主结构部分采用防腐性更好的金属，内填充的填料为电解物质，外包裹导电性能良好的不定性导电复合材料，一般称为外填料。图15-6是复合材接地极标准型，接地系统的金属材料有不锈钢、铜包钢和纯铜材。不锈钢的防腐较钢材好，但是在埋地环境中依然会锈蚀，以不锈钢为主体的接地系统不宜在腐蚀性严重的环境中使用。表面处理过的铜是很好的抗锈蚀材料，铜包钢是铜-钢复合材料，钢材表面覆盖铜，可以节约大量的铜材。铜包钢采用套管法或电镀法生产，表面铜层的厚度为 $0.01 \sim 0.50 mm$，越厚防腐效果越好。纯铜材料防腐性能最好，但是要耗用大量的贵金属，通常在性能要求较高的接地工程中使用。由于接地系统大多向垂直方向伸展，所以接地面积一般要求很小，可以满足地形严重局限的接地工程需要。补偿类型的接地系统有加长的设计，使用加长至24m的接地系统，辅以深井法施工，可以达到非常好的效果。

Cu-Fe-Sn复合材接地极

◆ 符合 UL467 及国家相关标准，铜层厚度 > 0.3mm

标准型

型号规格	直径/mm	长度/m
ES-TBP		0.5m
	ϕ14mm	0.8m
	ϕ16mm	1.2m
	ϕ18mm	1.6m
	ϕ20mm	2.0m
	ϕ22mm	2.5m
	ϕ25mm	3.0m

图 15-6 复合材接地极标准型

以上介绍的接地材料各有优势，但是都有自身的局限，提倡各取所长，选择适当的材料满足不同的接地工程。各种接地材料特性如表 15-1 所示。

表 15-1 各种接地材料特性

类型	降阻剂	非金属接地体	中空接地棒	传统接地
	地网与接地极	接地极	接地极	地网与接地极
新建地网施工	简单	简单	较简单	简单
改造地网施工	复杂	简单	较简单	复杂
适用环境	普通地网通用	恶劣地质条件腐蚀环境较高要求地网	地网面积小的城市或复杂山岩环境	通用
价格比较	低	较高	较高	地好要求低便宜，地坏要求高较贵或很贵
抗腐蚀	有防腐作用	不被腐蚀	较好抗腐能力	低
气候稳定性	普通	优异	较好	不好
使用寿命	较长	最长	长最长	短，常需要改造

【项目实施】

1. 防雷的设计

（1）外部防雷保护系统

外部防雷保护系统由接闪器、引下线和接地系统组成，它的作用是防止雷击对风光互补发电系统结构的损坏及火灾危险。风光互补发电系统的落雷点一般是在风力机的桨叶上，因此接闪器应预先布置在桨叶的预计雷击点处以接闪雷击电流。为了以可控的方式传导雷电流入地，桨叶上的接闪器通过金属连接带连接到中间部位，金属连接带可采用 30mm×3.5mm 镀锌扁钢。对于机舱内的滚珠轴承，为了避免雷电在通过轴承时引起的焊接效应，应将其两端通过碳刷或者放电间隙桥接起来。对于位于机舱顶部的设施（如风速计）的防雷保护，采用避雷针的方式安装在机舱顶部，保护该设备不受直接雷击。

风机塔架如果是金属塔，可以直接将塔架作为引下线来使用；如果是混凝土塔身，那么采用内置引下线（镀锌圆钢 $\phi 8\sim 10\text{mm}$，或者镀锌扁钢 30mm×3.5mm），就可以消除不同点的电位差。

（2）内部防雷保护系统

内部防雷保护系统是由所有的在该区域内缩减雷电电磁效应的设施组成的，主要包括防雷击等电位连接、屏蔽措施和电涌保护。

防雷击等电位连接是内部防雷保护系统的重要组成部分，等电位连接可以有效地抑制雷电引起的电位差。在防雷击等电位连接系统内，所有导电的部件都被相互连接，以减小电位差。在设计等电位连接时，应按照标准考虑其最小连接横截面积。一个完整的等电位连接网络也包括金属管线和电源、信号线路的等电位连接，这些线路应通过雷电流保护器与主接地汇流排相连。

屏蔽装置可以减少电磁干扰，由于风光互补发电系统结构的特殊性，如果能在设计阶段就考虑到屏蔽措施，那么屏蔽装置就可以以较低成本实现。机舱应该制成一个封闭的金属壳体，相关的电气和电子器件都装在开关柜内，开关柜和控制柜的柜体应具备良好的屏蔽效果。在塔基和机舱不同设备之间的线缆应带有外部金属屏蔽层。对于干扰的抑制，只有当线缆屏蔽的两端都连接到等电位连接带时，屏蔽层对电磁干扰的抑制才是有效的。

除了使用屏蔽措施来抑制辐射干扰源以外，对于防雷保护区边界处的传导性干扰，也需要有相应的保护措施，这样才能让电气和电子设备可靠地工作。在防雷保护区 0A→1 的边界处必须使用防雷器，它可以导走大量的雷电流而不会损坏设备。这种防雷器也称为雷电流保护器（Ⅰ级防雷器），它可以将接地的金属设施和电源、信号线路之间由雷电引起的高电位差限制在安全的范围之内。雷电流保护器最重要的特性是：按照 $10/350\mu s$ 脉冲波形测试，可以承受雷击电流。对风光互补发电系统来说，电源线路 0A→1 边界处的防雷保护是在 400/690V 电源侧完成的。

在防雷保护区及后续防雷区，仅有能量较小的脉冲电流存在，这类脉冲电流是由外部的感应过电压产生，或者是从系统内部产生的电涌。对于这一类脉冲电流的保护设备叫做电涌保护器（Ⅱ级防雷器），用 $8/20\mu s$ 脉冲电流波形进行测试。从能量协调的角度来说，电涌保护器需要安装在雷电流保护器的下游。该电涌保护器是由附带热脱扣装置的金属氧化物压敏电阻组成的。当在数据处理系统安装电涌保护器时，与电源系统上安装的电涌保护器是不同的，数据保护器与数据线串联连接，而且必须将干扰水平限制在被保护设备的耐受能力以内。从数据保护器通流量上考虑，一条数据线在导线上的分雷电流，对于Ⅲ/Ⅳ级防雷保护系统，就是 5kA（$10/350\mu s$）。

（3）防雷元件的选择

风光互补发电系统需要不同等级的防雷保护：风力发电机、太阳能电池组件、控制器、逆变器、风力机叶轮和测速、测向装置，以及用于监测和控制的低电压电路板。

理论上，可以采用两类过压保护元件（即钳位元件和开关元件）为风光互补发电系统提供过压保护。钳位元件有 MOV 和 TVS 二极管，它们可在工作时允许小于规定钳位水平的电压通过负载。开关元件主要有气体放电管（GDT）和晶闸管浪涌电压抑制器，它们对超过突破电压的浪涌所作出的反应与分流元件相同。

开关元件相对于钳位元件的优势是，在动作状态下，当它把有害浪涌电流导出负载时，出现在负载上的电压极小，而钳位元件仍保持钳位电压，所以开关元件中耗散的功率远远低于钳位元件。因此，第一级防雷元件应选择 GDT，第二级防雷元件应选择晶闸管浪涌电压抑制器。过流保护应采用可复位的 PolySwitch 元件，与一次性熔断器相比，它可避免经常更换器件，从而可大幅降低维护成本。

逆变器的 AC 端直接与负载连接，因此它处于电力线路传导雷击危险之下。它的雷击防护可采用中等级别的 MOV。MOV 可以是 14mm 或 20mm 的盘。

风力机叶片或测速、测向装置受到的雷击浪涌电流比较有限，因此可采用抗浪涌额定电流小一些的抑制元件。如果采用 MOV，MOV 可以是 7mm 或 10mm 的盘；也可以采用轴向引线封装或表面封装的 TVS 二极管，它们的额定功率值在 1000～3000W。

控制和监测信号传输电路，通常为低速电路，面对的是低级别的浪涌电流和 ESD，可采用分立的 TVS 二极管（400W 或 600W）或硅保护阵列。

2. 接地设计

（1）接地装置

土壤电阻率的测量是工程接地设计中重要的第一手资料，由于受到测量设备、方法等条件的限制，土壤电阻率的测量往往不够准确。特别对地质结构复杂的地域，其占地虽然不大，但多为不均匀地质结构，而现在的实测往往只取 3～4 个测点，过于简单。采用设计手册中提供的计算平均电阻率的方法，可使设计误差值减小。接地网布置的经验公式为

$$R \approx 0.5\rho/S \tag{15-6}$$

式中　ρ——土壤电阻率，$\Omega \cdot m$；

　　　S——接地网面积，m^2；

　　　R——地网接地电阻，Ω。

地网面积一旦确定，其接地电阻也就基本确定了，因此，在地网布置设计时，应充分利用可利用的全部面积。如果地网面积不增加，其接地电阻是很难减小的。

在采用以水平接地线为主，带有垂直接地极的复合型地网设计中，根据 $R = 0.5\rho/S$ 可知接地网的接地电阻与垂直接地极的关系不大。理论分析和试验证明，面积为 30m×30m～100m×100m 的水平地网中附加长 2500mm×40mm×4mm 的角钢垂直接地极若干，其接地电阻仅下降 2.8%～8%。但是，垂直接地极对冲击散流作用较好，因此，在独立避雷针、避雷线、避雷器的引下线处应敷设垂直接地极，以加强泄放雷电流能力。

地网均压网的设计，根据设计规程规定，当包括地网外围 4 根接地线在内的均压带总根数在 18 根以下时，宜采用长孔接地网，考虑均压线间的屏蔽作用，均压线总根数一般为 8～12 根，故根据规程规定，一般采用长孔方式布置，但存在以下几个方面的问题。

① 方孔地网纵、横向均压带相互交错，因此地网的分流效果优于长孔地网的均压效果，且可靠性高。

② 长孔地网均压线与主网连接薄弱，均压线距离较长，发生接地故障时，沿均压线电压降较大，易造成信号电缆及设备损坏。当某一条均压线断开时，均压带的分流作用明显降低，而方孔地网的均压带纵横交错，当某条均压线断开时，对地网的分流效果影响不大。

地网的敷设深度规程和新规范中明确指出，接地网的埋设深度宜采用 0.6m，在设计手册中又补充道："在冻土地区宜敷设于冻土层以下"，现设计中一般将地网全部埋设于冻土层以下。地网敷设深度对最大接触系数的影响最大的是接触电动势，这也是地网设计中的一个重要参数，地网设计的问题之一就是如何降低地网的最大接触电动势。地网的接触电动势的最大接触系数 K_{jm} 与地网的埋深有关，接地网的埋深由零开始增加时，其接触系数 K_{jm} 是减小的，但埋深超过一定范围后，K_{jm} 又开始增大。当埋深增加到一定深度后，电流趋向于地层深处流动，地面上的电流密度越来越小，因而网孔中心地面与地网之间的电位差又开始增大。

如地网处于季节性冻土地区，按规程规定将地网敷设在 0.6m 深度时，冬季将使地网处于冻土层中。由于土壤冻结后其电阻率将增大为原来的 3 倍以上，对地网接地电阻有一定的影响。目前采用的地网是以水平接地线为主、边缘带有垂直接地极的复合型地网，冬季垂直接地极大部分伸于下层非冻结土壤中。此时土壤结构可以等效为两层电阻率不同的土壤结构。

如果冻土深度为 2m，单纯为地网敷设将使工程开挖土方量大大增加，使施工困难，工程造价也随之上升。因冬季土壤的冻结对接地电阻有影响，对此可通过其安全要求的各种因素进行综合比较，合理控制。因此，在工程设计中应合理地确定地网的埋设深度。

(2) 风光互补发电系统接地要求

① 所有接地都要连接在一个接地体上，接地电阻应满足风光互补发电系统中设备对接地电阻要求的最小值，不允许各设备的接地端串联后再接到接地干线上。

② 风光互补发电系统对接地电阻值的要求较严格，因此要实测数据，并采用复合接地体，接地极的根数以满足实测接地电阻为准。

③ 在中性点直接接地的系统中，要重复接地，接地电阻 $R \leqslant 10\Omega$。

④ 防雷接地应该独立设置，要求接地电阻 $R \leqslant 10\Omega$，且和系统接地装置在地下距离保持在 3m 以上。

风光互补发电系统的接地包括以下方面。

① 防雷接地　包括避雷针、避雷带及低压避雷器、外线出线杆上的瓷瓶铁脚，还有连接架空线路的电缆金属外皮。

② 工作接地　工作接地是为了使系统及与之相连的电子设备均能可靠运行，并保证测量和控制精度而设的接地。它分为系统或电子设备逻辑地、信号回路接地、屏蔽接地。

a. 系统或电子设备逻辑地　也叫系统或电子设备电源地，如电子设备内部的逻辑电平负端公共地，也是 +5V 等电源的输出地。

b. 信号回路接地　如各电子设备的负端接地、开关量信号的负端接地等。

c. 屏蔽接地　如数据信号传输电缆的屏蔽层的接地。

防雷接地是防雷设施的接地系统，有信号（弱电）防雷地和电源（强电）防雷地之分，区分的原因不仅是因为要求接地电阻不同，还是因为在工程实践中信号防雷地与电源防雷地要分开设置。

保护接地是将系统中平时不带电的金属部分（机柜外壳、操作台外壳等）与地之间形成良好的导电连接，以保护设备和人身安全。正常情况下机壳等是不带电的，当故障发生（如主机电源故障或其他故障）造成电源的供电相线与外壳等导电金属部件短路时，这些金属部件或外壳就形成了带电体，如果没有很好地接地，那么这些带电体和地之间就有很高的电位差，如果人不小心触到这些带电体，就会通过人身形成通路，产生危险。因此，必须将设备的金属外壳和地之间做很好的连接，使机壳和地等电位。此外，保护接地还可以防止静电的积聚。太阳能电池组件机架、风力发电机外壳、控制器、逆变器、配电屏外壳、蓄电池支架、电缆外皮、穿线金属管道的外皮等都应做保护接地。

③ 重复接地　风光互补发电系统若采用低压架空线路输送电能，低压架空线路的中性线在每隔1km处应做一次重复接地。

人工垂直接地体宜采用角钢、钢管或圆钢，水平接地体宜采用扁钢或圆钢。圆钢的直径不应小于10mm，扁钢截面不应小于100mm²，角钢厚度不应小于4mm，钢管厚度不应小于3~5mm。人工接地体在土壤中的埋设深度不应小于0.6m，需要热镀锌防腐处理，在焊接的地方也要进行防腐防锈处理。

（3）等电位连接

等电位连接的目的，在于减小保护区间内各种金属部位和各系统之间的电位差。对非带电金属体（如金属穿线管、机箱等），需要采用导线进行等位连接；对于带电金属体（如导线等），需要采用防雷器做等位连接。

① 钢结构支架的等电位连接　有以下两种类型：

a. 连接器件将接地导体固定在连接器内，并将连接器的表面固定在钢结构上；

b. 连接器件将接地导体固定在钢结构上。

图15-7所示是光伏发电系统等电位连接示意图。风光互补发电系统的钢结构体的等电位连接一般包括如下：

a. 将钢结构、太阳能电池金属边框进行局部等电位连接；

b. 将敷设电力电缆、信号电缆金属管及电力电缆的金属保护层的钢带，进行局部等电位连接；

c. 将上述局部等电位连接排连接至光伏发电系统的总等电位排。

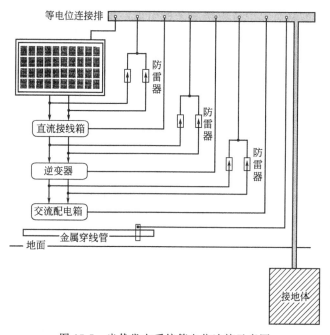

图15-7　光伏发电系统等电位连接示意图

太阳能电池组件支架、风力发电机外壳与钢结构体的等电位连接，可以采用不同的连接件，如机械接线片、压扁接线片或放热式熔焊接线片。要做到连接良好，必须遵守如下规定。

a. 要用双孔的接线片，不要用单孔的接线片。如果发生振动，会使单孔接线片发生扭曲或使与钢件的连接发生松动。

b. 要使用镀锡的钢接线片，不要使用镀锡的铜片。镀锡的铜片会使铜接线片与钢件之间在接触时引起局部腐蚀。

c. 螺栓连接时要达到足够的紧固，并无歪曲变形。

d. 接线片和钢结构连接处的表面应清洁干燥，否则在连接处表面上产生的腐蚀会增加电阻。

e. 在设备、接地系统或装置的全部使用寿命期间，要定期检查所有机械的等电位连接处，还要进行测试和维护，以保证接地系统有持续良好的接地性能。

机械接线片有两个双金属接触界面，一个接触界面是在接线片与导体之间，另一个接触界面是在接线片与钢结构表面之间。由于金属表面不可能是完全光滑的，当两个金属表面接触时，只有在凹凸不平处的凸起部分是接触的。因此，电流流通的实际接触表面积要比看到的接触面积小得多，从而增加了机械连接处的接触电阻值。所以，作为等电位连接端的钢构件表面上的所有绝缘物质（涂料、润滑脂等）和铁锈必须处理洁净，以保证连接良好。

因接地导体通常用铜线，而接地端子通常是铜合金或钢制的，当使用一个接地端子时，就形成了双金属（钢和钢）电偶，在潮湿的环境下会产生电化学局部腐蚀，钢的腐蚀对铜起着保护作用。不论把连接处的螺栓拧得多么紧，双金属接触界面总是存在的，因而也就存在着腐蚀作用，从而增加连接处的电阻。

② 等电位连接方法

a. 放射式连接　即把每种外部导电部分采用独立的连接线连接到总等电位连接端子板。这种连接方法的优点是可以卸开每一个端子，分别检查其导电的连续性。对抗噪声干扰要求比较高的电子设备，应采用放射式连接较好，但施工比较复杂。

b. 树干式连接　即从总等电位连接端子板引出一根或两根连接线接外部导电部分，然后各外部导电部分就近相互连接。此种方式施工方便，也比放射式连接节省材料，但其导电的连续性和抗干扰性等均不如放射式连接。一般用于没有信息数据传输的系统。

局部等电位连接线必须与所有可能同时触及的外部导电部分及外露导电部分相连接。局部等电位连接严禁直接通过外部导电部分与大地电气接触。局部等电位连接范围内的地下管道、地下钢结构均不能与局部等电位连接线相连接。在无法满足时，要按照不同接地系统采用自动切断电源的措施，也就是在这种情况下，除了不接地的局部等电位连接外，还要采用自动切断电源措施。

为了保证进入局部等电位场的人不遭受危险的电位差，特别是在和大地绝缘的导电地坪与不接地的局部等电位连接的地方，可采用防止室内外电位差的措施。

当建筑物内设置总等电位连接后，建筑物内基本处于等电位状态。但此时室内对大地零电位并不是同一电位，可敷设与等电位连接毫无联系的均压带。敷设后的电位分布情况如图15-8所示。

【知识拓展】　低压配电系统接地方式的分类

低压配电系统由配电变电所（通常是将电网的输电电压降为配电电压）、高压配电线路（即 1kV 以上电压）、配电变压器、低压配电线路（1kV 以下电压）以及相应的控制保护设备组成。

电源侧的接地称为系统接地，负载侧的接地称为保护接地。国际电工委员会（IEC）标准规定的低压配电系统接地有 IT 系统、TT 系统、TN 系统三种方式。

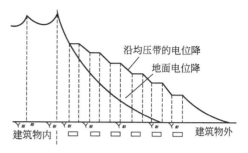

图 15-8　建筑内外电位分布

（1）IT 系统

IT 系统的电源中性点是对地绝缘的或经高阻抗接地，而用电设备的金属外壳直接接地。即过去称三相三线制供电系统的保护接地。IT 系统示意图见图 15-9。

其工作原理是，若设备外壳没有接地，在发生单相碰壳故障时，设备外壳带上了相电压，若此时人触摸外壳，就会有相当危险的电流流经人身与电网和大地之间的分布电容所构成的回路。而设备的金属外壳有了保护接地后，由于人体电阻远比接地装置的接地电阻大，在发生单相碰壳时，大部分的接地电流被接地装置分流，流经人体的电流很小，从而对人身安全起了保护作用。

IT 系统适用于环境条件不良、易发生一相接地或火灾爆炸的场所，如煤矿、化工厂、纺织厂等，也可用于农村地区。但不能装断零保护装置，因正常工作时中性线电位不固定，也不应设置零线重复接地。

（2）TT 系统

TT 系统的示意图见图 15-10。该系统电源中性点直接接地，用电设备金属外壳用保护接地线接至与电源端接地点无关的接地极，简称保护接地或接地制。

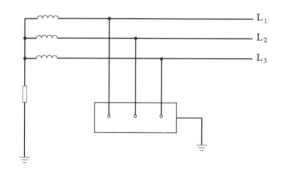

图 15-9　IT 系统示意图

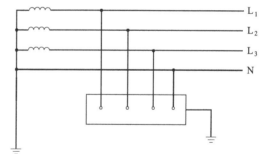

图 15-10　TT 系统示意图

其工作原理是，当发生单相碰壳故障时，接地电流经保护接地装置和电源的工作接地装置所构成的回路流过。此时如有人触带电的外壳，则由于保护接地装置的电阻小于人体的电阻，大部分的接地电流被接地装置分流，从而对人身起保护作用。

当配电系统中有较大量单相 220V 用电设备，而线路敷设环境易造成一相接地或零线断裂，从而引起零电位升高时，电气设备外壳不宜接零而采用 TT 系统。TT 系统适用于城镇、农村居住区、工业企业和分散的民用建筑等场所。当负荷端和线路首端均装有漏电开关，且干线末端装有断零保护时，则可成为功能完善的系统。

（3）TN 系统

TN 系统的电源端中性点直接接地，用电设备金属外壳用保护零线与该中心点连接，这种方式简称保护接零或接零制。

当电气设备发生单相碰壳时，故障电流经设备的金属外壳形成相线对保护线的单相短

205

路。这将产生较大的短路电流,令线路上的保护装置立即动作,将故障部分迅速切除,从而保证人身安全和其他设备或线路的正常运行。

TN 系统的电源中性点直接接地,并有中性线引出。按照中心线(工作零线)与保护线(保护零线)的组合情况,TN 系统又分以下三种形式。

① TN-C 系统 在该系统中,工作零线和保护零线共用(简称 PEN),此系统习惯称为三相四线制系统。系统示意图如图 15-11。

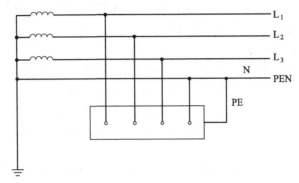

图 15-11 TN-C 系统示意图

② TN-S 系统 在该系统中,工作零线 N 和保护零线 PE 从电源端中性点开始完全分开,此系统习惯称为三相五线制系统。示意图见图 15-12。

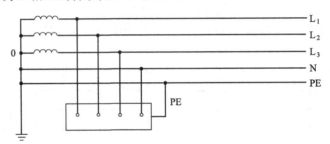

图 15-12 TN-S 系统示意图

③ TN-C-S 系统 在该系统中,工作零线同保护零线是部分共用的,此系统即为局部三相五线制系统。系统示意图见图 15-13。

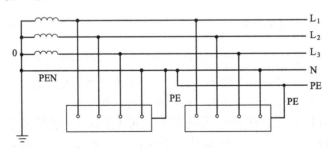

图 15-13 TN-C-S 系统示意图

设计应注意以下几点。

① TN-C 系统适用于设有单相 220V 携带式、移动式用电设备,而单相 220V 固定式用电设备也较少,但不必接零的工业企业。

TN-S 系统适用于工业企业,高层建筑及大型民用建筑。

TN-C-S 系统适用于工业企业。当负荷端装有漏电开关、干线末端装有断零保护时,也可用于新建住宅小区。

② TN-C、TN-S、TN-C-S 系统正常运行时，零线电位有时可达 50V 以上；TN-C 系统外壳电位等于工作零线电位，TN-S 系统外壳电位为零，TN-C-S 系统外壳电位不为零，等于工作零干线电位。

③ 当电气设备一相碰壳时，TN 系统的短路电流较大。碰壳处外壳电位≥110V，只要设计合理，时间是较短的。如果人体偶然触及带电部分时的危险性大。TN-C 系统，当相间短路保护装置灵敏度不够时，由于设备外壳接工作零线 N，而设备对地不绝缘，正常工作时，漏电开关通过剩余电流无法工作，所以不能装漏电开关，只能采用零序过流保护；TN-S 系统，由于设备外壳接保护零线 PE，正常工作时，漏电开关无剩余电流，所以在相间短路保护装置灵敏度不够时，可装设漏电开关来保护单相碰壳短路；TN-C-S 系统，PE、N 共用干线段不能采用漏电保护，PE、N 分开的线段可用漏电保护，用电设备可用漏电保护。

④ 当线路一相接地时，TN-C 系统接地短路电流较小，通常不足以使线路相间短路保护及零序保护装置动作，从而使变压器零位及全部接零设备外壳长期带电，接地点电阻愈小愈危险。变电所接地装置应采用环形均压圈。干线首端不能装设漏电保护，无法切除线路一相接地故障是 TN-C 系统的一大缺点；TN-S 系统，除具有与 TN-C 系统相同的特点外，可在各级线路首端装设漏电保护开关来切除故障线路；TN-C-S 系统，除与 TN-C 系统有相同的特点外，部分线路可装设漏电保护。

⑤ 当工作零线断开时，TN-C 系统断零点后由于三相负荷不对称，零位偏移，220V 单相设备可能烧毁，且用电设备外壳接零，使外壳带电，危及人身安全。单相回路中零线断裂，全部 220V 电压将加到设备外壳上。由于断零而引起设备外壳电位升高，漏电保护均不起作用；TN-S 系统三相回路零干线断开会烧毁设备，但外壳不带电，人身无危险。单相回路中零线断开，对人身和设备安全均无危害；TN-C-S 系统 PEN 线断开，人身有危险，N 线断开时人身无危险，但工作零干线断开均能造成设备的烧毁。

⑥ 关于重复接地问题，TN-C 系统应将零线重复接地，无论在线路一相接地、零线断开或一相碰壳等故障情况下，还是各相负荷严重不对称的正常运行条件下，均能降低零线和电气设备外壳电位，但并不能消除触电的危险；TN-C 系统的工作零碎线不宜重复接地，但必要时保护零线可以重复接地。因为工作零线重复接地对保护人身安全作用不大，对断零后保护安全作用也不明显。工作零线接地后，干线首端便不能采用漏电保护。保护零线重复接地，可降低碰壳短路时外壳的电位；TN-C-S 系统中的 PEN 线应重复接地，N 线不宜重复接地。

⑦ 在 TN 系统中，装设断零保护装置，其作用是：TN-C 与 TN-C-S 系统中可起多重保护作用，能防止因零线断开而使用电设备外壳带电，并烧毁单相 220V 用电设备；能防止因线路一相接地而引起用电设备外壳长期带电；能防止正常运行时，由于负荷不对称和三次谐波的存在以及零线选择不合理，引起零线压降过大和变压器零位偏移，而使零线和接零设备外壳产生高电位；当用电设备一相碰壳，而短路保护灵敏度不够时，能起后备保护作用，防止大片用电设备外壳长期带电。对于 TN-S 系统，能防止因工作零线断开而烧毁单相 220V 用电设备；当线路一相接地，而引起用电设备带电时，能起后备保护作用；能防止正常运行时工作零线电位过高。

⑧ 在上述 IT 系统、TT 系统、TN 系统中，应推荐使用 TN-S 系统，继续使用 TN-C-S 系统，停止推广使用 TN-C 系统。在同一供电系统中，不能同时采用 TT 系统和 TN 系统保护。

思考与练习

（1）风光互补发电系统的避雷设计，主要考虑哪几种雷击？

（2）风光互补发电系统的防雷主要由几部分组成？

（3）外部防雷保护系统、内部防雷保护系统由哪几部分组成？

（4）低压配电系统接地有几种方式？各有何特点？

模块四

风光互补LED道路照明设计、安装与调试

项目十六　风光互补路灯应用设计实例与典型配置方案

【任务导入】

　　风光互补路灯的技术优势在于利用了太阳能和风能在时间上和地域上的互补性，使风光互补发电系统在资源上具有最佳的匹配性。风光互补路灯控制系统，还可以根据用户的用电负荷情况和当地资源，进行系统容量的合理配置，既可保证系统供电的可靠性，又可降低路灯系统的造价。风光互补路灯系统可依据使用地的环境资源，做出最优化的系统设计方案来满足用户的要求。因此，风光互补路灯系统可以说是最合理的独立电源的照明系统。

【相关知识】

一、风光互补路灯

1. 风光互补路灯的技术特点

　　风光互补路灯主要为夜间照明使用，采用两种工作模式：纯光控模式和光控＋定时模式。两种模式的设定和控制是通过路灯控制器的拨码来实现的，并且风光互补路灯控制系统对风力发电机、太阳能电池组件和蓄电池提供多种保护，使系统可以更可靠地稳定工作。

　　风光互补路灯使用方便，可实现无人值守，免解缆；低风速启动，合理吸收风能和光能，大风切出保护系统使整个系统更加安全可靠，大大减少了太阳能电池组件的配比，降低了灯具的设计成本，可以收到良好的社会效益和经济效益。

　　小功率风力发电机组的风力机体积小，重量小，而且发电效率高。风力发电机独特的电磁设计技术，使其具有低的启动阻力矩。按照风能公式，风中可用能量是风速的 3 次方。这表示风速提高 1 倍时，风能将提高 8 倍。一般风力发电机组的效率通常是线性的，因此无法利用风力的 3 次方效益。发电机只在沿能量曲线上的 1 点或 2 点有效率。通过改进风力机组的效率曲线，使其符合风中可用能量的分布，使它沿整个曲线都有效率。

2. 风光互补路灯的构成

风光互补路灯具备了风能和太阳能产品的双重优点。风光互补路灯开关无须人工操作，由智能时控器自动感应天空亮度进行控制。

风光互补路灯的结构图如图16-1所示。风光互补路灯由风力发动机、太阳能电池板（含支架）、控制器、蓄电池、光源和灯杆组成。如果光源的额定电压为交流220V或110V，则需配置逆变器。

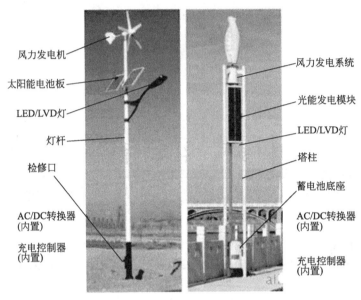

风力发电机
太阳能电池板
LED/LVD灯
灯杆
检修口
AC/DC转换器（内置）
充电控制器（内置）

风力发电系统
光能发电模块
LED/LVD灯
塔柱
蓄电池底座
AC/DC转换器（内置）
充电控制器（内置）

图16-1　风光互补路灯的结构图

（1）风力发电机

应用于风光互补路灯系统的风力发电机组的功率通常为300～500W。图16-2所示是风力发电机，将风能（动能）转换为电能，采用拉推磁路技术和全永磁悬浮技术的风力发电机，大大降低风力发电机的启动阻力，风速为2.5m/s时即可启动，而国内外较高水平的风机启动风速为3.5～4m/s。采用新型轴承技术，降低发电机运行中的各种机械损耗和电磁损耗，使相同风速下的发电功率提高近20%，尤其是低风速时的发电量提高明显；降低发电机的各种损耗后，使用寿命也大为延长。风力发电机外壳选用高强度铝合金，经精密压铸工艺制造，重量小，强度高，不生锈，耐腐蚀。

发电机采用高效永磁体及优化磁路设计，选用高导磁、耐高温材料，定子组件又经真空浸漆工艺处理，使绝缘性能及使用寿命大为提高。风力机风轮经优化设计，效能极高，采用先进的高分子复合材料，具有良好的强

图16-2　风力发电机

度及韧性，重量小，不变形。其抗拉强度、使用寿命及一致性远非木质叶片、玻璃纤维及塑料叶片可比。风轮叶片翼型经优化设计，风能利用率高，运行噪声小。叶轮经动平衡测试，确保运行时安静平稳。整机采用防锈处理，所有发电机外部紧固件均为不锈钢制品，使在多雨及盐雾地区使用寿命大为改观。

（2）太阳能电池板

应用于风光互补路灯系统的太阳能电池组件的功率通常为 $60\sim150\mathrm{W}$，太阳能电池板是太阳能发电系统中的核心部分，也是风光互补路灯中价值最高的部分。其作用是将太阳能转换为电能，太阳能电池板的质量和成本将直接决定整个系统的质量和成本。

太阳能电池组件采用高透光率低铁钢化玻璃，透光率大于 91.3%，背面采用白色 TPT 或 PET 衬底；太阳能电池片采用优质单/多晶硅电池片，单晶硅电池片的平均转化效率达 16% 以上。太阳能电池采用的减少太阳能光反射的反射膜，为增强等离子化学气相沉积的氧化硅膜，呈深蓝色。太阳能电池组件边框，由阳极氧化优质铝合金边框制成，表面氧化铝膜的厚度为 $25\mu\mathrm{m}$。太阳能电池组件由抗老化和耐气候性好的优质材料热压密封而成，在 $-50\sim50℃$ 的温度环境下不老化、不开裂，并采用优质材料作为接线盒外壳和内绝缘材料，采用镀锌铜质电极材料作为接线柱，具有很好的密封性、防水性、防盐雾和防潮性。支架采用热镀锌处理的优质钢结构，集轻盈、牢固、方便于一体。

（3）控制器

风光互补路灯控制器采用了微处理器技术，通过对蓄电池电压、环境温度、风力发电机和太阳能板输出的电压等参数的检测判断，控制各项功能动作的开通和关断，实现各种控制和保护功能。风光互补控制器的作用是控制整个系统的工作状态，并对蓄电池起到过充电保护、过放电保护作用。在温差较大的地方，控制器还应具备温度补偿的功能。其他附加功能有光控开关、时控开关等功能。智能型风光互补路灯控制系统，可根据道路车流，智能调整光源输出功率，既满足使用又节能降耗；可依据风能和太阳能强弱智能调节并最大化发电、存储电能。

（4）蓄电池

风光互补路灯一般采用阀控密封式铅酸蓄电池，有 12V 和 24V 两种。在小型系统中，也可用镍氢蓄电池、镍镉蓄电池或锂蓄电池。其作用是在有光照、有风时将太阳能电池、风力发电机所发出的电能储存起来，需要的时候再释放出来。

采用性价比较高的胶体阀控密封式铅酸蓄电池，可选用地埋安装方式，使蓄电池寿命大大延长。

（5）逆变器

若光源为 AC 220V、AC 110V 的交流电源，由于风光互补发电系统的直流输出电压一般为 DC 12V、DC 24V、DC 48V，为能向 AC 220V 的光源提供电能，需要将风光互补发电系统发出的直流电能转换成交流电能，因此需要使用 DC/AC 逆变器。

（6）光源

风光互补路灯采用何种光源是风光互补灯具是否能正常使用的重要指标。一般风光互补灯具采用低压节能灯、低压钠灯、无极灯、LED 灯。而采用 LED 光源，节能环保，比节能灯还节电 1/5，寿命长，可达 500000h，工作电压低，不需要逆变器，光效较高，并可降低风光互补路灯的成本。

（7）灯杆

风光互补路灯的灯杆高度一般为 $4\sim12\mathrm{m}$，采用优质钢板制造，热镀锌处理，部分灯杆为了美观表面，采用优质聚酯粉喷涂。

风光互补 LED 路灯的基本配置如表 16-1 所示。

3. 风光互补路灯工作原理

通常风光互补路灯的风力发电机采用五叶片风轮，实现低风速启动，动态不平衡量相互抵消，运转更加平稳可靠，有效解决了大风、不稳定风速和风向带来的安全隐患，使叶片尖速比降低，以减少叶片受力，保证风机叶片的运行平稳，减小振动和噪声。

表 16-1　风光互补 LED 路灯的基本配置

部件	型号及规格	数量	备注
风力发电机	EF0.3/24V	1 台	300W，额定风速 12m/s
太阳能电池板	45Wp	2 块	
蓄电池	150A·h，12V	2 只	阀控密封式铅酸蓄电池
集成芯片 LED 灯具	SOX55WBY22D	1 套	
风光互补路灯控制器	ST2410	1 只	
自立式路灯标成套		1 套	高度、造型可选
电源箱		1 个	放置蓄电池及控制器

当风速小于风力发电机启动风速时，风力机不能转动。风速达到启动风速后，风力机开始转动，带动发电机发电，输出电能供给负载及给蓄电池充电。当蓄电池组端电压达到设定的最高值时，由电压检测得到信号电压，通过控制电路进行开关切换，使系统进入稳压闭环控制，既保持对蓄电池充电，又不致使蓄电池过充。在风速超过截止风速时，风力机通过机械限速机构，使风力机在一定转速下限速运行或停止运行，以保证风力机不致损坏。

风光互补路灯的风力发电机通过优化设计尾舵和回转体之间的空间倾斜角度，精确计算尾舵的尺寸，合理设计尾舵的质量及分布，优化外形设计。在风力较小时，依靠尾舵重力，控制风力机叶片迎风方向，达到低风速启动的目的，并且控制风力发电机轴心和灯杆回转体轴心侧偏，在风力超过额定风速时，通过空间角度侧偏尾舵的适当调整，使叶片迎风角度最为合理，以达到减速的目的。侧偏尾舵的摆动，使风力机更好、更合理地吸收风能，提高整个系统的安全性能。当风速过大时，通过侧偏尾舵，使风轮尽量减小迎风面积，少吸收风能，从而避免大风对整个系统造成破坏。

回转体是灯杆和风力发电机的连接部件，功能是使风力发动机在水平方向上实现迎风旋转。通过精确计算和严格实验优化发电机轴线和灯杆轴线的偏侧距离，配合空间角度侧偏尾舵，实现对风力机的机械调速。回转体中置入集电环和电刷，将灯杆和集电环固定在一起，实现了不管任何风向，都能将风力发电机输出的电能通过电刷和集电环输入至控制器，这样灯杆中的电缆就不会缠绕，实现了无人值守、免解缆的目的，彻底解决灯杆中的线缆缠绕问题，提高了系统的可靠性和安全性。

控制器利用常闭触点确保系统安全，在大风情况下，即使继电器损毁也能启动泄荷电阻，起到保护功能。同时在控制器中加入测速装置，采用脉冲频率检测原理，精密地检测风力发电机的转速，当达到预定转速时，继电器自动动作接入泄荷电阻，确保风力发电机在大风飞车前接入泄荷电阻，使风力发电机及时刹车限速，在风速减小使风力发电机转速降低至预定值时，继电器自动转接至蓄电池端，保证风力发电机及时向蓄电池充电。

24V 直流风光互补路灯方框图如图 16-3 所示。风力发电机和太阳能电池组件通过智能控制器给蓄电池充电，然后由智能控制器智能控制 24V 直流光源开启、关闭。

图 16-3　24V 直流风光互补路灯方框图

离网 220V 交流风光互补路灯方框图如图 16-4 所示。风力发电机和太阳能电池组件通过控制器/逆变器给蓄电池充电，然后由路灯控制器控制 220V 交流光源开启、关闭。

220V 交流（市电备用）风光互补路灯方框图如图 16-5 所示。当风力发电机和太阳能电

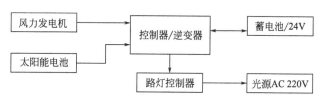

图 16-4　离网 220V 交流风光互补路灯方框图

池组件正常充电，蓄电池电压达到正常时，市电 220V 交流电是不接通的。当风力发电机和太阳能电池组件不工作或达不到给蓄电池充电所需的正常工作电压值时，由控制器/逆变器判断，市电通过自动切换给路灯控制器，由市电为 220V 交流光源提供电力。

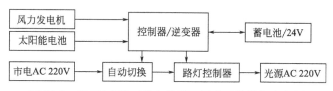

图 16-5　220V 交流（市电备用）风光互补路灯方框图

二、风光互补 LED 路灯设计

风光互补 LED 路灯系统推荐使用资源条件为：当地年平均风速大于 3.5m/s，同时年度太阳能辐射总量不小于 500MJ/m²。风光互补 LED 路灯系统在下列条件下应能连续、可靠地工作：室外温度为 −25～45℃；空气相对湿度不大于 90%（25℃±5℃）；海拔高度不超过 1000m。风光互补 LED 路灯系统在以下环境中运行时，应由生产厂家和用户共同商定技术要求和使用条件：室外温度范围超出 −25～45℃ 的地区；海拔高度超过 1000m 的地区；盐雾或沙尘严重的地区。合理的匹配计算是设计风光互补 LED 路灯系统的关键，合理的匹配设计要求在当地风能、太阳能资源条件一定的前提下，确定匹配最佳的风力发电机和太阳能电池组件功率，以达到风光互补 LED 路灯具有高的性价比，并保证道路照明不间断。

1. 系统的设计步骤

① 收集及测量当地风能资源、太阳能资源、其他天气及地理环境数据，如每月的风速、风向数据、年风频数据、每年最长的持续无风时数、每年最大的风速及发生的月份、韦布尔（Weble）分布系数等；全年太阳日照时数、在水平表面上全年每平方米接收的太阳辐射能，在具有一定倾斜角度的太阳光电池组件表面上每天太阳辐射峰值时数及太阳辐射能等；当地在地理上的纬度、经度、海拔高度、最长连续阴雨天数、年最高气温及发生的月份、年最低气温及发生的月份等。

② 根据道路状况，选择灯杆、光源功率，确定路灯的工作电压、额定功率、工作时数等。

③ 路灯设计是根据道路的具体照明要求来进行的，根据道路宽度、周围环境、车辆通过流量等设计灯杆、组件、安装支架、灯挑臂，整体造型。然后确定灯高、照度、灯距，确定光源功率、灯罩。

④ 确定风力发电机组及太阳能电池组件的总功率，选择风力发电机组及太阳能电池组件的型号，确定及优化系统的匹配容量及系统内其他部件的选型（蓄电池、控制器、控制器/逆变器、辅助后备电源等）。

2. 风力发电机组的选择

风力发电机是风光互补 LED 路灯的标志性产品，风力发电机的选择最关键的是要风力发电机运行平稳，因风光互补 LED 路灯的灯杆是无拉索塔，应避免风力发电机运行时引起灯具和太阳能电池组件支架的固定件松脱。选择风力发电机的另一个主要因素，就是风机的造型要美观，重量要轻，减小塔杆的负荷。在技术上可以采用 MUCE 垂直轴风力发电机，因它具有故障率低（转速慢、无转向机构）、无噪声、发电曲线饱满（启动风速低、在中低风速运行时发电量较大）、不受风向及近地面风的影响、抗台风能力较强（抗风能力达到 45m/s）等优点。

由当地的年平均风速、最低月平均风速、无有效风速期的时间长短及年度用电量、月平均最低用电量，计算风力发电机组的功率；由年内最低的月平均风速，选择风力发电机组额定风速值。

3. 太阳能电池组件功率的选择

太阳能电池组的峰值功率由系统日平均最低耗电量、当地峰值日照小时数和系统损失因子来确定。在一般正常状态下，系统的太阳能电池组件的最小功率，应能保证提供系统日平均最低发电量，并且是日平均最低耗电量的 1.8 倍以上。

影响太阳能电池组件发电能力的因素很多，如温度、日照强度、阴影、晶体结构及负载阻抗等诸多因素。为计算简便，可采用下述简易方式进行估算（风光互补光伏发电部分采用）。

(1) 计算平均峰值日照时数 T_m

峰值日照时数是将一般强度的太阳辐射日照时数折合成辐射强度 $1000W/m^2$ 的日照时数。太阳方阵倾斜面上的平均峰值日照时数（在水平面辐射量）

$$T_m = K_{op} \times 辐射量 \div (3.6 \times 365) \tag{16-1}$$

式中，年均太阳总辐射量为当地 8~10 年气象数据，MJ/m^2；K_{op} 为斜面辐射最佳辐射系数；3.6 为单位换算系数。

(2) 太阳能电池组件日平均发电量

$$Q = \eta_1 \eta_2 \eta_3 \eta_4 \eta_5 W_p T_p = \eta W_p T_p \tag{16-2}$$

式中 Q——日平均发电量，$kW \cdot h$；

$P_m = W_p$——太阳电池组件峰值功率，kW；

     T_p——当地峰值日照时数，h；

     η_1——逆变器损失；

     η_2——温度损失因子（0.95）；

     η_3——灰尘遮蔽损失（0.93）；

     η_4——充放电损失（0.9~0.97）；

     η_5——输配电损失（0.98）；

     η——安全系数（0.8）。

(3) 太阳能电池方阵提供给系统控制器的电量用下式计算

$$Q = (0.78 \times 0.9) W_p \times T_p \tag{16-3}$$

4. 光源要求及比较

应根据使用环境选择合适的光源类型，如 LED 光源适用于在光照强度要求不高时，既有装饰性又节能，而低压钠灯特别适合于雾气较重的地区使用。道路照明选择白光 LED 光源，可减少道路交通事故发生，节约能源，降低风光互补路灯造价。

白光在视觉效果上有优势。

5. 蓄电池的选择

应优先选用胶体阀控密封式铅酸蓄电池和其他适合风光互补发电使用的新型蓄电池。蓄电池组的串联电压必须与风力发电机组、太阳能电池组件的输出电压相匹配。蓄电池的容量是由日最低耗电量、自给天数和蓄电池的技术性能，如自放电率、充放电效率和放电深度等因素共同确定的。

现以系统设计目标为40W、24V的负载举例说明计算过程，假定负载满负荷工作的情况下，按每天使用8h计算，要求蓄电池在满充后至少可以持续提供给负载3天的电能，现有的蓄电池标称功率均以 A·h 来计。设 P 为负载功率值，C 为蓄电池容量值，50%是 VR-LA 的最佳放电深度，0.85是回路损耗率。

$$PtN_L = CUD_c\eta$$
$$C = (PtN_L) \div (UD_c\eta)(A \cdot h) \tag{16-4}$$
$$C_w = (AQ_LN_LT_0) \div D_c(W \cdot h)$$

式中　A——安全系数，取 1.1～1.4 之间；

$\quad\quad Q_L$——负载日平均耗电量，为工作电流乘以日工作小时数；

$\quad\quad N_L$——最长连续阴雨天数（自给天数）；

$\quad\quad T_0$——温度修正系数，一般在 0℃以上取 1，−10℃以上取 1.1，−10℃以下取 1.2；

$\quad\quad D_c$——蓄电池放电深度，一般铅酸蓄电池取 0.75 或 0.7，碱性镍镉蓄电池取 0.85；

$\quad\quad \eta$——蓄电池误差余量，$\eta = 90\%$。

针对 40W、24V 的负载，代入数据计算得

$$C = (PtN_L) \div (UD_c\eta)$$
$$= (40 \times 8 \times 3) \div (24 \times 0.5 \times 0.85) = 94A \cdot h$$

故可选用两块 12V、100A·h 蓄电池串联，即足够满足要求。

6. 供电系统最佳配置设计

保证路灯的亮灯时间是路灯的重要指标。风光互补 LED 路灯作为一个独立供电系统，从路灯灯具的选择到风力发电机、太阳能电池组件及储能系统容量的配置，有一个最佳配置设计问题，需要结合安装路灯地点的自然资源条件来进行系统最佳容量配置的设计。

一般北半球的风力等级按照 3 级，即 5m/s 为起点，每天的发电时间为 6～12h。峰值日照时间小时数为 4～6h。

$$用电器总用电量 = 用电器功率 \times 时间 \tag{16-5}$$

太阳能资源偏好的地区，将风力作为补充。太阳能电池发电提供的电量=2/3用电器总用电量，风力发电提供的电量=1/3用电器总用电量。每月光伏发电提供的电量为 20 天。

$$Q_光 = Q_负 + Q_c \tag{16-6}$$

风力资源偏好的地区，将太阳能作为补充。太阳能电池发电提供的电量=1/3用电器总用电量，风力发电提供的电量=2/3用电器总用电量。每月风力发电提供的电量为 20 天。

$$Q_风 = Q_负 + Q_c \tag{16-7}$$

若已知风力发电机的型号及功率输出图，可根据所处的地区，参照以上的风力资源分布情况，根据以下公式计算风力发电机的功率而选择机型：

$$P = 0.2 \times D^2 v^3 \tag{16-8}$$

式中　D——风叶的直径，m；

$\quad\quad v$——风速，m/s；

$\quad\quad P$——功率，W。

例如，2m 直径的风叶，风速 6m/s 时，发电功率为 175W。

太阳能电池功率 W 为

$$W=(Ph/T)\eta_1 \tag{16-9}$$

式中　P——用电器功率；

　　　h——用电小时；

　　　T——当地峰值日照时间小时数；

　　　η_1——损耗系数，取 $1.6\sim2$。

蓄电池容量 Q 为

$$Q=(ph/U)\eta_2 \tag{16-10}$$

式中　U——系统电压；

　　　η_2——损耗系数，取 $1.4\sim1.8$。

控制器电流 I 为

$$I=\frac{W}{U_c} \tag{16-11}$$

式中，U_c 为充电电压。

总之，风光互补系统设计一定要结合项目所在地的自然资源情况，结合用户的用电负荷情况（路灯、球机、摄像枪等监控仪器），进行系统容量的合理配置，才能确定和选用符合本地区使用的最优化的系统供电方案。

【项目实施】　风光互补路灯系统设计实例

1. 风光互补系统设计实例（用在水文水利监控、通信基站、海岛监控等领域）

（1）功率匹配法

在不同的太阳辐射和风速下，对应的太阳能电池阵列的功率和风力发电机的功率之和大于负载功率，主要用于实现系统的优化控制。

如果采用传统的摄像监控手段在高速公路项目、森林防火、病虫害防护、边防哨所等等的监控系统中大面积的进行监控，需要大范围地建设输电网络和光纤传输网络，不仅建设难度大，建设成本高，而且维护成本也很高，不具有可操作性。图 16-6 所示是风光互补路灯系统，而风光互补供电系统具有合理的独立电源，它特别适合于为远离电网、用电负荷不大的设备提供稳定可靠的电源供应。在高速公路、森林防火等项目中采用风光互补供电系统，不仅建设成本低于采用电网输配电，节省了电费，而且比电网供电更安全。

图 16-6　风光互补路灯系统

无线传输视频远程风光互补监控供电系统，主要由小型风力发电机、太阳能电池板、风光互补控制器、风光互补专用蓄电池与直流转换器等部件和立杆、太阳能电池板支架等相关配件组合而成，利用风能和太阳能环保能源作为动力，给摄像头、球机、摄像枪等视频监控仪器供电，无须市电拉网，独立运作的节能型供电系统。

（2）设计要素

① 充分利用风能、太阳能可再生能源，保证常年不间断供电。

② 适用的环境工作条件：温度 $-15\sim45℃$；相对湿度 95%；阴雨和沿海盐雾；风速 $3\sim30\text{m/s}$；瞬时极限风速 40m/s；太阳辐射总量 150kcal/cm^2；年日照 3000h。

③ 稳定性保障 运行平稳、安全可靠，在无人值守条件下能全天候使用。

④ 无电磁干扰 风力发电机及其充电控制器，不会对周围环境产生有害的电磁影响（符合 1ECCIS-RR11 要求）。

⑤ 产品质量保障 风力发电机组的设计、制造、产品质量，执行国家和行业有关标准，产品的质量保证体系符合标准 GB/T 19001—2000、ISO 9001—2000 的规定。

⑥ 太阳能电池符合 1EEE 1262—1995 光伏组件测试认证规范、1EC1215 晶体硅地面用光伏组件的设计质量认证和型式试验、国家标准 GB/T 14007—92 陆用太阳能组件总规范、GB/T 14009 太阳能电池组件参数测量方法。

⑦ 蓄电池组符合国家标准 GB 13337.1—91 固定型铅酸蓄电池的规定，而且经过已取得 GB/T 15481 认证资格的检测机构的测试。

⑧ 设备功率 $P=60\text{W}$。

⑨ 全天候 24h 不间断供电。

$$系统总功率\ P=60\text{W}/85\%=71\text{W}$$

式中，85% 为逆变和供电线路效率。

风力发电机额定功率为 P_1，太阳能电池组件板额定功率为 P_2，蓄电池组容量为 C。根据安装路灯地点的自然资源条件：风力发电机与太阳能电池组件同时不能发电的最大连续时间为 3d；太阳能电池组件不能发电的最大连续时间为 12d；风力发电机不能发电的最大连续时间为 6d。

（3）蓄电池组的确定

$$PtN_L=CUD_c\eta \tag{16-12}$$
$$71\times24\times3=C\times24\times0.7\times0.9$$

式中 P——系统总功率；

$\qquad t$——全天候 24h 不间断供电；

$\qquad U$——蓄电池组充放电压 24V（系统电压）；

$\qquad D_c$——蓄电池放电深度 70%；

$\qquad \eta$——蓄电池误差余量 90%。

已知 $P=60\text{W}/85\%=71\text{W}$，代入，可得出 $C=338.09\text{A·h}$。

根据蓄电池的实际规格及尽量减少蓄电池数量的原则，取 $C=340\text{A·h}$，实际配置为 2V、340A·h 蓄电池 12 块×1 组。

（4）风力发电机功率的确定

在太阳能电池不能发电的天气里，通常是连续阴雨天，此时风速和持续时间均大大超过年平均风速和时间，根据气象资料及该站点的自然环境，在此取该时段内 4 级风（5.5~7.9m/s）4h/d。

根据风力发电机最低月份的日平均发电量加蓄电池容量等于系统总用电量

$$P\times24\text{h}\times12\text{d/月}=P_1\times4\text{h}\times12\text{d/月}+CUD_c\eta \tag{16-13}$$

式中 U——蓄电池组充放电电压，为 24V（系统电压）；

$\qquad D_c$——蓄电池放电深度，一般铅酸蓄电池取 0.75 或 0.7，碱性镍镉蓄电池取 0.85；

$\qquad \eta$——蓄电池误差余量（90%）。

将已知数据代入公式：

$$60\times24\times12=P_1\times4\times12+340\times24\times0.7\times0.9$$

计算得 $P_1=318.9\mathrm{W}$。

根据风力发电机的规格及实际安装和使用的可靠性，取 $P_1=350\mathrm{W}$。实际配置为 1 台 MAX 400W 风力发电机。

MAX 400W 系列风力发电机有机械自动离合系统，摆脱了传统风力发电机启动风力要求高的束缚，使得在很小的风力条件下就可以启动风力发电机，在风叶得到一定的转速和惯性的时候，离合系统自动启动，带动发电机发电，大大提高了风力发电机的发电效率，成倍增加了风力发电机的工作时间。MAX 400W 系列风力发电机带有自主偏航系统，在风力不大的情况下可以主动将迎风面对准风向，以得到最大的迎风面积，提高风力发电机的工作效率。

(5) 太阳能电池功率的确定

在风力发电机不能发电的天气里，通常是连续晴天，而且每天日照时数大大高于年平均日照时数，根据气象数据和站点的自然环境，取 6h/d。则太阳能电池功率 P_2 按下式计算

$$Q=Q_1+Q_2 \tag{16-14}$$

$$P\times24\mathrm{h}\times6\mathrm{d}/月=P_2\times4\mathrm{h}\times6\mathrm{d}/月+C\times U\times D_c\times\eta$$

式中　Q_1——光伏组件的 6 日平均发电量；

　　　Q_2——蓄电池存蓄的电量；

　　　U——蓄电池组充放电电压为 24V（系统电压）。

代入已知数据　$60\times24\times6=P_2\times4\times6+340\times24\times0.7\times0.9$

计算得 $P_2=145.8\mathrm{W}$。

根据太阳能电池的规格及安装的方便美观，取 $P_2=200\mathrm{W}$，实际配置为 $100\mathrm{W}\times2$ 块。

(6) 设备选型

设备选型如表 16-2 所示。

表 16-2　设备选型

设备名称	型号规格	单位	数量
风力发电机	max 400W	台	1
风光互补控制器	24V、10A	台	1
灯杆	8~10m	根	1
太阳能电池	100W 147×68	块	2
蓄电池	2V、340A·h	只	12
太阳能电池支架	—	套	2

(7) 路灯杆的设计方案

风力发电机和太阳能电池组件是风光互补路灯的标志性组合，要保证风力发电机和太阳能电池组件能平稳、安全的运行，同时也配合路灯灯杆的多样化造型，应将风光互补路灯灯杆设计为自立式灯杆。风力发电机位于灯杆的顶端，太阳能电池组件位于灯杆的中部。

根据选定的风力发电机及太阳能电池组件的容量及安装高度要求，结合当地的自然资源条件进行灯杆强度设计，确定合理的灯杆尺寸和结构形式。

灯杆配置主要是指灯杆的强度及高度设计，以及灯杆上太阳能电池组件、灯具的安装高度的确定。灯杆的强度设计应符合《城市道路照明工程施工及验收规范》《小型风力发电机技术条件》对灯杆、风力发电机塔管的要求，并且与风力发电机的固有频率相差很大，可以抗 12 级台风。灯杆的高度应根据安装地点的地理环境来决定，保证风力发电机的使用不受影响。太阳能电池组件的安装一般以不与风力发电机的风叶相干涉为准，同时要注意保证太阳能电池组件不被灯杆遮挡。灯具的安装高度根据设计要求的照度确定。

2. 60W LED 风光互补路灯系统设计实例

能量匹配法：在不同的太阳辐射和风速下，对应的太阳能电池阵列的发电量和风力发

机的发电量之和大于负载耗电量，主要用于系统功率设计。

这种计算方法是已知选定尺寸符合要求的电池组件、风力发电机，根据该组件峰值功率、峰值工作电流和风力发电机型号和功率输出线图，结合当地的太阳能资源和风力资源数据进行设计计算光伏、风力日发电量等数据，求出不同的太阳辐射和风速下，对应的太阳能电池阵列的发电量和风力发电机的发电量之和，要大于负载耗电量，再从中确定蓄电池组的容量和电池组件方阵的串并联数及总功率等。60W LED 风光互补路灯系统设计实例图如图 16-7 所示。

图 16-7　60W LED 风光互补路灯
系统设计实例图

以每年风速 3m/s 以上时间超过 3500h 地区为例来计算，这样的资源状况在我国普遍达到太阳能资源属Ⅲ类可利用区（1kW 太阳能电池板转换太阳能辐射量为 4500～5500MJ/年）。为安全计算，取太阳能辐射总量为 45001MJ/年。

（1）发电量计算

配置的太阳能电池组件的日均发电量应为

$$Q_1 = 4500 \div 365 \div 3.6 \times 0.15 \times 0.8 = 0.411 \ (\text{kW·h})$$

式中，0.8 为安全系数。

根据气象台统计的风能状况，每年风速高于 3m/s 的时间超过 3500h，则平均一天风速高于 3m/s 的时间超过 9h。由于道路照明灯具安装地点的障碍物状况的不确定性，灯具安装地点的年平均风速为 4m/s，全部以低估为 4m/s 的风速情况来计算（风力发电机在 4m/s 时功率为 100W），则配置的风力发电机的平均功率为 0.1kW，日均发电量应为

$$Q_2 = 0.1 \times 3500 \div 365 \times 0.8 = 0.767 \ (\text{kW·h})$$

式中，0.8 为安全系数。

风光路灯配置的日均总发电量为 1.178kW·h，考虑到蓄电池的转换效率为 0.7，则实际有效日均发电量为

$$1.178 \times 0.7 = 0.82 \ (\text{kW·h})$$

鉴于风能与太阳能的良好互补性，以年均资源换算而得的日均资源的可靠性良好，加之风光发电的计算值均取低值，并各考虑了 0.8 的安全系数，所得的日均发电量数据是安全可靠的。

（2）用电量计算

按配置 60W 的 LED 灯，以每天亮灯 10h 计算，灯具每天耗电量为 0.60kW·h。配置的蓄电池容量为

$$Q = 150 \times 24 \div 1000 = 3.6 \ (\text{kW·h})$$

蓄电池充满的情况下放电量按 60% 计算，连续放电的时间为：$3.6 \times 0.06 \div 0.6 = 36\text{h}$，即蓄电池能满足 4 天不充电且每天可靠亮灯 10h。路灯配置如表 16-3 所示。

表 16-3　路灯配置

部件	型号及规格	数量	备注
风力发电机	HY-400/24V	1 台	微风发电
太阳能电池板	75Wp	2 块	单晶硅
储能蓄电池	150A·h，12V	2 块	太阳能专用
光源（含灯具）	60W LED	1 套	超高亮度
风光互补控制器	HY400/150-24	1 台	智能升压型
灯杆（含灯臂等）	Q2358-12m	1 根	独立式
附件	螺钉、紧固件等	1 套	

（3）风光互补 60W LED 路灯相关配置的主要参数

风光互补 60W LED 路灯使用环境温度为－10～60℃，相对湿度为 85％，自给天数 5 天，并确保路灯每天亮灯 8h 以上。

① 风力发电部分　选择风力发电机启动风速为 2.3m/s、额定风速为 10.0m/s、额定功率为 400W（HuaYu-power 400W 风力发电机）。HuaYu-power 400W 风力发电机组特点如下：

a. 风力发电机采用钕铁硼稀土永磁材料；叶片采用铝合金材料，中空拉制成型，质量误差≤0.3g，动平衡性能良好；集电磁制动和机械制动为一体限速方式、自动导航；造型美观、免维护、安装方便；使用寿命达 15～20 年。

b. 启动风速低，抗台风、防腐蚀、抗风沙性能优越；低压 24V 直流输出，无触电危险。HuaYu-power 400W 型风力发电机组技术参数：叶片直径为 2.2m；叶片数量为 3；工作风速范围为 3～25m/s，输出电压等级为 DC 24V；最大抗风强度为 60m/s；风轮气动效率≥0.36；发电机型式为永磁三相交流；发电机额定转速为 450r/min；机组噪声≤45dB；调速方式为机械制动、电磁调速；具有防潮、防霉性能，风力发电机组具有抗大风机械及电磁刹车装置。

② 光伏发电部分　选择太阳能电池参数为 17.5V/80Wp×2 块。硅太阳能电池组件特点：使用寿命长，达 25 年以上；密封性能好，能防雨、水、气体的侵蚀；使用安全、可靠，使用期间无须维护，电性能稳定可靠；环境适应性好，能抗冰雹冲击，并能在高低温剧变的恶劣环境下正常使用；安装灵活方便；产品电性能参数稳定，峰值功率充足，测试功率均符合国家标准要求；太阳能电池组件采用树脂封装工艺；采用进口溶面玻璃，具有极高的透光性；太阳能电池组件背面采用 TEDLAR 封固，能抵抗潮气及雨水侵蚀。工作温度：－45～80℃；相对湿度：0～100％；抗风最大风速：＞200km/h。

③ 蓄电池部分　选用 12V/200A·h×2 胶体阀控密封式铅酸蓄电池，密封反应率≥99％，无须补加水，实现真正的免维护，使用方便，可随意放置，适合各种方式安装。采用紧装配设计，体积小，比能量高，寿命长，内阻小，高倍率特性好；采用特殊的合金和特殊的铅膏配方，放电率低，具有耐深放电和较强的容量恢复能力；蓄电池配方中不含对环境有污染和不易回收的镉物质，且不会有电池泄漏现象，真正保证了蓄电池的环保和安全；较宽的使用温度－40～60℃，适用于各种环境的户外使用。

④ 控制器　风光互补控制器应具有防雷保护、反接保护、太阳能电池防反充保护、蓄电池开路保护、风力发电机过风速和过电压刹车保护，控制电路与主电路完全隔离，同时具有 LED、LCD 显示功能，可显示当前蓄电池电压、太阳能电池阵列输出电流、负载蓄电池充电电流、日发电量、累计发电量；具有风力发电机和太阳能电池可以同时接入的端口；阶梯式控制方式，可使太阳能电池发出的电最大限度向蓄电池充电，各路充电压检测具有"回差"控制功能，可防止静态开关进入振荡状态；具有过充、过放、过载、短路、接反、过热、温度补偿调节电压等一系列报警和保护功能；采用霍尔电流互感器检测电流；最近 30 天的电量数据采集，没电时数据可以存储；太阳能电池组件、风力发电机每天累计发电量，太阳能电池组件、风力发电机历史累计发电量，掉电数据不丢失。并具有 RTC 功能，可以查寻当前时间，在任何时候出现异常（过充、过放、过载、短路等），会把不同故障发生的时间分别记录下来，送上位机显示，提供标准 RS-232/RS-485 接口。根据不同需要，可安装不同等级防雷器；根据系统需要，可提供光控、时控等功能。

控制器内置风力发电机卸载电阻，无级调节，逐级投入，使蓄电池不会经受突变大电流充电，大大提高蓄电池使用寿命，另使风力发电机平稳降速，有效防止风力发电机飞车。控制器技术参数：直接输出部分输出额定电压 24V DC；输出最大电流 4.6A；直接输入部分输入额定电压 24V DC；欠压电压 21.6V DC±0.1；恢复电压 24.6V DC±0.1。

风力发电机输入部分；风力发电机额定总功率为400W，额定电压为24V，卸载电压为30V，卸载后恢复充电电压为28V，卸载电阻功率300W。

　　太阳能电池组件部分：太阳能电池组件额定功率为80W；最佳工作电压为18.38V DC；开路电压为22.14V DC；过充电保护电压为28.8V DC；充电后恢复充电电压为27.2V DC；最大充电电流为2.5A。控制器空载电流为0.1A，使用环境温度为－10～40℃。

　　⑤ 光源　照度≥15lx（直流LED光源每瓦的光效比交流高压钠灯高8～10倍）。LED灯技术参数：输入电压为24V；光通量为6300lm；色温为4500～6000K（暖白）；工作温度为－300～400℃；寿命时间＞50000h。

　　⑥ 灯具　灯具采用全遮蔽式设计，左右铅直角80°～90°处光强度极低，可有效防止眩光。光束角最大光强角度为55°；偏心角度为200°；防水等级为IP66。可瞬时启动，再启动，启动时间短、不闪频。恒功率输出，电压变化不影响光源亮度；设有开路保护、短路保护、高温保护等功能。光源及电源采用分离式设计，易于维修，灯具重量轻，易于安装，环保、安全、无污染，符合RoHS规范。

　　独特专利散热设计，散热板采用高散热系数的铝板，并在背面焊接铝鳍片加热管设计，利用热导管的超快速导热能力及超大表面积铝鳍片与空气的对流散热原理，将LED产生的热快速且有效地导出，使LED结温保持在80℃以下，确保LED寿命在50000h以上。极佳导热设计，确保LED底座到散热器的温差在5℃之内。光源及电源部分采用密闭式防水防尘设计，防护等级可做到IP66。

　　光源前罩部分采用透光度＞96%的钢化玻璃，可提升灯具效率。采用恒流驱动式开关电源，9～30V DC宽范围输入电压，避免因输入电压的变动而造成光通量的变动；电源转换效率约90%，减少灯具总光效的损失。

【知识拓展】　风光互补路灯系统典型配置方案

1. 风光互补LED路灯典型配置方案1

（1）设计条件

① 风能和太阳能资源参数：年平均风速3m/s以上地区；太阳能资源Ⅱ类及以上可利用地区。

② 亮灯时间及控制：光控亮灯、时控关灯；全功率、半功率全自动控制。

③ 可靠性：系统在连续没有风和太阳能补充能量的情况下能正常供电3～5天。

④ 结构：灯杆总高10m，灯高8m。

⑤ 蓄电池采用埋地配置方案，以提高蓄电池性能寿命及提高防盗窃作用。

（2）系统配置

风光互补LED路灯典型配置方案1如表16-4所示。

表16-4　风光互补LED路灯典型配置方案1

部件名称	规格型号	数量	备注
风力发电机	HY-400L/24V	1台	低风速型风力发电机
太阳能电池板	50Wp/12V	2块	单晶硅
阀控密封式铅酸蓄电池	200A·h、12V	2只	胶体
光源及灯具	60W LED灯具	1套	—
风光互补路灯控制器	WS24400H	1只	带卸荷保护装置
自立式路灯灯杆成套	灯高8m，杆高10m	1套	含地脚笼、太阳能支架
附件			电缆等

2. 风光互补LED路灯典型配置方案2

风光互补LED路灯典型配置方案2如表16-5所示。

表16-5　风光互补 LED 路灯典型配置方案 2

名称	参数	备注
灯杆	总高 8m,光源 6m,壁厚 4mm	灯杆热镀锌喷塑
光源	LED 22W,12V DC,5mm 草帽 LED	亮度相当于 70W 高压钠灯
太阳能板	35W×2 块	单晶硅
风力发电机	12V、200W	—
阀控密封式铅酸蓄电池	12V、55A·h	胶体
控制器	12V	风光互补

3. 风光互补 LED 路灯典型配置方案 3

风光互补 LED 路灯典型配置方案 3 如表16-6 所示。

表16-6　风光互补 LED 路灯典型配置方案 3

配件名称	规格型号	单位	数量	备注
太阳能电池组件	30W	块	1	多晶硅
阀控密封式铅酸蓄电池	12V、65A·h	块	1	胶体
风力发电机	100W、12V	台	1	—
光源	10W LED	个	1	—
控制器	12V、10A	个	1	过充、过放保护
灯杆	4m	盏	1	热镀锌、喷塑

4. 风光互补路灯典型配置方案

风光互补路灯典型配置方案如表16-7 所示。

表16-7　风光互补路灯典型配置方案

配件名称	规格型号	数量
风力发电机	400W、24V	1 台
单晶硅太阳能电池	30W	2 块
胶体阀控密封式铅酸蓄电池	12V、200A·h	2 只
灯杆	10m	1 根
光源(低压钠灯)	55W	1 套
太阳能路灯控制器	24V、10A	1 只
配件(电线、连接端子、不锈钢螺钉)		

注：年平均风速 5m/s，工作时间每天 10h，连续 5 天阴雨天工作。

思考与练习

根据风光互补 LED 路灯典型配置方案，结合学者所在地区风能和太阳能资源情况，计算出所在地的风能发电量和太阳能发电量以及总发电量，设计出适合本地区的配置方案。

项目十七　风光互补路灯的安装与调试

【任务导入】

安装太阳能路灯前先要备好所需工具及设备：万用表、大扳手、控制器安装需要加长套筒扳手、太阳汇线箱的电缆连接需要压线钳、细铁丝、尼龙扎带、铁锹、起吊绳（材料为软带；若为钢丝绳时，钢丝绳上必须包裹布带或在起调灯具时，垫有柔软物体，避免损坏灯体)、吊车、升降车等。图 17-1 所示是风光互补路灯系统结构示意图。

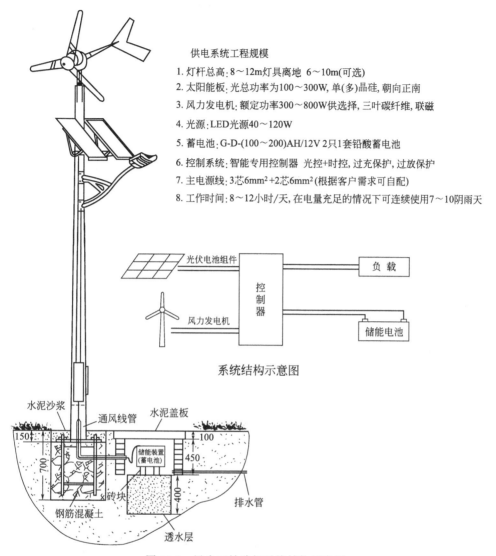

供电系统工程规模

1. 灯杆总高：8～12m灯具离地 6～10m(可选)

2. 太阳能板：光总功率为100～300W，单(多)晶硅，朝向正南

3. 风力发电机：额定功率300～800W供选择，三叶碳纤维，联磁

4. 光源：LED光源40～120W

5. 蓄电池：G-D-(100～200)AH/12V 2只1套铅酸蓄电池

6. 控制系统：智能专用控制器 光控+时控，过充保护，过放保护

7. 主电源线：3芯6mm² +2芯6mm²(根据客户需求可自配)

8. 工作时间：8～12小时/天，在电量充足的情况下可连续使用7～10阴雨天

图 17-1 风光互补路灯系统结构示意图

【相关知识】

一、安装准备

风光互补路灯安装流程图如图 17-2 所示。风光互补路灯应依据实际的地质勘察资料，选择合适的安装地址。风光互补路灯安装地点应该具有 3 个最基本的要求：较强的光照强

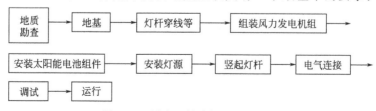

图 17-2 风光互补路灯安装流程图

度、较高的年平均风速和较弱的紊流。装机地点对于发电量及安全运行是非常重要的，为保证风光互补路灯正常工作，在风光互补路灯选址时应考虑以下事项：

① 在设计中应根据路向和灯具光源位置，选择灯具光源朝向，满足路面最大照射面积。选择地形变化不大，周围没有屏障，光照良好无遮挡物，风力通畅的地方安装风光互补路灯。

② 在风光互补路灯离障碍物较近时，为保障风力机稳定运作，风力机离障碍物的距离应是障碍物高度的 15 倍以上，或者风力机高度是障碍物高度的 2 倍。风光互补路灯的太阳能电池组件必须安装在光照充足、周围无高大建筑物、树木、电线杆等遮挡太阳光处。太阳能电池组件朝向正南，以保证太阳能电池组件迎光面上全天没有任何遮挡物阴影。当无法满足全天无遮挡时，要保证 9：30～15：30 无遮挡。有条件的地方，可以根据气象数据选定地址：年平均风速一般大于 3.0m/s；每天可利用时间超过选址处平均风速时间 8h 以上；平均每天有效日照 5h 以上。风光互补路灯要尽量避免靠近热源，以防影响灯具使用寿命。

③ 风光互补路灯安装地点周围的地形、地质情况应符合工程建设标准。

④ 风光互补路灯的环境使用温度为 −20～60℃。在比较寒冷的环境下，应适当加大蓄电池容量。

⑤ 太阳能电池板上方不应有直射光源，以免使灯具控制系统误识别导致误操作。

⑥ 路灯安装工程中的沟槽开挖、灯杆基础等土建施工，都涉及排水问题。因此，基础要有足够的强度，预埋件要可靠且与灯座适配，高杆灯的要求更高。如果设计上有这方面的遗漏，安装施工中应要求设计单位予以补充。

⑦ 除常规的土建设计外，更重要的是环境设计，这是城市照明工程是否成功的关键，要做到这点，设计人员必须熟悉现场，选择与周围环境和谐协调的灯杆造型和灯位，并为土建、安装施工预留足够的空间。

⑧ 保护接地和避雷设施的设计应严格遵守 GB 50057—2010《建筑物防雷设计规范》，所有的灯杆及电气设备应有可靠的保护接地和避雷设施。基础基坑开挖后，12m 以下低杆灯应在基坑边角打入不少于一根 50mm×5mm×2500mm 的镀锌角钢，考虑到城市地下设施复杂，长度可减少到 1500mm。15～18m 中杆灯不少于两根，18m 以上高杆不少于 4 根，并与基础钢筋可靠焊接，形成接地网。18m 以上高杆灯应设置避雷针，避雷针可采用 ϕ5mm 热镀锌圆钢或 ϕ25mm 热镀锌钢管。灯杆与接地、避雷设施应有可靠的电气连接，接地电阻小于 10Ω。

有些设计往往只提出一个接地电阻值的要求，而在有些地质情况下难以达到接地电阻的要求，这就要进行特殊处理。例如，增加埋设接地体的数量，在特殊基础处要用降阻剂，接地防雷措施要有检查检验记录来保证。

二、基础施工

安装风光互补照明系统之前，应先进行基础施工，并将预先制作好的钢筋地脚笼埋入混凝土地基中，混凝土地基埋入地下的深度，应当根据安装地的地质条件及灯杆高度决定。地基表面应当用水平尺校正，以保证灯杆竖起后，与地面垂直。如果采用灯杆与控制箱分离的方式，应当在地基中预埋电缆管，以便将电缆引入控制箱中。图 17-3 所示是地基预埋。

依照太阳能 LED 路灯地基图开挖基础坑时，路灯基础应高于历年汛期最高水位（一般浇筑在花坛上），并要了解地下管线情况，采取防塌方保护措施。地基坑深度的允许偏差为 +100mm、−50mm。当土质原因等造成地基坑深度与设计坑深度偏差 +100mm 以上时，超过 +100mm 的部分可采用填土夯实处理，分层夯实深度不宜大于 100mm，夯实后的密度不应低于原状土。地坑开挖完毕后放置 1～2 天，察看是否有地下水渗出。若有地下水渗出，立刻停止施工。蓄电池室的槽底必须添加 5×ϕ80mm 的排水孔或依据图纸要求。检查基础

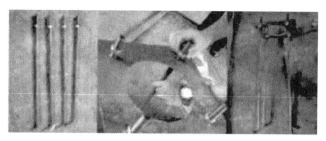

图 17-3　地基预埋

坑是否有局部软弱土层或孔穴，若存在应挖除后用素土或灰土分层填实，抹平地坑四周。

挖掘地基坑和蓄电池室坑（如土质过松软可适当增大地基坑尺寸）时，两坑之间距离不易过大（300～1000mm 由土质决定），坑距离较近时，可在同一坑下挖掘出地基坑与蓄电池室坑。

将地脚笼事先放置在正确方向后方可进行混凝土浇灌（混凝土配比为 C25），为便于定位盘的水平调整，浇灌不要掩埋地脚笼上的螺纹柱。基础保养期内不得安装灯杆，蓄电池坑浇灌应按图施工。蓄电池坑深度根据当地气候而定，原则要求为恒温、干燥及防盗的深度。混凝土厚度为 50～80mm。

地基基础坑开挖尺寸应符合设计规定，基础混凝土强度等级不应低于 C25，基础内电缆护管从基础中心穿出并应超出基础平面 30～50mm，浇制钢筋混凝土基础前必须排除坑内积水。

清除地坑中的浮土及杂物，边坡必须稳定，基础坑底部应铺一层厚度为 150mm 的灰土并夯实，灰土的配合比（体积比）为 2:8，灰土中的土料优先采用从地坑中挖出的土，但不得含有有机杂质，使用前应过筛，其粒径不得大于 15mm。灰土施工时，应适当控制含水量，检验方法是：用手将灰土紧握成团，两指轻捏即碎为宜，如土料水分过多或不足时，应晾干或洒水润湿。灰土应拌和均匀，颜色一致，拌好后及时铺好夯实，不得隔日夯打。

浇注混凝土时，应按要求选用合格的水泥、沙和砂石进行混合，搅拌均匀后填入地基坑中，每填充 200～250mm 捣实一次，确保填充结实；当填充的混凝土深度达到设计要求时（参照图纸），在合适位置放入地笼和穿线管（管口必须采用东西堵住，避免在施工过程中泥沙灌入管内堵塞穿线管），然后继续填充。此时在填充混凝土时，要保证地笼或地脚螺栓垂直于水平面；庭院灯地基强度不小于 C25，路灯地基强度不小于 C30，不得含有草根垃圾等有机杂物，含泥量不宜超过 3%，碎石或卵石最大粒径不宜大于 50mm。

浇注混凝土基础前，基础钢筋必须严格按要求绑扎，底脚螺栓的螺牙涂油并加以包扎。所填充的混凝土应高于地面 10～15mm，同时必须保证地基上表面的水平（采用精度为 0.02/1000 水平仪进行测量、误差不超过两个格），并进行抛光处理；地基中埋置地笼的上表面处必须确保水平（采用水平仪进行测量、检测），地笼中的地脚螺栓必须与地基上表面垂直（采用角尺进行测量、检测）。

施工前，穿线管两端必须堵封，避免施工过程中或施工后异物进入或阻塞，导致安装时穿线困难或无法穿线。风光互补路灯地基制作完毕后需养护 2～7 天（依据天气情况确定），在养护过程中，对地基的上表面不定期进行水平测试以保证其水平；如若不符合要求，应及时进行补修处理。地基工程在冬期施工时，应符合下列规定：

① 现场道路和施工地点的冰雪必须清除；

② 影响施工的冻土应挖除并采取防冻措施；

③ 冻结的材料不得使用。

风光互补路灯地基经验收合格后方可进行风光互补路灯的安装。

1. 8～9m 风光互补路灯地基结构施工

8～9m 风光互补路灯地基结构图如图 17-4 所示，8～9m 风光互补路灯地基施工技术要求如下：

（1）在灯具的安装位置开挖符合标准的基础坑；预埋件放置在基础坑正中，PVC 穿线管一端放在预埋件正中间，另一端放在蓄电池室处（如图 17-5 所示）。注意保持预埋件、地基与原地面在同一水平面上（或螺杆顶端与原地面在同一水平面上，根据场地需要而定），有一边要与道路平行，这样方可保证灯杆竖立后端正而不偏斜。然后以 C25 混凝土浇筑固定，浇筑过程中要不停用震动棒震动，保证整体的密实性、牢固性。

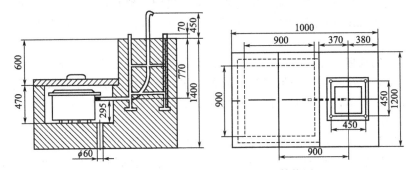

图 17-4　8～9m 风光互补路灯地基结构图

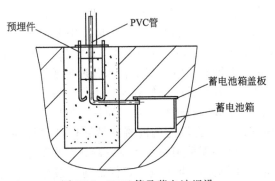

图 17-5　PVC 管及蓄电池埋设

（2）基础顶面标高应提供标桩。基础坑的开挖深度和大小应符合设计规定。基础坑深度的允许偏差应为 ＋100mm、－50mm。当土质原因等造成基础坑深与设计坑深偏差 ＋100mm 以上时，应按以下规定处理：

① 偏差在 ＋100～＋300mm，应采用铺石灌浆处理。

② 偏差超过规定值的 ＋300mm 以上时，超过 ＋300mm 的部分可采用填土或砂、石夯实处理，分层夯实厚度不宜大于 100mm，夯实后的密实度不应低于原状土，然后再采用铺石灌浆处理。

（3）地脚螺栓埋入混凝土的长度应大于其直径的 20 倍，并应与主筋焊接牢固，地脚螺栓应去除铁锈，螺纹部分应加以保护，基础法兰螺栓中心分布直径应与灯杆底座法兰孔中心分布直径一致，偏差应小于 ＋1mm，螺栓应采用双螺母和弹簧垫。

（4）混凝土浇筑应执行现行国家标准 GB 50010—2002 的有关规定，施工完毕及时清理定位板上残留泥渣，并以废油清洗螺栓上的杂质。混凝土凝固过程中，要定时浇水养护；待混凝土完全凝固才能进行路灯安装。

（5）基坑回填应符合下列规定：

① 对适于夯实的土质，每回填 300mm 厚度应夯实一次，夯实程度应达到原状土密实度的 80% 及以上。

② 对不宜夯实的水饱和黏性土，应分层填实，其回填土的密实度应达到原状土的 80% 及以上。

2. 路灯安装前的准备及注意事项

灯杆（特别是高杆灯杆）的吊装定位是安装工程的一项主体工程，设计的杆位多数是以计算推算而定，而现场则可能出现一些灯杆位置与设计不符的情况，需要现场变更灯杆位置。同时还要掌握施工现场是否适宜运输、吊装车辆进场、吊装设备能否到位作业，是否停电或临时中断交通等。只有经过实地勘察，方能制定可行的吊装方案。

除了一些重点工程外，目前大部分道路桥梁照明工程，是在道路主体工程完工通车前后的一段时间里突击完成的。但是，随着经济发展水平的提高，道路照明已成为美化城市景观的一个组成部分。因此为了确保路灯工程的施工质量，路灯器具供应商和安装商要积极提前介入道路照明工程，在路灯安装中应注意以下几点。

① 全面了解灯具、光源、灯杆的特点，针对道路实际和参考的照明标准，结合投资预算，合理地选用灯具、光源、灯杆，以充分发挥光源的高效节能、灯具的配光性、配件组合的优势。

② 在光照性能保证的条件下，适当加大灯具间距，以节省灯具数量；适当提高灯杆高度，以改进光照效果；尽可能在道路的中间分隔带布灯，以节省工程费用。

③ 结合道路工程，适时提前介入灯杆位置选定、基础施工和预留，以便及时发现问题，合理变更，保证质量，节省投资。

④ 根据工地实际和地质情况，设计制作灯杆基础和高杆灯基础，保证基础牢固可靠。特别要注意预埋螺栓与杆座预留孔适配、定位准确、预埋长度和外留长度合理，螺纹部分要妥善保护，以方便吊装定位。

⑤ 在岩层、风化石地段，分散接地和分段接地难以达到要求，可以采用镀锌扁钢等导体通长连接，连接要可靠，同时加以合适的防护处理，并与预埋基础可靠连接，保证每根灯杆与接地体可靠连接。高杆灯较分散，主要依靠基础接地，必要时要使用降阻剂，降低接地电阻。

⑥ 吊装作业要严格遵守操作规程。特别要关注吊装设备周围的电力线路和其他线路，以及周边构筑物，吊装时吊点要合理，定位后要及时调整。

⑦ 注意安装后灯杆的美观。从基础施工开始，灯位以主线为准控制好直线性，并合理地按道路设计线形变化，灯杆平直，加工焊缝和检修口要避开主行方向，且全线保持一致。灯杆悬臂的倾角要保持方向和角度的协调。

⑧ 灯具内部配件接插件要插紧、插牢，避免风摆松动和接触不良而造成故障。灯具与灯杆、灯杆与悬臂都要可靠固定。高杆灯每节杆要套装到位，升降架与灯具要可靠固定，升降系统要安全可靠，升降、限位、定位等功能要齐全。

【项目实施】 风光互补路灯安装

（1）准备工作

① 拆装及组装地点选择 拆装地点应在安装地点附近，以便于组装后的运输。此外，安装地点铺有防雨布，防止因地面的凸起或细沙及污渍而造成灯具磨损、划伤及玷污等。

② 安装人员及工具 专业安装人员 3～6 名（安装任务较重时可相应增加安装人员），每人配备安装工具一套，包括万用表一块、大活口扳手（安装地脚螺母）和小活口扳手（安装其他各处螺母）各一把，平口螺丝刀、三角锁工装、十字螺丝刀和尖嘴钳各一把，绝缘胶布、防水胶带等。此外配有吊装设备和升降设备。

③ 依照发货清单清点灯具 参照装箱清单一一核对各零部件并检查有无磕碰、磨损、变形和划伤等损坏，不合格品禁止安装。灯杆组件及易磨损配件（如太阳能电池组件、灯头

等），在放置时必须垫有柔软的垫物，以免在安装过程中造成划伤等不必要的损坏。下灯杆组件放置时，其上端处需有一铁架支撑，便于上灯杆组件的安装。

④ 检查太阳能电池组件、风力发电机的铭牌，核对规格、型号、数量是否符合设计要求，如不符合应立即调货更换，不能勉强施工。

⑤ 检查太阳能电池组件、风力发电机表面是否有破损、划伤，如有应立即更换。

⑥ 检查太阳能电池组件正负极标志，确保正负极连接正确，应用万用表验证一下，以防标志错误等现象。验证方法：用数字万用表的红黑表笔，分别接触太阳能电池组件两个电极，显示为正值则红表笔对应电极为正，显示为负值则红表笔对应电极为负，其他正负极检验方法同此。

（2）组装

风光互补路灯主要由风力发电机、太阳能电池组件、智能控制器、免维护蓄电池、LED光源、灯杆和结构件等组成。将风力发电机连接电缆、太阳能电池组件连接电缆、负载连接电缆，分别从灯杆上部穿入（在穿入部位打结，以防电线滑落），从灯杆底部引出。可以使用铁丝等物辅助穿线。将太阳能电池组件、风力发电机、负载的连接电缆在灯杆底部一侧的线头分别用绝缘胶布封住，以防止安装太阳能电池组件时发生短路。将风力发电机连接电缆在灯杆底部一侧的线头短路连接在一起。穿线时应务必小心，切勿将电缆刮伤，以免引起漏电或短路。

① 灯杆和结构件　如灯杆挑臂为拆卸式的，即将挑臂与灯杆对接后拧紧对应螺栓。参照组件说明所示进行组装，组装时需用物体或三脚架将灯杆顶部抬高 1.3m，并且三脚架的安放位置不能影响太阳能电池组件和风力发电机的安装。

② 组装风力发电机组　参照小型风力发电机组使用说明书中的组装图组装。先将风力发电机放在 1.2m 高的支撑物上，将风力发电机引出线和风力发电机线进行牢固的连接（红色或棕色为正，以下接线同理），同时对风力发电机的引线进行短路；其次将多余线缆塞入塔杆中。组装风力发电机组的步骤如下。

a. 组装叶轮　取出轮毂、轮毂盖板、3 片叶片及一套连接螺栓后，寻找一个较大的平地，放置好上述部件。确认叶片的迎风面和背风面，将其各部件按部位摆放正确。放置好相关部件后，盖上轮毂盖板，并加装平垫圈和弹簧垫圈，旋上螺母，此时螺母不要一次性拧到位；然后使用卷尺测量 3 个叶尖的间距，使各叶尖间距基本等距，其尺寸公差不得大于 0.5%；最后固定好固定螺栓，完成叶轮组装。如果安装场地不允许，也可使用支架在发电机轴上完成以上工作。图 17-6 所示是组装叶轮图。

b. 安装叶轮到发电机轴上　安装好叶轮后，把发电机（发电机和回转体）放到支架上，以便把叶轮安装到发电机轴上。叶轮安装到发电机轴上后，旋紧风轮固定螺栓。

c. 安装导流罩　组装完叶轮并安装到发电机上后，安装导流罩并旋紧导流罩固定螺栓。

d. 安装尾翼　先将回转体上的 4 支固定尾翼的螺栓取下，垫上垫圈，把尾翼安装到回转体尾部，并旋紧固定螺栓。

插好并旋紧发电机输出线电缆的接头，再用引线引入塔杆管内，并从塔杆底座穿出。将风机法兰和灯杆法兰对接起来，并拧紧螺栓（螺栓超出螺母部分的高度不得影响风机的转动）。

③ 安装灯臂　用细铁丝将下灯杆上裸露的护套线线端绑紧并用黑胶布缠裹；细铁丝的另一端穿过灯臂组件；在灯臂组件的顶端慢慢抽拉细铁丝，使得细铁丝带动护套线穿过灯臂组件，同时灯臂组件逐渐靠近下灯杆，直至灯臂上的面板与下灯杆上的灯臂凸台对准、紧贴，然后采用合适的螺栓紧固灯臂组件于下灯杆上。固定灯臂组件时，避免灯臂组件挤压护

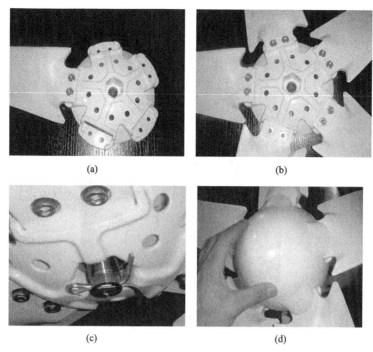

(a)　　　　　　　　　　　(b)

(c)　　　　　　　　　　　(d)

图 17-6　组装叶轮图

套线，造成护套线线皮受损乃至切断；断开细铁丝与护套线的连接。

④ 安装灯具（内装有光源）　核对光源规格、型号、数量是否符合设计要求，如不符应立即调货更换，不能勉强施工。检查光源表面是否有划伤，灯具是否有裂纹、破损等现象，如有应立即更换。光源灯头、灯罩按说明书组装、穿线、接线，确保正、负极连接正确，验证光源和其线路是否有问题，若有问题应查出原因及时解决。将打开的灯具接近灯臂上端，裸露的护套线从灯具尾部穿进灯具内；拉动护套线，同时将灯具插入灯臂上，两者的重合长度为150mm；将护套线接在灯具内部的接线端子上，接线时确保正、负极接线正确；检测光源是否完好，线路是否有问题。将光源引出线与蓄电池两端电极相接，点亮则代表线路正常，不亮则回路中有故障。注意正、负极不要接反，电压等级要相互匹配。以灯臂为轴转动灯具，使得灯罩正朝地面，然后将灯具固定于灯臂上，并调节照明角度。

⑤ 安装太阳能电池组件支架及太阳能电池组件　图 17-7 所示是太阳能电池组件支架安装图，按设计高度将支架组件和角钢框紧固于上灯杆组件上，螺纹连接部位要受力均匀、紧固，注意角度应与设计要求一致，太阳能电池组件支架与风力发电机叶片之间距离大于30cm。连接支架和角钢框的同时，采用细铁丝把护套线从灯杆中经过支架组件引到角钢框内；太阳能电池组件护板放置于角钢框中，然后将太阳能电池组件放置于护板上；安放太阳能电池组件时，接线盒均处于高处，当太阳能电池组件横放时，接线盒应向距灯杆组件近的方向靠拢。

太阳能电池组件的输出正、负极在连接到控制器前，须采取措施避免短接；太阳能电池组件与支架连接时要牢固可靠；组件的输出线应避免裸露，并用扎带扎牢；太阳能电池组件的朝向要朝正南，以指南针指向为准。

依据路灯的系统电压和太阳能电池组件的电压，将太阳能电池组件线接好。如路灯的系统电压为 24V，太阳能电池组件的电压为 17V 或 18V，就应将太阳能电池组件进行串联，串联的方法是第一块组件的正极（或负极）和第二块组件的负极（或正极）连接。若太阳能

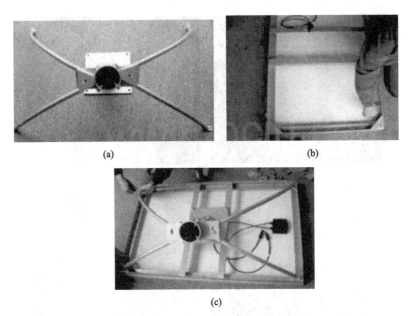

图 17-7　太阳能电池组件支架安装图

电池组件的电压为 34V，就应将太阳能电池组件进行并联，并联的方法是第一块组件的正负极和第二块组件的正负极对应连接。接线时将太阳能电池组件接线盒用小一字螺丝刀打开，把太阳能电池组件电源线用小一字螺丝刀压接到接线盒的接线端子上，要求红线接正极、蓝线接负极，线接好后将接线盒出线端的防水螺母紧固，并将接线盒内的接线端子处涂 7091 密封硅胶，涂胶量以使接线盒内进线孔处被完全密封为准，然后扣上接线盒盖。接线盒盖应扣紧，不可扣反。

　　用万用表检测太阳能电池组件连线（接控制器端）是否短路，同时检测太阳能电池组件输出电压是否符合系统要求。在晴好天气下其开路电压应大于 18V（系统电压为 12V）或 34V（系统电压为 24V）。在安装前和测试后，太阳能电池组件输出线的正极应用绝缘胶布将外露的线芯包好，绝缘胶布包两层。太阳能电池组件在安装过程中要轻拿轻放，避免工具等器具对其造成损坏。

　　⑥ 上、下灯杆组件的连接　将上灯杆组件下端口中的护套线取出并捋顺，把缠在下灯杆上的细铁丝松开并捋顺。上灯杆组件下端口处的护套线端固定于下灯杆上端口的细铁丝上。在下灯杆组件下端慢慢抽动细铁丝，同时起吊上灯杆组件于合适位置。当上灯杆组件下端距下灯杆组件上端约 100mm 时（此时穿于下灯杆组件中的护套线应处于轻轻受力状态），采用尼龙扎带扎紧下灯杆上端口的护套线，再用尼龙扎带将扎紧的护套线固定于下灯杆组件上端口处的挂钩上。然后将上灯杆组件插入下灯杆组件中至合适位置，均匀紧固下灯杆组件上的螺栓，直至达到要求。断开细铁丝与护套线的连接。

　　（3）竖灯

　　组装完毕后进行灯杆的吊装，将起吊绳穿在灯杆合适位置。缓慢起调灯具，吊装时需有人引导灯杆底部落到地脚的正确位置（灯朝道路方向），注意避免吊车钢丝绳划损太阳能电池组件。起调过程中，当风光互补路灯完全离开地面或完全脱离承载物时，至少有两位安装人员采用大扳手夹紧法兰盘，阻止灯具在起吊过程中因底部摆动而造成灯具上端与吊车吊绳摩擦，损坏喷塑层乃至更多。当灯具起调到地基正上方时，缓慢下放灯具，同时旋转灯杆，调整灯头正对路面，法兰盘上长孔对准地脚螺栓；法兰盘落在地基上后，依次套上平垫 30

（或平垫 24）、弹垫 30（或弹垫 24），拧上 M30（或 M24）的螺母，用水平尺调节灯杆的垂直度，如果灯杆与地面不垂直，可在灯杆法兰盘下垫上垫片，使其与地面垂直，最后用扳手把螺母均匀拧紧，拧紧前应涂抹螺纹锁固胶。对于 M24 的螺栓（8.8 级），旋紧扭矩为 650.6N·m，对于 M30 的螺栓（8.8 级），旋紧扭矩为 1292.5N·m。在吊装之前，应测试太阳能电池组件引线、风力发电机引线、灯具引线是否导通，如有异常需进行检查。

（4）调整太阳能电池的方位角与倾斜角

检查太阳能电池组件是否面对南面，否则需要调整。调整太阳能电池组件方向：采用升降装置将安装人员（1～2 名）送至适当高度，安装人员采用扳手逐一松动紧固上灯杆组件的螺栓，然后以指南针为依据，扭转上灯杆组件至合适位置，最后逐一紧固上灯杆组件紧定螺栓，并确保各螺栓受力均匀。

（5）蓄电池安装接线

① 摘掉舱门，捋顺灯杆内的护套线并查看在安装过程中是否损坏护套线，如若损坏，则采取相应的补救措施，必要时重新穿线。

② 清除蓄电池水泥室里泥土等杂物，确保排水孔无异物堵塞；察看蓄电池室有无损坏，同时检测蓄电池电压是否正常，如若出现异常，禁止安装。

③ 检查蓄电池标志，核对规格、型号、数量是否符号设计要求，如不符合应立即调货更换，不能勉强施工。检查蓄电池表面是否有破损、划伤、漏液等情况，若有应立即更换。蓄电池就往时须轻拿轻放。蓄电池接线前应确认正负极标志，标有红色的为正，标有黑色的为负，确保正负极连接正确，应用万用表验证一下，以防标志出现错误。验证方法：用数字万用表的红黑表笔分别接触蓄电池组件两个电极，显示为正值则红表笔对应电极为正，显示为负值则红表笔对应电极为负。蓄电池之间的连接线必须用螺栓压在蓄电池的接线柱上，并使用铜垫片以增强导电性。输出线连接在蓄电池后在任何情况下禁止短接，避免损坏蓄电池。蓄电池的输出线与灯杆内的控制器相连时，必须通过 PVC 穿线管。接线后，电源线输出端要用绝缘胶布缠好，以免正负极接触短路放电，引发重大事故，确保无误再进行后面工作。

将蓄电池线从预制管中穿出后再套上一段穿线软管，在穿线软管上套上两个双钢丝式环箍，将预制管上均匀涂上一层 7091 密封硅胶后，将穿线软管插到预制管的根部，用一字螺丝刀将双钢丝式环箍上的螺栓紧固，最后将蓄电池线固定在管口。图 17-8 所示是蓄电池穿线软管图。

图 17-8　蓄电池穿线软管图

④ 起调盖板，安放在蓄电池室上，且放置平稳。在放置盖板时，避免地基四周泥沙掉入蓄电池室中。

⑤ 采用沥青与细沙混合物（沥青∶细沙＝1∶3）覆盖盖板及盖板四周 40mm。

⑥ 填盖黏土或三合土时，每填盖 10cm，夯结实，直至高出地面 10cm。

（6）控制器

（7）风光互补路灯安装接线注意事项

① 安装太阳能电池组件时要轻拿轻放，严禁将太阳能电池组件短路。

② 电源线与接线盒处、灯杆和太阳能电池组件的穿线处用硅胶密封，太阳能电池组件连接线需在支架处固定牢固，以防电源线因长期下垂或拉拽而导致接线端松动乃至脱落。

③ 安装灯头和光源时要轻拿轻放，确保透光罩清洁、无划痕。

④ 搬动蓄电池时不要触动蓄电池端子和安全阀，严禁将蓄电池短路或翻滚。

⑤ 接线时注意正负极，严禁接反，接线端子压接牢固，无松动，同时应注意连接顺序，严禁使线路短路。

⑥ 不要同时触摸太阳能电池组件和蓄电池的"＋""－"极，以防触电危险。

⑦ 在安装过程中应避免将灯体划伤。

⑧ 灯头、灯臂、上灯杆组件、风力发电机、太阳能电池组件等各螺栓连接处应连接牢固，无松动。

⑨ 安装太阳能电池组件时必须加护板。

⑩ 灯杆镀锌孔处用灯杆配套的密封器件或硅胶密封，并注意美观。

（8）系统操作与设置

电路连接完毕，确定无误后，将风光互补控制器前面板开关拨到"RUN"位置，使风力发电机正常运行。前面板上的"BRAKE"是用来提供人为的手动风力发电机刹车功能，当开关处于"BRAKE"位置时，风机处于制动状态。风力发电机转动较慢时，是不能对蓄电池充电的，此时控制器面板的"WIND"灯闪亮，当风力发电机转动较快时，"WIND"灯长亮，此时风力发电机可对蓄电池充电。当蓄电池电压较低时，控制器面板的"AB-NORMAL"灯亮，应切断负载用电，以保护蓄电池。风力发电机不转动，应检查控制器"WINDSTOPS-WITCH"是否打到"ON"的位置，同时检查风力发电机到控制器的连接线是否完好。风光互补控制器指示灯运行状态如表 17-1 所示。

表 17-1　风光互补控制器指示灯运行状态

指示灯名称	指示灯状态	状态说明
NIGHT	常亮	机器损坏
	闪烁	当蓄电池电压不低于蓄电池过防保护电压时,30s 后输出（LED 灯亮）
	灭	直流输出端停止供电（LED 灯灭）
UNDERVOLTAGE	常亮	表示蓄电池电压低于蓄电池过防保护电压
	闪烁	无闪烁状态
	灭	运行正常
CHARGE	常亮	表示风机、太阳能板其中之一或者两者同时正对蓄电池充电
	闪烁	达到蓄电池浮电压，处在卸载状态
	灭	

通常风光互补路灯有两种工作模式：纯光控模式和光控＋定时模式，控制器的拨码具体设置如下。

拨码为 0，不受光控，不定时，输出为普通控制器型；

拨码为 1，光控，延时动作，不定时控制，输出为白天断、晚上通；

当拨码在 2～8 挡时，光控，延时动作，定时时间到后自动关闭输出。输出开启后定时分 7 挡，拨码为 2：输出定时约为 2h；拨码为 3：输出定时约为 3h；拨码为 4：输出后定时约为 4h；拨码为 5：输出后定时约为 5h；拨码为 6：输出后定时约为 6h；拨码为 7：输出后定时约为 7h；拨码为 8：输出后定时约为 8h（2～8 挡在天亮时也自动关闭输出）。

拨码为 9：光控，立即反应，没有延时，不定时控制，仅供检测使用。

（9）系统调试

① 光控开启/关闭功能检测　在蓄电池组两端电压不小于 24.8V（蓄电池额定电压为24V）的情况下，拆下太阳能电池组件接线，如果工作，证明光控开启功能正常，再接上太阳能电池组件观测负载是否停止工作，如果负载关闭，证明光控关闭功能正常。

② 定时关闭功能测试　按照控制器说明书调节负载工作时间（比如原厂默认值为 6h，控制器掉电之后自动恢复原厂默认值），如果负载工作 6h 左右关闭，证明时控关闭功能正常。如果远远不足 6h 而负载关闭时，立即测量蓄电池电压，如果在 22.8V（蓄电池额定电压为 24V）左右，为蓄电池电量不足，控制器自动关闭负载。

③ 时控开启功能测试　负载由光控开启（第一次开启是光控开启）工作到设定时间后时控关闭，观察到设定时间后负载是否正常开启，如果不开启，测量蓄电池电压是否达到开启电压 24.8V（蓄电池额定电压为 24V）；若达到开启电压，而不启动则为该功能失效。

（10）试运行

对风光互补路灯通电试运行时间为 8h，所有照明灯具均需开启，每 2h 记录运行状态一次，连续 8h 内无故障为合格。安装舱门，采用三角锁紧固舱门。清理现场，保证环境整洁；清点工具，确定无遗漏。

（11）防盗系统措施

为了防止风光互补设备被偷盗、被破坏和雨水渗入，风光互补路灯照明的控制箱是埋在地底下的，将已做好的 5mm 钢板控制柜埋放在低于地面基坑里，基坑上面铺回原来的绿草坪，这样不仅防止风光互补设备偷盗或被破坏，还增加了风光互补设备的使用年限。

【知识拓展】　风光互补路灯安装工程验收标准

（1）灯杆技术参照要求

① 主体灯杆采用一次成型，钢灯杆（Q235）焊缝须平整光滑，整根灯杆体焊缝凸起的部分与灯杆体平整误差应不大于±1mm。灯杆焊接方式为自动氩弧焊接，着色探伤检验应达到焊接国际 GB/T 3323—89 111 标准要求。灯杆套接方式采用穿钉加顶丝固定。

② 灯杆防腐处理为热镀锌，镀锌层表面光滑美观，光泽一致。无皱皮、流坠及锌瘤、起皮、斑点、阴阳面缺陷存在，锌层厚度达到 85μm 以上，镀锌层附着力应符合 GB 2694—98 标准要求，保证 8 年不褪色，灯杆的抗风能力按 36.9m/s 设计。灯杆防腐寿命大于20 年。

③ 灯杆表面喷塑厚度≥100μm。附着力达到 GB 9286-880 级，表面光滑：硬度≥2H，采用室外耐候性材料，喷塑材料为全聚酯塑粉。

④ 灯杆工艺和验收标准按国家标准执行。

⑤ 灯杆设计应便于导线穿接，手孔门采用背包式门形。灯杆门必须平整光滑，与灯杆平整误差不大于±1mm，相同灯杆门的互换性要好，达到防盗防雨要求。手孔门切割后局部应做加强处理，基本达到原整体灯杆的强度。

⑥ 外观颜色按业主指定色彩。

（2）灯具技术要求

① 灯具表面颜色由设计方和建设方共同确认。

② 灯体采用 LM6 防腐高压铸铝，表面全聚酯塑粉处理。灯罩为高强度钢化玻璃，耐高

温 200℃以上，透光率高，耐冲击。灯具采用了多种控光措施，具有特殊配光，防止对驾驶员的眩光干扰。反光器应为阳极氧化高纯铝板，经过阳极氧化处理，并按特殊结构设计，具有配光合理、节能、光效率高等特点。

③ 灯具外壳防腐蚀为Ⅱ类，防尘防水等级 IP65 以上，防触电保护Ⅰ类。

④ 灯具工作环境：−35～+45℃。

⑤ 灯具具有防松脱、防振灯座装置和相应防振措施，外壳具有分隔的光学室和电气室，分别用于安装光源和电气附件，结构紧凑、合理、使用方便。

⑥ 灯具内电器、光源选用标准产品，便于维护和标准化。

⑦ 灯具开启时，需工具开启，防止偷盗。

⑧ 灯具电气板可方便拆下，以方便维修。

（3）安装工程交接验收检查

① 路灯安装试运行前，应检查灯杆、灯具、风力发电机、太阳能电池组件、控制器、蓄电池的型号、规格，并应符合设计要求。

② 灯杆杆位合理。

③ 太阳能电池组件方位角和倾角安装符合设计要求，没有明显遮挡，灯杆应与地面垂直。

④ 控制器的设置符合设计要求。

⑤ 灯臂安装应与道路中心线垂直，固定牢靠。灯臂安装高度应符合设计要求，引下线松紧一致。

⑥ 灯具纵向中心线和灯臂中心线应一致，横向中心线和地面应平行，射角度应调整适当。平均亮度、平均照度达到设计要求。

⑦ 灯杆、灯臂的镀锌和油漆层不应有损坏。

⑧ 基础尺寸、标高与混凝土强度等级应符合设计要求。

⑨ 金属灯杆、风力发电机、太阳能电池组件边框、支架等均应接地保护，固定牢固。

⑩ 路灯的防盗措施完善。

（4）路灯安装工程交接验收技术资料和文件

路灯安装工程交接验收时，应提交下列技术资料和文件。

① 工程竣工资料。

② 设计变更文件。

③ 灯杆、灯具、太阳能电池组件、控制器、蓄电池等生产厂提供的产品说明书、试验记录合格证件及安装图纸等技术文件。

④ 试验记录，应有路灯每天照明时段的试验记录。

（5）验收检查试验方法

验收检查试验应执行 GB 7000.1、GB/T 9535、YD/T 799、GB 19510.1 中规定的试验方法，并进行以下项目的检查和测量。

① 电压的测定，用电压表测量。

② 各连接件的检查，用目测法。

③ 接地电阻，用接地电阻测试仪进行测量。

④ 防腐处理，可用外观目测法。

⑤ 路灯的照度，用照度仪测量。

⑥ 太阳能电池组件的抽检测量，采用光伏组件测试仪。

⑦ 风力发电机抽样检查，执行检验风力发电机的相关标准。

⑧ 蓄电池容量的抽检测量，采用容量测试仪或相关国家标准规定的方法进行。

⑨ 控制器的抽检测量，按照其设计的性能进行检测。

如建设方对系统的性能有明显疑问，可提出对太阳能电池组件、蓄电池容量进行抽检，抽检由有检测资质的机构进行。

思考与练习

（1）风光互补路灯安装接线应注意哪些事项？

（2）电路连接完毕，确定无误后，如何进行系统操作与设置？

（3）风光互补路灯安装接线操作与设置完毕后，如何进行系统调试？

参考文献

[1] 周志敏. 风光互补发电实用技术 [M]. 北京：电子工业出版社，2011.

[2] 付跃强，丁猛，彭爱红. 风光互补发电系统教程 [M]. 北京：科学出版社，2013.

[3] 张存彪，成建林. 太阳能光伏技术概论 [M]. 西安：西安电子科技大学出版社，2014.

[4] 沈辉，曾祖勤. 太阳能光伏发电技术 [M]. 北京：化学工业出版社，2008.

[5] 张兴，曹仁贤. 太阳能并网发电及其逆变器 [M]. 北京：机械工业出版社，2010.

[6] 熊绍珍，朱美芳. 太阳能电池基础与应用 [M]. 北京：科学出版社，2009.

[7] 李钟实. 太阳能光伏发电系统设计施工与维护 [M]. 北京：人民邮电出版社，2010.

[8] 中国航空工业规划设计研究院. 工业与民用配电设计手册（第三版）[M]. 北京：中国电力出版社，2005.

[9] 王萌，孙勇. 绿色建筑空气环境技术与实例 [M]. 北京：化学工业出版社，2012.

[10] 罗玉峰. 太阳能光伏发电技术 [M]. 南昌：江西高校出版社，2009.

[11] 王长贵，王斯成. 太阳能光伏发电实用技术 [M]. 北京：化学工业出版社，2009.

[12] 杨金焕，于化丛，葛亮. 太阳能光伏发电应用技术 [M]. 北京：电子工业出版社，2009.